Ledo Stefanini

Una questione di priorità

ovvero

Il tenebroso affare del matematico e del falsario

Copertina: *Vrain-Lucas, Chasles e una delle false lettere di Pascal.*
Progetto grafico, copertina e impaginazione: Giovanni Caprioli – Servizi
per l'editoria cartacea, digitale e musicale www.servizi-per-editoria.it

Sommario

Introduzione

Il protagonista de *L'Immortel,* romanzo di Alphonse Daudet pubblicato nel 1888, è Pierre-Alexandre-Léonard Astier-Réhu, storico e membro dell'Accademia di Francia. Astier-Réhu è impegnato a scrivere un saggio intitolato *Galileo sconosciuto,* «basato su documenti molto interessanti e finora mai resi pubblici». Questi documenti gli erano stati venduti da un rilegatore di nome Albin Fage, con cui intratteneva rapporti da alcuni anni, che asseriva di essere in possesso di documenti del XVI e XVII secolo in grado di proiettare una luce diversa su alcuni fatti storici erroneamente considerati definitivamente stabiliti. Trasportati in Inghilterra al tempo della Rivoluzione, alcuni di essi avevano subito dei danni a causa di un naufragio; ma la maggior parte era in buono stato.

Fage ha in animo di offrire questi documenti a qualche collezionista, ma Astier-Réhu si offre di acquistare l'intera collezione, pagando fino a 2000 franchi per un solo pezzo. Nel corso di due anni lo storico paga 160 mila franchi per entrare in possesso di molti di questi documenti autografi, fino ad acquistarne più di diecimila. Tra i manoscritti vi sono lettere autografe del cardinal Richelieu, di Newton, di Pascal e di Galileo, oltre a molti altri personaggi di rilievo storico, come l'imperatore Carlo V. Tra le altre, vi è anche una lettera di Caterina di Russia a Diderot – di cui lo storico è venuto in possesso a un prezzo molto elevato – che parla dell'Accademia di Francia. E poiché l'Accademia celebra il secondo centenario della sua fondazione, Astier-Réhu, che ne è autorevole membro, fa omaggio all'istituto di uno di questi documenti: una lettera del poeta Rotrou a Richelieu. Un gesto che trascina l'anziano letterato alla rovina. Alcuni studiosi che hanno esaminato il documento, esprimono pesanti dubbi sulla loro autenticità e questi dubbi si estendono rapidamente all'intera massa di documenti che Astier-Réhu presenta all'Accademia a sostegno dell'autenticità di quelli prodotti in precedenza. Arriva anche un giudizio negativo da parte di una commissione di Firenze, invitata a esprimersi su alcune lettere di Galileo sulla cui autenticità lo studioso francese aveva posto la propria garanzia.

Scoppia uno scandalo che investe non solo la sua persona, ma anche l'intera istituzione. In una pagina dell'*Immortel*, Daudet descrive il clima che si respira in Accademia, durante una delle settimanali sedute pubbliche:

> – Abominevole!…
> – Bisogna rispondere. L'Accademia non può subire un tale colpo…
> – Ci pensate voi? L'Accademia si deve al contrario…
> – Signori, signori, il vero sentimento dell'Accademia…
>
> Nella sala delle riunioni private, davanti al grande camino dominato dal ritratto in piedi del cardinale Richelieu, gli immortali discutevano prima di entrare in seduta. Un giorno nebbioso e freddo d'inverno parigino, incombente sul grande finestrone del soffitto, accentuava la solennità glaciale di tutti questi busti di marmo allineati alle pareti, e il grande focolare del camino, rosso quasi quanto il mantello del cardinale, non riusciva a riscaldare quella sorta di piccolo parlamento, mezzo tribunale, con le sue sedie di cuoio verde, il suo lungo tavolo a emiciclo davanti all'ufficio e l'usciere addetto alla porta non lontana del segretario Picheral.
>
> Di solito è il meglio della seduta, il quarto d'ora di grazia lasciato ai ritardatari e che si passa a pettegolare sottovoce, per piccoli gruppi familiari, con la schiena al fuoco, le falde sollevate.
>
> Ma oggi la conversazione è generale, con il tono di una discussione pubblica delle più violente, alla quale i sopraggiunti prendevano parte già dal fondo della sala, mentre ancora firmavano il foglio di presenza.
>
> Alcuni, ancora prima di entrare, togliendosi la pelliccia, la sciarpa, le soprascarpe nella sala deserta dell'Accademia delle Scienze, spalancavano la porta per gridare all'infamia, all'abominio.
>
> La causa di tutto questo tumulto: la riproduzione su un giornale del mattino di un rapporto molto impertinente dell'Accademia di Firenze sul *Galileo* di Astier-Réhu e i documenti storici manifestamente aprocrifi [*sic*] e ridicoli che l'accompagnano. Questo rapporto comunicato in gran segreto al Direttore dell'Accademia di Francia agitava sordamente l'Istituto da qualche giorno nell'attesa febbrile delle decisioni di Astier-Réhu che si accontentava di rispondere: «Lo so… lo so… farò quanto è necessario». E improvvisamente ecco questa relazione, che credevano di essere i soli a conoscere, scoppiata, questa mattina, sulla prima pagina del giornale più diffuso di Parigi, accompagnato da oltraggiosi commenti sul Segretario Perpetuo e tutta la Compagnia.
>
> Lassù dolore, rabbia, furore contro l'impudente giornalista e la baggianata di Astier-Réhu che ha provocato questi attacchi per lungo tempo evitati, quando l'Accademia apriva la sua porta con prudenza alla *gente della carta stampata*.[1]

---

1. Daudet, Alphonse, *L'Immortel*, Alphonse Lemerre, Paris 1888, cap. XV.

L'illustre professore è responsabile del grave imbarazzo dell'Accademia in quanto ha compiuto la leggerezza di prendere per autentici dei documenti che si sono rivelati invece dei falsi clamorosi. La vergogna che si abbatte sull'anziano studioso è talmente grande che, per sottrarsene, non ha altra strada che il suicidio.

Fortunatamente, la storia vera a cui Daudet si ispirò, non finì così tragicamente: il prof. Michel Chasles – questo era il vero nome dell'*immortale* – sopravvisse alla vergogna, ma il fatto che il falsario sia finito in giudizio non costituì per lui un vero e proprio risarcimento, né lo indusse a un sincero ripensamento dei propri errori.

Una questione di priorità

L'«Histoire» secondo Chasles

> *«E quell'altro, che ha avuto la singolare idea di imbacuccarsi*
> *in un abito turchino orlato di verde, che può mai essere?»*
> *«Non è sua l'idea di paludarsi in quell'abito, ma dello Stato che,*
> *come sapete, è sempre poco artista e, volendo dare un'uniforme*
> *agli accademici, pregò David di disegnare loro un abito.»*
> *«Ah, davvero? Così vestito quel signore è un accademico?»*
> *«Da otto giorni fa parte della dotta assemblea.»*
> (A. Dumas, *Il conte di Montecristo*, cap. 64)

Nel 1867, sotto il governo di Napoleone III, l'Accademia Francese delle Scienze si avviava a festeggiare i due secoli della sua fondazione, essendo nata nel 1666 per volontà di Colbert (ministro delle finanze di Luigi XIV), a imitazione delle numerose accademie sorte in quegli anni in tutta Europa, con lo scopo di far incontrare i personaggi più illustri per sapienza ed erudizione. Diventò Accademia Reale, a cui erano ammessi 70 membri, solo tre anni dopo ed ebbe sede nel palazzo del Louvre. Dopo essere stata soppressa dalla Rivoluzione, tornò in vita sotto il nome di Académie des Sciences et des Arts nel 1816 e, nel 1835, per merito di François Arago, diede vita ai «Comptes rendus de l'Académie des Sciences» che divennero uno strumento di grande importanza per la diffusione dell'attività scientifica francese e straniera.

I membri si riunivano una volta la settimana (di lunedì) per cui al titolo «Comptes rendus» si affiancò la scritta *hebdomadaires*. Le sedute erano molto solenni; vi partecipavano i membri dell'Accademia, qualche socio corrispondente e, talvolta, ne erano ospiti illustri soci stranieri, accolti con grande deferenza. Otto tra i membri titolari dell'Accademia delle Scienze venivano infatti scelti fra gli scienziati più rinomati di tutto il mondo, godendo degli stessi diritti dei membri nazionali e avevano voce deliberativa nelle questioni scientifiche.

Questo carattere di internazionalità era operante dal 1699, e la sua prima applicazione fu la richiesta di associazione rivolta a Newton. Vi era anche una sezione della sala riservata al pubblico; anche se non tutti gli accademici avevano accettato di buon grado la presenza di giornalisti e persone non acculturate in materie scientifiche, a motivo del fatto che qualche oratore avrebbe potuto essere indotto a cercare una facile popolarità adottando un linguaggio inadeguato agli ardui temi che venivano trattati. Alcuni giornali avevano quello che oggi chiameremmo "un inserto" in cui si dava conto delle sedute dell'Accademia e i redattori di questi "Comptes rendus divulgativi" avevano il potere di presentare all'opinione

pubblica in luce più o meno favorevole le figure degli scienziati che pren-
devano la parola in assemblea.

All'epoca dei fatti che stiamo per narrare, tra i membri effettivi delle
classi di Matematica e Fisica vi erano Michel Chasles, Charles Hermite,
Jean-Victor Poncelet, Léon Faucoult, Joseph Liouville, Urbain Le Verrier,
Antoine Bequerel, Jean-Marie Duhamel, Luis Fizeau. Tra i Membri Corrispondenti alcuni che hanno lasciato profonde tracce in matematica e in
fisica: Lebesgue, Tchébychef, Neumann, Clausius, padre Secchi (direttore
dell'Osservatorio Vaticano), Otto Struve e altri. Tra i *Soci Stranieri* si conta-
vano veri monumenti della fisica e dell'astronomia: Michael Faraday, David Brewster, John Herschel, Auguste de La Rive.

Dicevamo che le adunanze ebdomadarie dell'Accademia si tenevano
di lunedì, e la grande sala in cui avevano luogo era sempre affollata da
ascoltatori, scienziati, giornalisti che vi accorrevano per interesse culturale
o professionale, o per stenderne un rendiconto da pubblicare sui giornali.
Il clima non è quello che riterremmo consono a un pacato consesso di
sapienti; ma, a causa delle fratture che al suo interno si producevano in relazione alle ambizioni personali, alle posizioni politiche, ai legami sociali, il
confronto poteva anche radicalizzarsi in scontri molto aspri. Ciò era anche
favorito dall'esigenza degli accademici di fornire un'immagine pubblica
di sé, da quando la stampa era stata ammessa alle sedute. Un'adunanza
particolarmente "calda" fu quella del 21 agosto del 1843, come attesta la
cronaca del «Journal des Débats» di due giorni dopo:

> Dobbiamo rendere conto di una discussione molto seria che si è sol-
> levata tra due membri dell'Accademia; questa discussione cominciata
> otto giorni fa, è continuata oggi e non sarà ancora finita nella prossima
> seduta: dire che il dibattito ha luogo tra M. Libri e M. Liouville, è come
> dire che è interessante per il contenuto e le forme, che è vivo e animato,
> per la passione e presenta una fisionomia che lo rende interessante indi-
> pendentemente dal soggetto su cui verte. Alcune circostanze recenti di
> cui abbiamo reso conto, la lotta per uno scranno al Collegio di Francia,
> nella quale M. Liouville è stato sconfitto, la specie di rivincita che M.
> Liouville e i suoi amici hanno voluto prendersi di quella sconfitta, sotto
> forma di protesta all'Istituto, hanno messo l'uno contro l'altro due avver-
> sari che erano già pronti e non aspettavano altro che di dare inizio a un
> combattimento che, d'altra parte, non era che un episodio della guerra
> da tempo dichiarata tra M. Arago e M. Libri.
>
> Non diciamo niente di nuovo per gli *habitué* dell'Accademia delle
> Scienze se ricordiamo che è in atto una sorta di crociata contro M. Libri,
> dopo che questo studioso ha avuto la sfortuna di trovarsi in disaccordo
> con M. Arago e qualcuno dei suoi amici. È uno spettacolo nello stesso
> tempo triste e interessante vedere in Accademia un uomo fermo e cal-
> mo, dotato di uno spirito superiore e di un carattere non meno notevole,

di conoscenze varie e profonde, che sono state finora esaltate e che si vuole ora abbassare solo di fronte ad avversari potenti ai quali resiste con una indipendenza e un sangue freddo che niente può scoraggiare. Non vi è circostanza, per quanto piccola, che M. Arago non utilizzi per attaccare M. Libri; vi è una sorta di malignità in questo accanimento di un uomo di spirito; a non lasciar passare nessuna occasione di portare un colpo, giusto o no, al suo avversario, a prendere le armi e a usare le sue forze in scaramucce senza risultato, in una polemica puerile che annoia l'Accademia e porta via tempo prezioso. Sappiamo bene che M. Libri è un avversario che non si può trascurare; è un forte combattente con cui non ci si può battere con armi cortesi; ma in verità, M. Libri dev'essere fiero di essere considerato oggetto di continue preoccupazioni da parte dell'illustre studioso che si divide tra il governo degli affari politici e quello delle scienze. [...] Ecco com'è nata la grande discussione tra M. Liouville e M. Libri.

M. Liouville, dovendo rendere conto di una memoria di un giovane allievo dell'École Polytechnique, M. Hermite, che fin dal primo anno di corso, si è elevato alle più alte concezioni dell'analisi matematica, ha presentato una storia della questione trattata dall'autore; si tratta della *Divisione delle funzioni abeliane ovvero ultra-ellittiche*; «Abel, dice il relatore, ha per primo dato la teoria generale della divisione delle funzioni ellittiche. Le formule assai complesse che ha trovato sono state poco tempo dopo semplificate da M. Jacobi [...].

Le nuove formule di M. Hermite hanno molte analogie con quelle che M. Jacobi ha riportato senza dimostrazione». In seguito al rapporto di M. Liouville, M. Libri si è sentito in dovere di chiedere la parola per far osservare «che nella storia dei lavori eseguiti da diversi geometri sulle orme di M. Gauss [...] non si dovrebbe dimenticare che è stato M. Libri, che ha dimostrato per primo un'importante proposizione enunciata senza dimostrazione, da M. Gauss sulla divisione in parti uguali della lemniscata [...]».

M. Liouville ha replicato in maniera dura e sprezzante a questa osservazione del suo collega: «i geometri non ammetterebbero mai l'osservazione di M. Libri; e da parte mia prendo impegno di dimostrare, lunedì prossimo, che è insostenibile, e che la sola memoria in cui M. Libri ha un po' sviluppato i suoi metodi, è piena di affermazioni azzardate e anche di errori gravi». Ha aggiunto anche che tutte le dimostrazioni di M. Libri erano false, ma queste parole sono state un po' addolcite nella relazione per i «Comptes rendus».

È chiaro che M. Libri, a sentire M. Arago e i suoi amici, sarebbe oggi uno studioso di nessun valore, indegno di sedere all'Accademia delle scienze e tutt'al più capace di insegnare l'aritmetica in una scuola media. Radiato dalla lista dei geometri, M. Libri non potrebbe neppure rifugiarsi nell'erudizione né nella storia. M. Arago, forte tanto nella storia che nella matematica, lo perseguita su questo terreno e gli contesta ogni merito letterario che si era creduto dover tributare al matematico […].[1]

La presenza di un giornalista, cinque anni dopo, consentirà allo stesso Libri di sottrarsi all'arresto. Ma questa è un'altra storia, e la racconteremo più avanti. La storia di cui ci occupiamo ebbe inizio lunedì 8 luglio 1867, quando il pubblico che partecipava alle sedute dell'Accademia delle Scienze udì parlare per la prima volta di una questione che l'avrebbe tenuta impegnata per più di due anni.

Il matematico Michel Chasles coglieva l'occasione del bicentenario della fondazione per fare omaggio all'Accademia, affinché fossero conservate negli archivi, di quattro lettere del letterato secentesco Rotrou, di cui due, indirizzate al cardinal Richelieu, in cui lo incoraggiava a fondare a Parigi, trent'anni prima del 1666, una società di letterati e scienziati simile a quella che era da poco sorta a Tolosa. Inoltre, Chasles preannunciò, per la seduta seguente, il dono di altri documenti di grande importanza per la storia della scienza e per il prestigio della Francia. E in effetti, nella seduta del lunedì successivo, 15 luglio, fece dono all'Accademia di due lettere di Blaise Pascal dirette al famoso naturalista inglese Robert Boyle, a cui erano allegate quattro note o osservazioni su piccoli fogli di carta, tutte e quattro firmate *Pascal*.

Ritratto di Michel Chasles

Chasles era uno dei membri più influenti del mondo scientifico internazionale. Professore di Geometria superiore alla Sorbona, era stato ammesso all'Accademia come membro corrispondente fin dal 1839 e come membro effettivo nel 1851. Era anche membro dal 1854 della prestigiosa Royal Society di Londra che lo aveva insignito della *Copley Medal* nel 1865. Proprio nell'anno in cui ha inizio la nostra storia aveva ricevuto dal Ministro della Pubblica Istruzione l'incarico di preparare un saggio sulla storia e gli sviluppi della geometria[2] che venne pubblicato nel 1870. Chasles era infatti riconosciuto tra i fondatori della geometria proiettiva – nel cui ambito alcuni teoremi fondamentali portano il suo nome – e cultore profondo di storia della matematica. Aveva già pubblicato opere importanti in questo campo: un trattato di geometria superiore[3] e un'opera fondamentale di

---

1. Donné, Al., *Séance du 21 Aout*, «Feuilleton du Journal des Débats», 23 Aout 1843.
2. Chasles, Michel, *Rapport sur les progrès de la géometrie*, in *Recueil de rapports sur l'état des lettre set les progrès des sciences en France*, Imprimerie Nationale, Paris 1870.
3. Chasles, Michel, *Traité de géométrie supérieure*, Bachelier, Paris 1852.

storia della geometria.[4] I documenti presentati da Chasles furono accettati dall'Accademia e pubblicati nel rendiconto della seduta.

LETTERA DI PASCAL A BOYLE [L1.1]

8 maggio 1652

Signore, potrei far vedere attraverso molti esempi che i nostri fisici naturalisti propongono molte cose senza farne un esame sufficiente e senza altro fondamento che l'autorità di coloro che li hanno preceduti. Per dimostrarlo ho un buon numero di osservazioni di tutti i tipi di cui nessuno ha ancora fatto parola, e neppure avuto conoscenza, tanto sull'attrazione e le sue leggi in relazione ai fenomeni. Ne faccio parte a voi. Troverete allegati alla presente queste esperienze, in numero di più di cinquanta. Vi prego di esaminarle e di dirmene il vostro parere. Vi pregherei anche, Signore, di tenermi informato sulle vostre scoperte. Non ignorate quanto mi faccia piacere riceverle. Sono, Signore, come sempre, vostro umilissimo e affezionatissimo servitore, Pascal.

Monsieur, Je pourrois voir par plusiers exemples que nos physiciens naturalistes avancent beaucoup de choses sans en faire un examen suffisant, et sans autre fondement que l'autorité de ceux qui les ont précédés. J'ay pour le prouver un bon nombre d'observations de toutes sortes dont personne n'a encore parlé, et partant eu connaissance, tant sur l'attraction et de ses lois avec les phénomènes. Je viens vous en faire part. Vous trouverez ci-joint ces expériences, au nombre de plus de cinquante. Je vous prie les examiner et m'en dire vostre sentiment. Je vous prieray aussy, Monsieur, m'informer de vos nouvelles découvertes. Vous n'ignorez pas combien j'ay de plaisir ° les recevoir. Je suis, Monsieur, comme toujours, vostre très-humble et très-affectionné serviteur, Pascal.

Ce 8 may 1652

LETTERA DI PASCAL A BOYLE [L1.2]

2 gennaio 1655

Vi ho parlato diverse volte delle leggi dell'attrazione. Così, come vi dicevo, l'attrazione è una virtù propria della materia [...]. Le attrazioni della gravità, del magnetismo e dell'elettricità si estendono fino a distanze molto notevoli. È per questo che sono state osservate dagli occhi volgari. Ci possono essere altre attrazioni che si estendono a piccole distanze che sono sfuggite fino ad ora alle nostre osservazioni. E può essere che l'attrazione elettrica possa estendersi a questo tipo di piccole distanze anche senza essere suscitata dallo strofinamento. Insieme a questa lettera vi mando un buon numero di note [...].

---

4. Chasles, Michel, *Aperçu historique sur l'origine et le développement des méthodes en géométrie*, Hayez, Bruxelles 1837.

Una questione di priorità

LETTERA DI PASCAL A BOYLE [L1.3]

2 settembre 1655

Signore, nei movimenti celesti, la forza, agendo in ragione diretta delle masse e in ragione inversa del quadrato della distanza è sufficiente a tutto e fornisce il modo di spiegare tutte queste grandi rivoluzioni che animano l'universo. Niente è così bello, secondo me: ma quando si tratta dei fenomeni sublunari, degli effetti che vediamo da più vicino e l'esame dei quali è più facile, la capacità attrattiva è un Proteo che cambia spesso di forma. Gli ammassi rocciosi e le montagne non danno alcun segnale rilevabile di attrazione. Il fatto è che, per così dire, queste piccole attrazioni particolari sono come assorbite da quelle del globo terrestre, che è infinitamente più grande; per cui si ha un effetto simile alla capacità attrattiva della panna che galleggia su una tazza di caffè, e che si sposta con sensibile rapidità verso il bordo del recipiente. Pensate lo stesso anche voi? Sono, Signore, il vostro affezionatissimo Pascal.

Alle lettere di Pascal era allegato un certo numero di note che illustravano in forma concisa i principi a cui si ispirava o i risultati raggiunti.

NOTA (1.1)

Il corpo in virtù della tendenza al movimento che l'attrazione gli trasmette è capace di percorrere uno spazio dato in un tempo dato. La sua velocità iniziale sarà dunque proporzionale all'intensità dello sforzo ovvero alla tendenza impressa dalla potenza attrattiva; e questa intensità sarà a sua volta proporzionale alla massa attirante a uguale distanza, e a distanze diverse, come la massa attirante divisa per i quadrati di queste distanze. Pascal.

NOTA (1.2)

Le osservazioni astronomiche ci insegnano che tutti i pianeti si muovono su una curva intorno al centro del Sole, che vengono accelerati nel loro movimento man mano che si avvicinano a questo globo, e che vengono ritardati man mano che se ne allontanano; in modo tale che un raggio tirato da ogni pianeta verso il Sole, descrive aree o degli spazi uguali in tempi uguali. Ma affinché questi grandi corpi descrivano questa curva intorno al Sole, è necessario che siano animati da una potenza che pieghi la loro strada in una curva e che questa sia diretta verso il Sole stesso; e poiché questa potenza varia sempre nello stesso modo della gravità dei corpi che cadono sulla Terra, si deve concludere che non è cosa diversa dalla gravità stessa dei pianeti verso il Sole. Dal che segue, secondo la teoria della gravità, che la potenza del peso dei pianeti aumenta come il quadrato della distanza dal Sole diminuisce. Pascal.

Nota (1.3)

Si conosce la potenza della gravità sulla Terra, dalla caduta dei gravi, e valutando la tendenza della Luna verso la Terra, ovvero di quanto scarta dalla tangente alla sua orbita, in dato tempo qualunque. Ciò posto, poiché i pianeti compiono le loro rivoluzioni intorno al Sole e due di essi (Giove e Saturno) hanno dei satelliti, valutando dai loro movimenti quanta sia la tendenza di un pianeta verso il Sole ovvero dalla tangente in un dato tempo, e quanto i satelliti scartino dalla tangente alle loro orbite, nello stesso tempo, si può determinare la proporzione della gravità di un pianeta verso il Sole e di un satellite verso il suo pianeta, alla gravità della Luna verso la Terra, e le loro rispettive distanze. Pascal.

Nota (1.4)

Ho detto come i pianeti facciano le loro rivoluzioni intorno al Sole, e che due di essi abbiano dei satelliti, valutando in base al loro movimento la tendenza che un pianeta ha verso il Sole, ovvero scarta dalla tangente in un tempo dato, ecc. In base a questo, in conformità alla legge generale della variazione della gravità, basta calcolare le forze che agirebbero su questi corpi posti a distanze uguali dal Sole, da Giove, da Saturno e dalla Terra. È mediante questi principi che si trova che le quantità di materia del Sole, di Giove, di Saturno e della Terra stanno tra loro come i numeri $1, \frac{1}{1067}, \frac{1}{3021}, \frac{1}{169\,282}$. Pascal.

Le reazioni immediate e nuovi documenti

Prime perplessità

La prima reazione, all'interno dell'Accademia, si ebbe il lunedì successivo (22 luglio 1867), quando il matematico e fisico Jean-Marie Duhamel chiese a Chasles che cosa si dovesse intendere quando Pascal afferma, in una delle note, che «la puissance qui anime les planètes vers le Soleil, varie toujours de la même manière que la gravité des corps qui tombent sur la Terre».[1] Sembra infatti di capire che Pascal voglia identificare le forze che curvano le orbite dei pianeti con la forza che fa cadere i corpi sulla Terra. Ma alla base dell'argomentazione di Newton – fa osservare Duhamel – vi è l'osservazione che il rapporto tra l'accelerazione della Luna e l'accelerazione di gravità sulla superficie della Terra è uguale al quadrato del rapporto delle distanze:

$$\frac{a_L}{g} = \left(\frac{R}{d_{TL}}\right)^2 \quad (1)$$

dove a_L indica l'accelerazione della Luna, g l'accelerazione di gravità sulla superficie della Terra, R il suo raggio, e d_{TL} la distanza Terra-Luna.

Ed è qui che sorge la difficoltà, poiché questo richiederebbe di conoscere con buona approssimazione il valore del raggio terrestre. Infatti, la misura di Fernel (1528) aveva dato, per il grado di meridiano, 56 746 tese, e quella di Snell (1617) 55 021. L'inserimento di questi valori nella precedente relazione ne avrebbe dimostrato la falsità, piuttosto che la validità. Fu proprio a causa di queste misure errate che Newton abbandonò per alcuni anni la sua intuizione. La riprese solo quando Picard (1670) diede il valore di 5706 tese per un grado, che egli poté considerare verificata la sua congettura.

Ma vi è un altro aspetto segnalato da Duhamel. Il calcolo di Newton è basato sull'ipotesi che una distribuzione sferica di massa attiri un corpo

---

1. «La potenza che anima i pianeti verso il Sole varia sempre nello stesso modo della gravità dei corpi che cadono sulla Terra».

come se tutta la massa fosse concentrata nel centro. Si tratta di una dimostrazione essenziale per tutta la costruzione della teoria della gravitazione,
che Newton espose nella Sezione XII dei *Principia* dedicata alle *Forze attrattive dei corpi sferici* e in particolare nella Proposizione LXXIV:

> [...] un corpuscolo collocato fuori della sfera è attratto con una forza
> inversamente proporzionale al quadrato della sua distanza dal centro
> della medesima.

Se non fosse stato in possesso di questa proposizione, Pascal non avrebbe potuto affermare che la Luna e un corpo terrestre cadono nello stesso
modo verso il centro della Terra.

Altro pilastro fondamentale dell'opera di Newton è la dimostrazione
che le orbite ellittiche sono conseguenza di una forza centrale che varia in
maniera inversa al quadrato della distanza. Pascal non aveva alcun mezzo
per verificare la sua legge; eppure, nella lettera datata 2 settembre [L1.3],
afferma che

> Nei movimenti celesti, la forza, agendo in ragione diretta delle masse
> e in ragione inversa del quadrato della distanza, è sufficiente a tutto e
> fornisce il modo di spiegare tutte queste grandi rivoluzioni che animano
> l'universo.

È inspiegabile come potesse fare tale affermazione, quando non era in grado di dedurre dalla legge di forza il moto ellittico dei pianeti. Duhamel si
limita, sobriamente, a osservare che «da lettera del 2 settembre, attribuita a
Pascal, sembra dunque *inspiegabile*».

Un'osservazione, nella stessa seduta, venne avanzata anche dall'astronomo Hervé É. Faye. Fece notare che il punto più alto della storia della
gravitazione non è esattamente la scoperta della legge in sé. Questa non
era al di là delle possibilità delle conoscenze scientifiche dell'epoca, ed era
stata avanzata da diversi scienziati prima di Newton. Egli stesso, a questo
proposito, ha riconosciuto la priorità di Wren, di Hooke e di Halley: non vi
sarebbe nulla da meravigliarsi, quindi, se anche Pascal fosse giunto a questa
intuizione.

Ma la vera difficoltà, quella che era al fuori della portata degli uomini
di scienza dell'epoca e la cui soluzione avrebbe aperto alla fisica vie affatto
nuove, era il problema posto dalla prima delle leggi di Keplero, quella che
afferma che i pianeti descrivono orbite ellittiche intorno al Sole, posto in
uno dei fuochi. Occorreva qui l'impiego del calcolo infinitesimale, di cui solo
Newton era in possesso, ma non all'epoca dei primi saggi del 1665.

Il metodo di Chasles

La risposta di Chasles si limitò alla proposta di altre note firmate *Pascal*, ancora molto brevi, una per foglio.

NOTA (2.1)
La legge dell'attrazione non è nuova. È stata insegnata da molti sapienti dell'antichità. Non è forse l'attrazione quella che Empedocle indicava come l'amore che secondo lui unisce tutti i corpi dell'universo così come l'odio li separa e disunisce? Si può anche dire che era la dottrina di molti altri sapienti del tempo di Platone, dato che questo filosofo nel suo *Timeo* si sforza di respingerla. Pascal

NOTA (2.2)
La gravitazione e la coesione sono il principio di un gran numero di fenomeni. Niente è più manifesto dell'esistenza di questi princìpi. Poiché certamente non vi è niente di più *ardente* dell'esistenza della gravitazione e della coesione nei corpi. Quantunque l'esistenza di questi princìpi sia manifesta, la loro causa ci è ancora pressoché sconosciuta. Pascal

NOTE BREVI (2.3)
   a) La gravitazione e la coesione sono principi di un gran numero di fenomeni.
   b) Niente è più manifesto dell'esistenza di questi princìpi; dato che certamente niente di più evidente dell'esistenza della gravitazione e della coesione nei corpi.
   c) Nonostante l'esistenza di questi princìpi sia manifesta, la loro causa ci è ancora ignota. La gravità dell'aria per esempio è il principio della maggior parte dei fenomeni che si attribuiscono all'orrore del vuoto. E questo principio è manifesto quantunque la causa della gravità dell'aria sia ancora sconosciuta.
   d) Gli Aristotelici meritano di essere biasimati in quanto hanno assegnato come causa di tali princìpi, come la coesione, la pesantezza, l'attrazione magnetica ed elettrica, le fermentazioni, ecc., certe qualità che supponevano insite nei corpi.
   e) Questo tipo di qualità che si suppone provocate dall'essenza o dalla forma specifica delle cose arrestano il progresso della filosofia naturale, e devono essere a ragione respinte. Poiché non vale niente dire che ogni specie di cose è dotata di una qualità occulta, specifica, a causa della quale essa agisce e produce effetti sensibili. Pascal

NOTA (2.4)
Noi sappiamo che i corpi che si avvicinano o si allontanano possono obbedire alla spinta di un fluido che li trascina. Ma senza esperienze e

osservazioni, non possiamo determinare la particolare natura di questo fluido, i mutamenti a cui è suscettibile, la sua influenza sui corpi, in relazione alla disposizione delle loro parti, dei loro pori e delle loro atmosfere. L'elettricità fornisce un esempio ben evidente di questa verità. Pascal

NOTA (2.5)
Per dei filosofi che si piccano di geometria, non è un ragionare conseguente quello di concludere l'esistenza di una causa non-meccanica dall'impossibilità di indicarne una meccanica, dato che questa impossibilità è solamente relativa alle nostre conoscenze che sappiamo essere molto limitate da una parte e dall'altra. Pascal

NOTA (2.6)
La reazione nasce dalla resistenza che un corpo oppone al cambiamento che comincia a prodursi nel suo stato. Ora è evidente che un corpo duro non cambia niente dello stato di un piano duro, capace di sostenerlo. Il piano non può dunque sentire in alcun modo l'azione del corpo su di lui, né mettere in atto di conseguenza la facoltà resistente per reagire. Ho già detto che la reazione nasce dalla resistenza che un corpo oppone […].

NOTA (2.7)
Dico che l'effetto immediato della potenza attrattiva non è la produzione del movimento attuale, né una forza viva nel corpo attratto; ma solo una forza morta, un semplice sforzo, una semplice tendenza al movimento. Quando l'ostacolo cederà, il corpo cadrà subito dopo, e il primo movimento sarà l'effetto immediato di questo sforzo ovvero tendenza al movimento che l'attrazione gli ha impresso quando era trattenuto sul piano. Pascal

NOTA (2.8) (Osservazione)
La gravità agisce su tutta la massa del corpo egualmente; e si tratta di una proprietà inerente alla materia, poiché non agisce solamente sulla superficie dei corpi, ma penetra intimamente nella loro sostanza e influisce sulle loro parti interne con la stessa forza che sulle esterne, senza che la sua azione possa venire alterata da alcun corpo interposto o da alcun ostacolo. La potenza di questa proprietà è proporzionale alla quantità di materia. Così è possibile stimare che tutte le potenze del sistema del mondo siano dirette verso il loro centro d'azione, determinando la proporzione della quantità di materia dei corpi celesti a quella della nostra Terra, mediante le regole che stabilirò. Pascal

NOTA (2.9) (Osservazione)
Se la velocità di un pianeta è doppia di quella di un altro, e la sua orbita quattro volte più curva della sua, la sua gravità verso il Sole dev'essere

sedici volte maggiore, sebbene la sua distanza dal Sole sia solamente un quarto di quella dell'altro. Confrontando così i moti di tutti i pianeti, si trova che le loro gravità diminuiscono come i quadrati delle loro distanze dal Sole aumentano. Pascal

Nota (2.10)

Ho detto che la forza di proiezione che si chiama forza centrifuga varia continuamente, poiché l'attrazione è più o meno grande a seconda che i pianeti si avvicinino o si allontanino dal Sole. Per comprendere come avviene questa rivoluzione, supponiamo che un pianeta sia nella parte della sua orbita (o dell'ellisse che percorre) più vicina al Sole, la forza attrattiva in questa posizione è più grande che in tutte le altre posizioni, in proporzione al valore minimo del quadrato della distanza. Essa dovrebbe dunque far cadere il pianeta sul Sole. Ma la forza centrifuga prodotta dal movimento circolare intorno al Sole aumenta in proporzione maggiore. Pascal

Nota (2.11)

A ciò che ho detto a riguardo dell'attrazione e delle sue leggi con i fenomeni, si dirà forse che lo sforzo ovvero la tendenza impressa al primo istante si distrugge e non fa che rinnovarsi al secondo, cosicché non potrebbe esserci accumulazione. Ma questa tendenza al movimento, che la gravità imprime a un corpo, è una forza morta, una vera potenza, una realtà che non saprebbe estendersi da sola, e per la sola assenza della causa che l'ha prodotta, non può venire distrutta che da una forza contraria. Questa tendenza non ha meno realtà che il moto attuale; e poiché il moto, una volta impresso dura per sempre, anche se l'azione che lo ha prodotto viene a cessare, si deve dire altrettanto della tendenza al movimento. Se si obietta che questa tendenza è distrutta in ogni istante dalla reazione del piano, rispondo che supposti il corpo e il piano perfettamente duri, questa reazione non può aver luogo. Pascal

Nota (2.12) Le leggi dell'attrazione

La forza dell'argomentazione consiste in questo, che lo sforzo ovvero la tendenza al movimento, che dimostro essere l'effetto immediato dell'attrazione della Terra sul grave, è assolutamente la stessa, sia che il corpo cada perpendicolarmente, sia che scenda lungo un piano inclinato. Ora, poiché in quest'ultimo caso vi è solo una parte di questo sforzo impiegata a produrre un movimento attuale, bisogna che il resto si eserciti a produrre una pressione contro il piano, dal che segue che la pressione che si esercita al primo istante della caduta è l'effetto immediato di questo sforzo, e non della velocità iniziale decomposta. Cosa che appare anche da questa ragione, che la pressione sul piano è tanto più forte quanto più il piano è inclinato, e la velocità iniziale di conseguenza minore. Basta che la cosa si ripeta uguale al secondo istante e così di seguito, perché il mio ragionamento sussista in tutta la sua forza. Pascal

NOTA (2.13)
Non è vero che i fenomeni ci autorizzino a considerare la gravità come una proprietà intrinseca della materia, al contrario sembrano suggerire l'origine meccanica nella sola maniera naturale di conciliare la ragione diretta delle masse con l'inverso del quadrato delle distanze. Pascal

NOTA (2.14)
La geometria svelandoci il principio secondo il quale le qualità, come la luce, il suono e gli odori, seguono la legge del quadrato nella loro propagazione, dà luogo a credere che la gravità che segue che segue la stessa legge sia soggetta allo stesso principio, e che sia prodotta da raggi di pressione o di vibrazione che dalla circonferenza convergono verso il centro. Pascal

NOTA (2.15) (Osservazione)
Non è solo di una potenza attrattiva che i corpi celesti sono preda: sono anche legati a un movimento o a una forza di proiezione, che li fa circolare intorno al Sole, e che combinata con la forza attrattiva, li costringe a descrivere un'ellisse, di cui questo astro occupa il fuoco. Pascal

NOTA (2.16)
La potenza che agisce su un pianeta più vicino al Sole è ordinariamente più grande di quella che agisce su un pianeta più lontano, sia perché si muove con maggiore velocità, sia perché la sua orbita è più piccola e ha una curvatura maggiore. Confrontando i movimenti dei pianeti, si trova che la velocità di un pianeta più vicino è più grande di quella di un pianeta più lontano, in ragione della radice quadrata del numero che esprime la maggior distanza alla radice quadrata di quello che esprime la distanza minore, cosicché se un pianeta si trova quattro volte più lontano dal Sole di un altro, la velocità del primo sarà la metà di quella del secondo e la velocità di questo sarà il doppio; e poiché il raggio della sua orbita è quattro volte minore del raggio del pianeta più lontano, la sua orbita sarà quattro volte più curva. Pascal

NOTA (2.17)
Si trova mediante queste regole che la proporzione della forza di attrazione ovvero gravitazione reciproca del Sole, di Giove e della Terra sulle rispettive superfici è in ragione dei numeri 10 000, 943, 529, 435 rispettivamente, il che mostra che la forza della gravità verso questi corpi molto diversi tra loro si avvicina molto all'eguaglianza alle loro superfici; tanto che, quantunque Giove sia molte centinaia di volte più grande

della Terra, la forza della gravità sulla sua superficie è solo poco più del doppio di quello che è sulla superficie della Terra; e la forza di gravità sulla superficie di Saturno è solo circa di un quarto più grande di quella dei corpi terrestri.

Nota (2.18)
Poiché il globo della Terra ha una rotazione diurna intorno al proprio asse, si osserva che la gravità delle parti sotto l'equatore viene diminuita dalla forza centrifuga prodotta dalla sua rotazione; che la gravità delle parti dall'una o dall'altra dell'equatore è meno diminuita a misura che diminuisce la velocità di rotazione; che la forza centrifuga che ne risulta, agisce meno direttamente contro la gravità di queste parti e che la gravità sotto i poli non viene per nulla influenzata dalla rotazione. Pascal

Nota (2.19)
La Terra è più densa di Giove, e Giove più denso di Saturno, cosicché i pianeti più prossimi al Sole sono i più densi. Essendo così determinata la proporzione delle quantità di materia contenuta in questi corpi, ed essendo noti i loro volumi dalle osservazioni astronomiche, si calcola facilmente quanta materia ciascuno di essi contiene in uno stesso volume. Cosa che fornisce la proporzione delle loro densità che si esprime mediante i numeri: 100, 94½, 67 e 400. Pascal

Nota (2.20)
Quando un corpo cade in prossimità della Terra, si può trascurare e si trascura in effetti nella teoria della gravitazione la differenza delle distanze, e si considera come uniforme l'azione della gravità.

Nota (2.21) (Osservazione)
È possibile congetturare e anche inferire che vi sia una potenza simile alla gravità dei corpi pesanti sulla Terra, che si estende al Sole a tutte le distanze e diminuisce costantemente come i quadrati di queste distanze aumentano. Lo stesso principio della gravità deve valere per i satelliti che circolano intorno alla Terra, a Giove e a Saturno. Nei loro moti in relazione alle loro distanze regna la stessa armonia che vale per i pianeti principali. Ogni satellite descrive aree uguali in tempi uguali, mediante un raggio condotto dal centro del pianeta intorno al quale circola, secondo il quale la sua gravità è, di conseguenza, diretta. Questi satelliti devono anche gravitare verso il Sole: poiché non potrebbero avere un movimento così regolare che hanno, se non fossero soggetti all'azione della stessa potenza a cui è in preda il pianeta intorno al quale fanno la loro rivoluzione. Pascal

NOTA (2.22)

Poiché la gravità prevale nella parte più lontana dal Sole, fa avvicinare il pianeta a questo astro; mentre la forza centrifuga che prevale nei punti più vicini lo porta via; sotto la loro azione, il pianeta compie continuamente la sua rivoluzione dall'uno all'altro dei suoi due punti estremi della sua orbita. Pascal

NOTA (2.23)

È mediante la teoria della gravitazione e della forza di proiezione ovvero centrifuga, che si spiega il movimento dei pianeti. Non è così facile rendere ragione di quello dei loro satelliti. Questi piccoli pianeti sono in preda alla forza centrifuga e a due forze attrattive, quella del Sole e quella dei loro pianeti principali attorno ai quali compiono le loro rivoluzioni. L'azione di queste due forze è soprattutto sensibile sulla Luna, che è satellite della Terra. Pascal

NOTA (2.24)

L'orbita della Luna che è il satellite della Terra, e il suo moto cambiano continuamente a seconda che si avvicina o si allontana dal Sole; ed è molto difficile determinare queste variazioni. Poiché sono più note di quelle dei satelliti di Giove e di Saturno, basta spiegare la teoria della Luna affinché si possa giudicare quella di questi satelliti. Pascal

NOTA (2.25)

Un corpo sotto l'equatore perde almeno $1/289$ della sua gravità. L'equatore dev'essere di conseguenza $1/289$ volte almeno più alto dei poli. E calcolando mediante questi princìpi le dimensioni dei due assi o diametri della Terra, si trova che il diametro all'equatore sta al diametro ai poli come 230 sta a 229. Pascal

NOTA (2.26)

È necessario, per determinare la strada delle comete, fare qualche osservazione per accertare il loro moto e si trova così che la legge della gravitazione vale per loro come per tutti i pianeti. Ma questa legge sembra essere più esattamente osservata nei moti della Terra. Pascal

È Chasles stesso a commentare i documenti presentati con la firma di Pascal osservando che:

1) nella nota (2.21) Pascal afferma che la direzione della gravità tende verso il centro del corpo che attira, in virtù della legge delle aree (uguali spazzate in tempi uguali). Oggi si direbbe che la forza è *centrale*. Si tratta della *Proposizione II* del primo libro dei *Principia*;

2) la nota (2.9) afferma che la forza centrifuga aumenta al diminuire della distanza; la (2.12) che la forza centrifuga è in ragione inversa della

distanza. E la (2.18) che la forza centrifuga diminuisce con la velocità. In effetti il calcolo dell'effetto sul peso della forza centrifuga all'equatore richiede la conoscenza della sua espressione esatta: proporzionale al quadrato della velocità e inversamente proporzionale alla distanza;

3) la nota (2.16) che stabilisce che la forza di attrazione varia in modo inversamente proporzionale al quadrato della distanza coincide con la dimostrazione che ne dà Newton nel corollario VI del IV teorema;

4) la nota (2.23) dichiara che la spiegazione del moto dei pianeti si ottiene quando si tenga conto della forza di attrazione gravitazionale e della forza *di proiezione*, ovvero centrifuga.

L'ingresso di Newton

Tra i primi a negare l'autenticità dei documenti prodotti da Chasles vi fu, nella seduta del 29 luglio, Prosper Faugère, riconosciuto come il maggiore esperto di manoscritti di Pascal. Avendo infatti curato un'edizione filologica dei *Pensieri*,[2] era sicuramente in grado di dare un giudizio da filologo sull'autenticità delle lettere che Chasles pretendeva attribuibili al filosofo di Port Royal e il carteggio tra Pascal e la sorella.[3] In una lettera indirizzata al Presidente dell'Accademia, Faugère dichiarava:

> Non appena ne sono venuto a conoscenza, ho pensato di verificare la grafia dei documenti attribuiti a Pascal; e avendo manifestato questo pensiero a M. Chasles, questi, con squisita cortesia, mi ha consentito di esaminarli con comodo. È risultato, dalla prima impressione e dall'esame attento che ne ho effettuato, che per me la firma posta in calce di questi documenti non sia quella di Pascal, e che siano di una scrittura diversa dalla sua. La mia convinzione al riguardo è talmente completa, che considero di dovere informarne l'Accademia.

Ma aggiungeva anche un'osservazione di natura storica a proposito della lettera che Pascal avrebbe scritto a Boyle il 2 settembre (1655?) [L1.3] e in cui parla della gravità come di «un effetto simile alla capacità attrattiva della panna che galleggia su una tazza di caffè, e che si sposta con sensibile rapidità verso il bordo del recipiente». Ora – dice Faugère – tale osservazione poggia sulla convinzione che l'uso del caffè fosse già diffuso in Francia ai tempi di Pascal. Mentre fu solo nel 1669, cioè sette anni dopo la scomparsa di Pascal, che l'ambasciatore turco presso la corte di Luigi XIV, introdusse l'uso del caffè nell'alta società.

---

2. Faugère, Prosper, (a cura di), *Pensées, fragments et lettres de Blaise Pascal*, Andrieux, Paris 1844.
3. Faugère, Prosper, (a cura di), *Lettres, opuscules et mémoires de madame Périer et de Jacqueline, sœurs de Pascal, et de Marguerite Périer, sa nièce*, Vaton, Paris 1845.

Più avanti Faugère raccolse le sue osservazioni sui documenti e riflessioni sul significato dell'*affaire* in un opuscolo che uscì l'anno successivo.[4] Altrettanto netta è l'opinione espressa, sempre tramite lettera, da Bénard di Évreux, un ingegnere cultore di storia della matematica che si è già scontrato in passato con Chasles, e che avremo occasione di incontrare ancora. Anch'egli non usa mezzi termini nella denuncia di una sorta di complotto nazionalista:

> Tutto ciò non sembra copiato da un moderno trattato di Cosmografia? Come avrebbe potuto Pascal calcolare, il 2 gennaio del 1655, al più tardi, la massa di Saturno mediante le rivoluzioni di un satellite che fu scoperto solo il 25 marzo dello stesso anno, considerato che le tavole pubblicate da Huygens nel 1659, erano ancora molto grossolane?
>
> Se l'autore di questi documenti fosse uno di quei buontemponi che saltano fuori ogni tanto e che cercano di mettere in ridicolo gli studiosi approfittando della loro ingenuità, ci consoleremmo facilmente ignorando i sarcasmi degli incolti e degli stupidi. Ma, disgraziatamente, la frode che mi prendo la libertà di segnalarvi nasconde una vile perfidia. Infatti l'origine inglese delle lettere attribuite a Pascal mi sembra manifesta. «Je vous prie les examiner et m'en dire vostre sentiment … Je vous prieray aussy, Monsieur, m'informer, …» (Esamina, I pay … Inform, I pray). Ritengo che l'autore se ne stia in agguato pronto a raccogliere il rumore che faranno in Francia e, come capita a noi sovente di reclamare come nostre delle invenzioni che gli inglesi attribuiscono a se stessi, egli metterà sotto gli occhi della sua nazione i documenti di cui discutiamo, confessando senza vergogna la sua frode, e al popolo inglese dirà: «Ecco il peso che bisogna dare alle rivendicazioni francesi!» Avendo cura, ben inteso, di passare sotto silenzio i documenti incontestabili che possiamo opporre loro su altre questioni. È così che non si contesteranno più a Papin le sue scoperte, ma si farà risalire l'invenzione delle macchine a vapore al marchese di Worchester, citando la ridicola lettera di Marion Delorme a Cinq-Mars come l'unico documento che i francesi possono avanzare per reclamare il ruolo avuto in questa scoperta […].

Monsieur Bénard mette a nudo con acume una delle motivazioni non esplicite, e tuttavia più forti, che agiscono sugli accademici nel tentativo di comprendere ciò che sta accadendo: l'ispirazione nazionalistica.

Fino a questo punto, il nome di Newton non è stato pronunciato. Lo fa notare Chasles quando prende la parola nella seduta del 29 luglio e, per affrontare il punto cruciale della questione, prende le mosse dall'intervento del matematico Duhamel del lunedì precedente; precisamente dall'osser-

---

4. Faugère, Prosper, *Défense de B. Pascal et accessoirement de Newton, Galilée, Montesquieu, etc., contre les faux documents présentés par M. Chasles à l'Académie des sciences*, L. Hachette, Paris 1868.

vazione che «bisogna supporre che Pascal avesse altre ragioni che avrebbe dovuto fornire, altrimenti la sua teoria sarebbe stata basata su intuizioni vaghe, della cui insufficienza si rese egli stesso conto, dato che *non ha pubblicato niente su questo argomento*». Ma questa non è un'osservazione valida, perché esistono molti altri documenti che dimostrano che Pascal aveva raggiunto clamorosi risultati nel campo della gravitazione.

Chasles, nella difesa di una tesi non apertamente enunciata, si atteneva a una tattica che potremmo definire "di guerriglia"; consistente nel passare continuamente da un terreno a un altro, quando gli avversari, non ancora adeguatamente decisi, conquistavano una linea sulla quale si era attestato. Estendeva allora ulteriormente il fronte della discussione, presentando nuovi documenti che portavano nuove proposizioni dietro le quali si trincerava. E quando l'autenticità di queste veniva messa in dubbio, la legava a nuove rivelazioni documentali, che rappresentavano una nuova linea di difesa, dietro la quale Chasles si trincerava, e così via, senza limiti, allargando sempre più il numero dei personaggi storici coinvolti nella questione.

Ai primi dubbi immediatamente manifestati da Duhamel nella seduta del 29 luglio, Chasles rispose presentando numerose lettere di cui era in possesso, che dimostravano che vi era stata una corrispondenza tra il maturo Pascal e Newton ragazzo; e che ambedue si interessavano di gravitazione.

Le lettere sono caratterizzate dal tono che può assumere un anziano (e non troppo colto) maestro nei confronti di un ragazzo.

LETTERA DI PASCAL A BOYLE [L2.1]

6 gennaio 1654

Signore, ho ricevuto di recente una lettera accompagnata da una memoria di un giovane studioso inglese che tratta del calcolo dell'infinito, un'altra sul sistema dei vortici, e una terza sull'equilibrio dei liquidi e la gravità. Ho osservato in queste memorie degli elementi di acutezza che mi hanno veramente sorpreso soprattutto da parte di un ragazzo appena uscito dall'infanzia. Perché mi si dice che fa appena tredici anni. A questo proposito, per un istante, sono stato tentato di credere che questi lavori dovessero provenire da uno studioso molto versato in queste materie, ma che senza dubbio per mistificazione si fosse nascosto sotto il nome di questo giovane studioso. È proprio dei vostri compatrioti avere idee così bizzarre, concedetemi l'espressione. Sia come sia, come vi ho detto, questi lavori sono illuminanti e si vede che l'autore ha studiato con attenzione non solo Keplero e Cartesio come i miei saggi sulla pesantezza dell'aria, ma che da se stesso deve aver osservato con cura i fenomeni complessi della natura e aver compiuto proprie riflessioni nuove. Il che mi sembra notevole per un giovane. Del resto, voi lo conoscerete senza dubbio. Si chiama Isaac Newton. Vi sarei molto grato se mi deste qualche informazione su questo giovane tanto precoce. Poiché desidero sapere con chi ho a che fare, prima di rispondergli.

Sono, Signore, il vostro affezz.mo, Pascal.

LETTERA DI PASCAL A NEWTON [L2.2]

Parigi, 20 maggio 1654

Mio giovane amico, ho saputo con quanta cura cerchiate di prepararvi nelle Scienze matematiche e geometriche, e quanto desideriate approfondire il lavoro del fu Descartes. Vi mando diversi documenti [di Cartesio] che mi sono stati forniti da uno che è stato Suo buon amico. Vi mando anche diversi problemi di cui mi sono occupato in passato riguardanti le leggi dell'attrazione, affinché abbiate la possibilità di esercitare il vostro genio. Vi pregherei di farmi sapere che cosa ne pensate. Non bisognerebbe per ora, mio giovane amico, affaticare troppo la vostra giovane mente. Lavorate, studiate, ma fatelo con moderazione. È il mezzo migliore di acquisire e di trarre profitto dalle conoscenze acquisite. Ve lo dico per esperienza. Perché anch'io in gioventù avevo fame di imparare e niente avrebbe potuto fermare la mia giovane intelligenza, se così posso dire. Oggi mi rammarico di aver troppo richiesto alla mia memoria, e comincia a farmi difetto nel momento in cui ne avrei più bisogno. Tutto ciò non ve lo dico, mio giovane amico, per distogliervi dai vostri studi, ma per esortarvi a studiare con moderazione. Le conoscenze insensibilmente e con il tempo. Queste sono le più durature. Non vi dico niente di più, mio giovane amico, se non che siate sicuro del mio affetto. Pascal

LETTERA DI PASCAL A NEWTON [L2.3]

2 maggio 1655

Signore e giovane amico, ciò che mi hanno raccontato del vostro genio precoce mi ha fatto molto piacere e mi ha riportato ricordi felici della mia infanzia. Ciò che vi era di bello a quell'età è che, avendo sentito fare l'elogio di alcuni grandi uomini, aspiravo a seguire le loro orme. Ed ora mi dico: felice colui la cui immaginazione è ardita, viva, attiva, e che ha il nobile ardore di volersi elevare alla gloria! Questi violenti trasporti che ci portano a sperare nella gloria sono dei pregiudizi vantaggiosi che annunciano che un giorno saranno meritati. Mio giovane amico, ricordate bene ciò che sto per dirvi. Tutti gli uomini che non aspirano a farsi un nome non faranno mai niente di grande. Quando si marcia di malavoglia e con freddezza nella carriera intrapresa, si soffrono tutte le pene, tutti i disgusti della professione, senza ricavarne né onore né ricompensa. Occorre dunque, per i grandi obiettivi dare ebbrezza all'anima. Dobbiamo, fin che ci è possibile, come ha detto bene Longino, uno dei grandi dell'antichità, dobbiamo, dice, sempre nutrire e volgere il nostro spirito alla grandezza; mantenerlo pieno e gonfio di una certa fierezza nobile e generosa. Soprattutto bandire la troppo grande sfiducia; è un languore dell'anima che impedisce di prendere lo slancio e portarsi con rapidità verso lo scopo che si persegue. Essa è in rapporto ai talenti ciò che il freddo è per la terra; li mortifica, li fiacca, impedisce di vedere ciò che siamo e di renderci conto di ciò che potremmo essere un giorno. Ma la rugiada del mattino è meno utile ai fiori, che l'emulazione per i talenti. Li mette in libertà, li fa schiudere, viva e feconda sorgente del merito. Su questo, mio giovane amico, vi invito a leggere con attenzione i nostri buoni autori che hanno scritto sulle scienze. Studiate con attenzione Euclide, Archimede, Copernico, Cartesio, Galileo, ecc., e tenetemi informato sulle ispirazioni che trarrete da questi autori. Mi dichiaro vostro aff.mo, Pascal.

LETTERA DI PASCAL A NEWTON [L2.4]

2 dicembre 1657

Mio giovane amico, vi faccio pervenire attraverso un amico che va a fare un viaggio in Inghilterra, un fascicolo di brevi scritti che ho raccolto per voi e per seguire la vostra richiesta, che avete manifestato in una vostra lettera. Vi sono note, riflessioni e pensieri che riguardano le scienze, e tra queste le leggi dell'attrazione e dell'equilibrio. Vi prego di leggerle con attenzione, e oso sperare che vi troverete qualcosa di gradito e vi indurrà a riflettere sul sistema del mondo. Questo è il mio desiderio. Vi prego, mio giovane amico, di scrivermi ogni volta che ne avrete occasione. Per dirvi quanto le vostre lettere mi siano gradite. Sono come sempre il vostro aff.mo Pascal.

Al giovane Newton, studente

LETTERA DI PASCAL A NEWTON [L2.5]

22 novembre 1658

Signore e giovane amico, da quando Copernico ebbe scoperto e annunciato che la Terra obbedisce a tre movimenti principali, è stato naturale sulla base dei principi di meccanica già noti, spiegare i fenomeni necessariamente risultanti da ciascuno di questi moti e di valutarne le influenze reciproche. Di là nacquero le spiegazioni e le esperienze sulla variazione del peso di cui vi ho già parlato e sulla quale troverete qui allegata qualche osservazione. Da là sono venuti anche tutto l'ordine e la divisione dell'astronomia, in movimenti periodici, in movimenti di rotazione e in oscillazioni, alle quali sono soggetti gli assi di rotazione di tutti i pianeti. È dunque il sistema di Copernico bel meditato e ben approfondito che ha aperto lo sviluppo di tutte le ricerche fatte dopo di lui e che ha condotto a un gran numero di verità riconosciute ora. Non ve ne parlerò oltre per oggi. Allegate a questa troverete nuove osservazioni su questo tema, e uno scritto concernente l'astronomia fisica di cui vi faccio parte. Sono il vostro aff.mo Pascal.

A Mons. Isaac Newton

LETTERA DI PASCAL A NEWTON [L2.6]

20 gennaio (1659)

Signore e giovane amico, voi che sapete apprezzare il fascino della meditazione, ascoltatemi: penetriamo insieme in questo asilo circondato di silenzio, dove l'anima di Cartesio è profondamente occupata da temi sublimi e si trova immersa nei dolci rapimenti sconosciuti agli uomini volgari. Eccolo che gode gioie che neppure i Re possono comprare: l'impronta augusta della riflessione è sulla sua fronte; la luce del pensiero brilla in un glorioso colloquio con la natura, con Dio stesso. In questo momento il suo occhio penetra nel più alto dei cieli; cerca i nodi segreti, i principi nascosti, il legame meraviglioso tra le cause e gli effetti, abbraccia l'universo, che non è più vasto del suo genio. Seguiamolo nel suo lavoro, nelle sue meditazioni; esaminiamole con cura. È una buona guida da seguire; e dopo lungo tempo ho deciso di fare uno studio approfondito e della sua vita e della storia della sua filosofia e delle altre sue opere. È a questo scopo che ho raccolto tutto ciò gli può essere arrivato di notevole nel corso della sua carriera. Sono dunque in possesso di un gran numero di note su questo tema, che vi manderò se lo desiderate. Addio. Pascal.

LETTERA DI NEWTON A PASCAL [L2.7]

2 febbraio 1659

Signore, le diverse note che mi avete mandato riguardo al fu Descartes mi hanno fatto tanto piacere che mi permetto di venire a domandarvi il permesso di tenerle ancora qualche tempo, desiderando rileggerle di nuovo, e vi prego anche di darmi altre informazioni su questo illustre personaggio che è stato da voi conosciuto personalmente senza dubbio, e che avete saputo tanto bene apprezzare. Certamente Descartes è il più gran genio del nostro secolo, nessuno lo può contestare, cosicché è per me un gran piacere conoscere tutte le particolarità della sua esistenza. Non vi scriverò altro per oggi, Signore. Attendo da voi una risposta che mi sarà molto gradita, se vorrete parlarmi del fu Descartes e non nascondermi nulla di ciò che sapete. Sarei anche ben felice di sapere anche dove si possono trovare le sue carte che mi hanno assicurato essere tornate in Francia qualche anno fa.

Ho trovato qui, fra le carte del cavaliere d'Igby che ebbe diversi incontri con Descartes e che è stato nel numero dei suoi più stretti amici, ho trovato – dicevo – certe lettere molto curiose che lo hanno elevato nella mia stima. Se per caso conosceste le lettere che il cavalier d'Igby ha scritto a Descartes, vi sarei molto obbligato se me ne informaste, perché sarei felice di venirne a conoscenza. Sono, Signore e ottimo consigliere, il vostro umilis.mo servo e amico.

Issac Newton
Al Sig. Pascal

LETTERA DI NEWTON A PASCAL [L2.8]

12 marzo 1661

Ho saputo, Signore, con gran dispiacere che siete sempre malato. Senza dubbio è questo il motivo per cui da lungo tempo non ricevo vostre lettere. Sarà possibile che ne riceva ancora? Sarebbe per me una grande gioia. Se non è la malattia quella che vi impedisce di scrivermi, sarebbe qualcosa di cui avreste a lamentarvi nei miei confronti? Non credo di averlo meritato in nulla. I servigi che mi avete reso sono troppo grandi perché io possa avervi usato delle scortesie; in tal caso si sarebbe trattato a causa di ignoranza, ma non per volontà. So che mi avete scritto in altra occasione che avreste abbandonato le scienze per dedicarvi ad altri studi che senza dubbio non sono più in rapporto con i miei. Se è questo il motivo, me ne dispiaccio, ma questo non mi impedirà di essere per tutta la vita vostro ammiratore, e vostro umile e affezionatissimo servitore, Isaac Newton.

Al signor Pascal.

LETTERA DI NEWTON A PASCAL [L2.9]

8 maggio 1661

Signore, ho saputo da uno dei vostri amici, con grande pena, lo stato di sofferenza in cui vi trovate. Ne sono molto addolorato, ve lo assicuro: voi, a cui sono debitore di tanti buoni consigli e buoni insegnamenti; così abbiate per certo che conserverò una eterna riconoscenza. Signore, non ho dimenticato che qualche anno fa mi avete fatto avere molti manoscritti e un gran numero di Note; almeno 200. Ho consultato e compulsato con cura e grande interesse tutti questi documenti, che mi hanno iniziato a certe conoscenze che ignoravo e delle quali vi sono debitore. Ma non ricordo più se mi avete dato il permesso di tenere questi preziosi documenti o se ve li debbo restituire. A questo proposito vi prego di darmi una risposta, per piacere. Perché avrei un rimorso di coscienza se li tenessi senza conoscere bene il vostro intento a questo proposito. Aspetto, signore, la vostra risposta con grande impazienza e nell'attesa siate certo che sono e sarò sempre vostro umil.mo, obbl.mo e affez.mo servitore.

Isaac Newton.
Al sig. Blaise Pascal a Parigi.

Con queste si passa dalla questione se Pascal si fosse o no interessato alla gravitazione, alla questione di sapere se avesse avuto una corrispondenza con il giovane Newton. La corrispondenza intercorsa fra Newton e Pascal risultava anche da una lettera di Rohault a Newton e dalla risposta che ne era seguita.

Lettera di Rohault a Newton [L2.10]

2 giugno 1669

Signore, nonostante sembriate ignorare che Descartes è stato uno dei geni più eminenti del mondo intero, in realtà e in coscienza lo sapete quanto me. È a lui che siamo debitori dei progressi che le scienze hanno fatto in questo secolo. Malgrado tutti gli ostacoli che gli si pararono davanti, seppe congiungere la fermezza del coraggio all'elevatezza del genio. Tutti i suoi pensieri non tendevano ad altro che alla verità. Pieno d'ardore per liberarla dalla schiavitù, osò stabilire come principio che la base della filosofia è di respingere tutte le opinioni ricevute fino ad allora; di risalire a uno scetticismo generale, non per rimanere in questo stato di Pirronismo incompatibile con i lumi generali, ma per ammettere tra le verità solamente quelle fondate su nozioni chiare, certe ed evidenti. René Descartes, mediante quest'unico principio, portò un colpo mortale alle opinioni filosofiche fondate sui pregiudizi. Tale è, signore, la mia opinione su questo grande genio che voi sembrate non conoscere; ciò che appare più sorprendente è che sembra vogliate marciare sulle sue rovine. Non vi dirò altro per oggi, e sono il vostro umile servitore, Rohault.

Al signor Newton.

Lettera di Newton a Rohault [L2.11]

8 novembre (dopo il 1672)

Signore, senza dubbio non ignorate quale importanza abbia misurare la velocità della luce, e come possa influire sui progressi dell'astronomia e a estendere la sfera delle nostre idee sulla costituzione dell'universo. Bisogna anche che vi faccia conoscere un fatto importante che riguarda il peso. Uno dei vostri compatrioti che conoscete senza dubbio, Richer, inviato nel 1672 dal vostro governo alla Caienna per misurare la parallasse di Marte, mi scrisse di essersi accorto che il suo orologio, provato e regolato a Parigi prima della partenza, aveva un ritardo in prossimità dell'equatore di circa 3 minuti su 24 ore; bisogna concludere da ciò che il peso varia in relazione alla latitudine del luogo; e che va aumentando dall'equatore ai poli, e diminuendo dai poli all'equatore. Questo fenomeno è sorprendente, ma è una dimostrazione del moto diurno della Terra e dovrebbe permetterci di stabilire la vera forma del nostro pianeta.

Che cosa ne pensate? Da tempo ormai avevo colto questa verità. Ne ho trovato tracce in certi scritti che ebbi dal fu Pascal; e questa osservazione di Richer viene a confermare questo fatto. Non ve ne dirò niente di più, e vi lascio meditarci sopra.

Signore, sono il vostro servo umil.mo.

I. Newton
Al Signor Rohault

Si tratta di documenti che provano, al di là di ogni dubbio, che Newton aveva tratto da Pascal la sua teoria della gravitazione universale. Non solamente come idea di partenza, ma perfino nelle conseguenze finali, che riguardavano la variazione del campo gravitazionale sulla superficie terrestre in relazione alla latitudine.

Era un fatto che avrebbe potuto sconvolgere le convinzioni più salde in materia di storia della fisica nei due secoli precedenti e che certamente avrebbe provocato reazioni veementi negli ambienti scientifici europei, tanto più in quanto la bomba era stata scagliata da uno scienziato prestigioso di cui non si potevano mettere in discussione probità e competenza.

Immagini di Newton

Per comprendere l'effetto che la notizia delle lettere di Pascal a Newton ebbe sull'opinione pubblica internazionale, è necessario soffermarsi sull'immagine del grande scienziato che era andata delineandosi nel secolo e mezzo trascorso dalla sua scomparsa. In questo seguiremo sostanzialmente la linea di uno studio recente.[1]

Newton secondo Fontenelle

Può sembrare uno scherzo della storia il fatto che la prima biografia di Newton, uscita subito dopo la sua morte nel 1727, si debba alla penna di un francese: Bernard le Bouvier de Fontenelle (1657-1757), affascinante figura di studioso completo – letterato e filosofo – che, chiamato a far parte dell'Académie des Sciences, ne tenne il ruolo di Segretario per oltre quarant'anni. In questa funzione scrisse le biografie dei membri dell'Accademia via via scomparsi (*Les Éloges*) e tra queste, quella di Newton.[2]

L'*Éloge de M. Neuton* di Fontenelle non si può considerare una vera e propria biografia, in quanto aveva come scopo dichiarato quello di celebrare il più autorevole fra i *membres étrangères* dell'Accademia, prestando attenzione a non ferire i sentimenti nazionali dei membri francesi, come emerge dalla prudenza con cui affronta il problema della priorità della scoperta del calcolo infinitesimale. Quindi, prima di tutto, Fontenelle non si sottrae alla celebrazione del genio precoce di Newton:

> Per apprendere le matematiche, non studiò Euclide, che gli pareva troppo chiaro, troppo semplice, indegno di dedicargli il suo tempo; lo cono-

1. Higgitt, Rebekah, *Recreating Newton: Newtonian Biography and the Making of Nineteenth-Century History of Science*, Pickering & Chatto, London 2007.
2. Fontenelle, Bernard, *Éloge de Monsieur Neuton*, in *Éloges des académiciens*, 1727.

sceva quasi prima ancora di averlo letto; & bastava un colpo d'occhio sugli enunciati dei teoremi per conoscerne la dimostrazione. Saltò direttamente a libri come la *Geometrie* di Cartesio, & alle *Optiques* di Keplero. Si sarebbe potuto applicare a lui ciò che Lucain ha detto del Nilo, di cui gli antichi non conoscevano la sorgente, «che non è stato dato agli uomini di vedere il Nilo debole e nascente».

Dall'altra parte, Fontenelle deve mettere in evidenza una posizione di neutralità nella diatriba tra Newton e Leibniz a proposito della priorità nella scoperta del calcolo infinitesimale:

> Questo manoscritto, uscito nel 1669 dallo studio dell'autore, porta per titolo: *Metodo che avevo trovato in passato* ecc. E poiché questo passato era solo di tre anni, avrebbe scoperto a soli 24 anni tutta la bella teoria delle serie. Ma vi è di più: questo manoscritto contiene l'invenzione e il calcolo delle flussioni ovvero degli infinitesimi, che hanno provocato una contestazione tanto grande tra lui e Leibniz, o piuttosto tra la Germania e l'Inghilterra. Ne abbiamo fatto la storia nel 1716, quando abbiamo scritto l'elogio di M. Leibniz; e sebbene si trattasse dell'elogio di Leibniz, ci siamo attenuti così scrupolosamente alla neutralità dello storico che non abbiamo ora niente di nuovo da aggiungere per M. Newton. Abbiamo espressamente osservato che «M. Newton era certamente lo scopritore, che la sua gloria era assicurata, e che non si trattava che di accertare se M. Leibniz avesse preso da lui questa idea». Tutta l'Inghilterra ne è convinta, quantunque la Royal Society non l'abbia detto esplicitamente nel suo giudizio e l'abbia, tutt'al più, insinuato. M. Newton è sicuramente il primo inventore, e di vari anni il precursore. M. Leibniz, da parte sua, è il primo che ha pubblicato il calcolo; e se l'avesse preso da Newton, sarebbe simile al Prometeo del mito, che rubò il fuoco agli dèi per farne dono agli uomini.

Neppure sulla priorità in materia di gravitazione universale, l'*Éloge* di Fontenelle esprime dubbi:

> Nel 1687, M. Newton si risolse finalmente a svelarsi e a rivelare ciò che era: i *Principi matematici di filosofia naturale* furono pubblicati. Questo libro, nel quale la più profonda geometria serve come base a una fisica del tutto nuova, non ebbe sul momento tutto il successo che meritava e che avrebbe avuto un giorno. Come è stato saggiamente scritto, poiché vi è un gran risparmio di parole, e assai spesso le conseguenze scaturiscono così rapidamente dai principi che è necessario riempire da sé la distanza tra i due, il grande pubblico non era in grado di provare il piacere di comprenderlo. I grandi geometri vi pervennero solo attraverso uno studio molto intenso, mentre i mediocri vi si imbarcarono solo perché

incoraggiati dalla testimonianza dei grandi; ma alla fine, quando il libro fu sufficientemente conosciuto, tutti i crediti che si era conquistato così lentamente sorsero da tutte le parti e formarono un solo grido di ammirazione. Tutto il mondo scientifico fu colpito dallo spirito originale che rifulge nell'opera, dallo spirito creatore che, in tutto il secolo più felice, non pervade che tre o quattro uomini in tutta l'estensione dei paesi colti.

Due teorie principali dominano nei *Principia mathematica*, quella delle forze centrali e quella della resistenza dei mezzi al moto, ambedue pressoché interamente nuove, e trattate mediante la sublime geometria dell'autore. [...]

Il rapporto trovato da Keplero tra le rivoluzioni dei corpi celesti e le loro distanze dal centro comune di queste rivoluzioni, regna costantemente su tutto il cielo. Se si immagina, come è necessario, che una certa forza impedisca a questi grandi corpi di seguire per più di un istante il loro movimento naturale in linea retta da occidente verso oriente, e li attiri continuamente verso un centro, segue dalla regola di Keplero che questa forza, che sarà centrale, o più esattamente centripeta, avrà su un dato corpo un'azione variabile a seconda delle diverse distanze da questo centro, e ciò in ragione inversa del quadrato di queste distanze, vale a dire, per esempio, che se questo corpo fosse lontano il doppio dal centro della rivoluzione, l'azione della forza centrale su di lui sarebbe quattro volte più debole. Pare che M. Newton sia partito da ciò per tutta la sua fisica del mondo preso in grande. Possiamo anche limitarci a considerare la Luna che ha la Terra come centro del suo movimento.

Se la Luna perdesse tutto il suo impulso, tutta la tendenza che ha per andare da occidente a oriente in linea retta, e le rimanesse solo la forza centrale che la tira verso il centro della Terra, essa ubbidirebbe dunque unicamente a questa forza, ne seguirà unicamente la direzione e cadrebbe in linea retta verso il centro della Terra. Dato che il suo movimento di rivoluzione è noto, M. Newton dimostra mediante tale moto che, durante il primo minuto della sua caduta, essa percorrerebbe 15 piedi parigini. La sua distanza da Terra è di 60 semidiametri terrestri: dunque se la Luna fosse sulla superficie della Terra, la sua forza di attrazione sarebbe aumentata come il quadrato di 60, vale a dire che sarebbe 3600 volte più intensa, e perciò la Luna, in un minuto, percorrerebbe 3600 volte 15 piedi.

Ora, se si suppone che la forza agente sulla Luna sia la stessa che chiamiamo peso dei corpi terrestri, seguirà dal sistema di Galileo che la Luna che, sulla superficie della Terra percorrerebbe 3600 volte 15 piedi in un minuto, dovrebbe percorrere 15 piedi nel primo sessantesimo di minuto, ovvero nel primo secondo di questo minuto. Ora, si sa da tutte le esperienze, e non se ne sono potute fare che a distanze molto piccole dalla superficie della Terra, che i gravi cadono di 15 piedi nel primo secondo di caduta. Si trovano dunque, quando misuriamo la durata della loro caduta, nella stessa precisa condizione come se, avendo compiuto intorno alla Terra, con la stessa forza centrale della Luna, la stessa rivoluzione e alla stessa distanza, si trovassero poi vicini alla superficie della Terra; e se fossero nella stessa condizione della Luna, la Luna è nella stessa condizione in cui si trovano loro, ed è attirata in ogni istante verso la Terra dallo stesso peso. Una conformità così esatta di effetti non può derivare che da quella delle cause [Proposizione IV, Teorema IV, Libro Terzo dei *Principia*].

Se la Luna è pesante alla maniera dei corpi terrestri, se viene attratta verso la Terra dalla stessa forza, se, secondo l'espressione di M. Newton, essa pesa verso la Terra, la stessa causa agisce su tutto il meraviglioso insieme di corpi celesti; perché la natura è una sola, vale dappertutto la stessa disposizione, ovunque i corpi descrivono ellissi intorno al corpo centrale posto in uno dei fuochi. I satelliti di Giove pesano su Giove come la Luna sulla Terra, i satelliti di Saturno su Saturno, e tutti i pianeti insieme sul Sole.

Nello stesso tempo, Fontenelle non può ignorare la strenua resistenza che la teoria della gravitazione incontra presso i filosofi continentali, presso i quali la teoria dei vortici di Cartesio è la principale antagonista:

Non si sa in che cosa consista il peso e M. Newton stesso l'ha ignorato. Se la pesantezza agisse per spinta, si capirebbe che un blocco di marmo che cade, possa essere spinto verso la Terra senza che la Terra sia in nessun modo spinta verso di esso; e, in una parola, tutti i centri ai quali si riferiscono i moti causati dalla pesantezza potrebbero essere immobili. Ma, se agisce per attrazione, la Terra non può attrarre il blocco di marmo, senza che il blocco non attiri la Terra; perché questa virtù attrattiva non potrebbe risiedere più in un corpo che in un altro. M. Newton pose sempre l'azione della pesantezza reciproca in tutti i corpi, e proporzionale solo alle loro masse; e da ciò sembra stabilire che la pesantezza è realmente un'attrazione. Utilizza in ogni momento solo questa parola per indicare la forza attiva dei corpi, forza, per la verità, sconosciuta, e che non ha la pretesa di definire. [...]

L'uso continuo della parola *attrazione*, sostenuto da una grande autorità, e forse anche dall'inclinazione che pare di cogliere in Newton per la stessa cosa, rende famigliari i lettori con un'idea rifiutata dai cartesiani, e di cui tutti gli altri filosofi avevano decretato la condanna; è necessario oggi stare in guardia per non attribuire alla parola una qualche realtà, come è esposto al pericolo di credere chi la sente.

Comunque sia, tutti i corpi, secondo M. Newton, pesano gli uni verso gli altri, ovvero si attraggono secondo le loro masse, e quando girano intorno a un centro comune, da cui di conseguenza sono attratti, e che essi attraggono, le loro forze attrattive variano in ragione inversa al quadrato delle loro distanze da questo centro; se tutto l'insieme con il loro centro comune gira intorno a un altro centro comune agli uni e agli altri, vi sono ancora attrazioni che danno luogo a una strana complicazione. […]

I corpi celesti si muovono dunque in un grande vuoto, cosicché sono solo le loro esalazioni e i raggi di luce che formano insieme mille intrecci diversi, che aggiungono un po' di materia a spazi immateriali pressoché infiniti.

Meno esplicita è la posizione di Fontenelle nei riguardi della rivalità tra le filosofie di Newton e Cartesio:

L'Attrazione e il Vuoto, banditi dalla Fisica da Cartesio, e banditi per sempre secondo le apparenze, fecero ritorno, riportati da Newton, dotati di una forza tutta nuova di cui li si riteneva capaci […]. Si può tracciare un rapporto tra questi due grandi uomini, anche se si trovano in una tale opposizione.

Ambedue sono stati geni di prim'ordine, nati per dominare sugli altri spiriti, e per fondare imperi. Ambedue geometri eccelsi hanno visto la necessità di trasportare la Geometria nella Fisica. Ambedue hanno fondato la loro Fisica su una Geometria che essi stessi hanno fondato. Ma l'uno, prendendo un volo ardito, ha voluto collocarsi alla sorgente di tutto, rendersi maestro dei primi principi attraverso alcune idee nette e fondamentali, allo scopo di dover poi scendere ai fenomeni della Natura, come a necessarie conseguenze; l'altro, più timoroso, o più modesto, ha cominciato il suo cammino partendo dai fenomeni per risalire ai principi sconosciuti, risoluto ad ammetterli indipendentemente dalla catena delle conseguenze possibili. L'uno parte da ciò che comprende chiaramente per determinare la causa di qualsiasi fenomeno. L'altro parte da un fenomeno qualsiasi per trovarne la causa, che sia chiara oppure oscura.

Tuttavia, le vite dei due grandi filosofi sono state ben diverse:

M. Newton ha avuto la singolare fortuna di godere in vita di tutto ciò che ha meritato, ben diversamente da Cartesio che ha ricevuto solo onori postumi. Gli inglesi non onorano meno i grandi talenti per il fatto che sono nati nel loro paese; invece di cercare di umiliarli con critiche ingiuriose, invece di applaudire coloro che li attaccano, sono tutti d'accordo nell'esaltarli; e la grande libertà che li divide sulle questioni più importanti, non gli impedisce di essere uniti in questo. Sono tutti consapevoli quanto la gloria dello spirito debba essere preziosa per uno Stato, e colui che la può procurare alla patria diventa per loro infinitamente caro […]. La sua filosofia è stata adottata in tutta l'Inghilterra; domina all'interno della Royal Society e in tutte le opere eccellenti che ne sono uscite, come se fosse stata consacrata dal rispetto di una lunga sequenza di secoli. Infine, è stato riverito al punto che la morte non avrebbe potuto portargli nuovi onori, ha visto lui stesso la propria apoteosi. Tacito, che ha rimproverato ai romani la loro estrema indifferenza per i grandi della loro nazione, avrebbe rivolto agli inglesi la lode contraria.

Fontenelle fornisce anche informazioni sul carattere di Newton come uomo:

> Era semplice, affabile, sempre di buon umore con tutti. I geni di prim'ordine non disprezzano ciò che è al di sotto di essi, mentre gli altri disprezzano ciò che è loro inferiore. Non si credeva dispensato né per suo merito, né per la sua reputazione, da alcuno dei doveri delle cose ordinarie della vita; nessuna singolarità né naturale, né affettata metteva in essere, per cui voleva apparire come una persona qualunque.
>
> Quantunque fosse membro della Chiesa Anglicana, non ha perseguito i Non-Conformisti per ricondurli al suo interno. Giudicava gli uomini dai loro costumi e i veri Non-Conformisti erano per lui i viziosi e i malvagi. Nonostante si ispirasse alla religione naturale, credeva nella Rivelazione, e tra i libri di tutti i tipi che aveva continuamente tra le mani, quello che leggeva con maggiore assiduità era la Bibbia. L'agiatezza in cui si trovava, grazie a un grande patrimonio e alla posizione che occupava, aumentata ancora mediante una saggia semplicità di vita, non gli offriva inutilmente i mezzi per fare del bene. Non credeva che donare per testamento fosse veramente donare, così non ha lasciato un testamento e si è spogliato tutte le volte che ha fatto donazioni o ai suoi parenti o ad altri che sapeva trovarsi in situazione di bisogno. Le buone azioni che ha compiuto, o dell'una o dell'altra specie, non sono state rare né di poco conto. Quando il ben apparire richiedeva in certe occasioni delle spese, e qualche grandiosità, allora era magnanimo senza alcun rimorso, e con molta buona grazia. Fuori da ciò ogni fasto, che appare cosa importante solo ai caratteri meschini, era bandito; severamente guardingo nelle spese, e le spese riservate a impieghi più utili [...]. Non si è mai sposato e forse non ha mai avuto il piacere di pensarci, preso com'era da studi profondi e ininterrotti in gioventù, e impegnato in seguito da una carica importante, e anche dalla grande considerazione in cui era tenuto che non gli permetteva di sentire né il vuoto nella sua vita, né il bisogno di una famiglia.
>
> Ha lasciato in beni mobili circa 32 mila sterline pari a circa 700 mila lire della nostra moneta. Anche M. Leibniz, suo avversario, morì ricco, quantunque molto meno, e con una somma di riserva molto considerevole. Questi esempi rari, e ambedue stranieri, sembrano degni di non essere dimenticati.

L'*Éloge* di Newton nella traduzione inglese, ebbe cinque ristampe in Inghilterra, a partire dal 1728, ma incontrò la disapprovazione di molti che l'avevano conosciuto, e in particolare di John Conduitt (marito di una nipote di Newton) a una memoria biografica del quale Fontenelle aveva attinto. Egli dichiarò che si trattava di un «tentativo molto imperfetto» e che «temo che non abbia né l'abilità né l'inclinazione a rendere giustizia a questo grande uomo, che aveva eclissato la gloria dell'eroe francese Descartes». Parole che dimostrano che le ispirazioni nazionaliste avevano già un ruolo al tempo della morte di Newton, e che la partita si giocava tra Newton e Descartes.

Lo scarso favore con cui in Inghilterra si accolse la biografia di Fontenelle è testimoniata da Voltaire che ne scrisse nelle sue famose *Lettres sur les Anglois* (1734).

> Questo famoso Newton, distruttore del sistema cartesiano è morto nel mese di marzo dello scorso anno 1727. Ha vissuto onorato dai suoi compatrioti, ed è stato sepolto come un re che abbia fatto del bene ai propri sudditi. Qui a Londra è stato letto con avidità e tradotto l'elogio del signor Newton che il signor di Fontanelle ha pronunziato all'Accademia delle Scienze. In Inghilterra il giudizio del signor di Fontenelle era atteso come una dichiarazione solenne della superiorità della filosofia inglese; ma quando si è visto che egli paragonava Cartesio a Newton, tutta la Società Reale di Londra si è sollevata. Lungi dall'accettare tale giudizio, si è criticato quel discorso. Parecchi (e non sono certo i più filosofi) sono anzi rimasti urtati da quel paragone, soltanto perché Cartesio era francese.[3]

Newton secondo Voltaire

Può sorprendere che un filosofo e letterato qual era Voltaire si sia interessato al pensiero di Newton; ma, come abbiamo già osservato, nel secolo dei lumi si perseguiva ancora un ideale di cultura enciclopedica. Si ignora spesso che nel XVIII secolo in Francia la legge di gravitazione universale si diffuse grazie agli scritti di Voltaire. Di fronte a questo paradosso, una profonda studiosa francese della materia afferma, parafrasando Pascal, che «quando un filosofo si mette al servizio della scienza, ha le sue ragioni che talvolta la ragione ignora. Quelle di Voltaire erano ideologiche, teologiche e perfino sentimentali».[4]

In effetti, Voltaire contribuì a diffondere in Europa il metodo newtoniano attraverso un ponderoso saggio che porta il titolo esplicito di *Elements de la philosophie de Newton*.[5] Sentiamo come, in quest'opera, Voltaire affronta il problema della gravitazione:

---

3. Arouet, François-Marie, Voltaire, *Lettres écrites de Londres sur les Anglois*, Basle 1734.
4. Le Ru, Véronique, *Voltaire newtonien*, Adapt Ed., 2005.
5. Arouet François-Marie, Voltaire, *Eléments de la philosophie de Newton mis à la portée de tout le monde*, Amsterdam 1738.

Un giorno, nell'anno 1666, Newton che si era ritirato in campagna, vedendo cadere dei frutti da un albero, secondo quel che mi ha raccontato sua nipote (Mme Conduitt), si abbandonò a una meditazione profonda sulla causa che attira così tutti i corpi su una retta che, se venisse prolungata, passerebbe all'incirca per il centro della Terra.

Qual è, si chiedeva, questa forza che non può essere negata da tutti questi vortici immaginari? [il riferimento è alla teoria di Descartes]. Agisce su tutti i corpi in proporzione alle loro masse e non alle loro superfici [teoria dei vortici]; agirebbe sul frutto che cade da questo albero, anche se fosse alto tre mila tese, anche se fosse alto dieci mila tese. Se ciò fosse vero questa forza dovrebbe agire dal luogo in cui si trova la Luna fino al centro della Terra; e se è così, questo potere, qualunque esso sia, può dunque essere lo stesso che fa tendere i pianeti verso il Sole, e lo stesso che fa gravitare i satelliti di Giove su Giove. Ora, è stato dimostrato, mediante le induzioni che si possono ricavare dalle leggi di Keplero, che tutti i pianeti secondari pesano verso il centro delle loro orbite, e tanto più quanto ne sono vicini, e tanto meno quanto più ne sono lontani, vale a dire in ragione inversa al quadrato delle loro distanze.

Un corpo collocato dov'è la Luna, che circola intorno alla Terra, e un corpo collocato in prossimità della Terra, devono dunque pesare ambedue verso la Terra precisamente secondo tale legge.

Dunque, per essere certi che sia la stessa causa che trattiene i pianeti sulle loro orbite e che fa cadere qui i gravi, occorre solo fare delle misure, cioè accertare quale spazio percorra un grave cadendo sulla Terra, in un tempo dato, e quale spazio percorrerebbe un corpo posto nella regione della Luna, nello stesso tempo.

La Luna stessa si può considerare come un corpo che cade.

Ma questa non è un'ipotesi che si possa adattare in qualche modo a un sistema; non è un calcolo in cui ci si possa accontentare di un pressappoco. Bisogna cominciare conoscendo con esattezza la distanza tra la Terra e la Luna e, per conoscerla, è necessario conoscere le dimensioni del nostro globo.

È così che ragionava Newton, ma si attenne, per la misura della Terra, alla stima errata dei piloti delle navi, che valutavano di sessanta miglia d'Inghilterra, vale a dire di venti leghe di Francia, un grado di latitudine, mentre bisognava contare settanta miglia.

C'era, per la verità, una misura della Terra più giusta. Norwood, matematico inglese, nel 1636 aveva misurato con grande precisione un grado di meridiano; e aveva trovato, com'è giusto, circa settanta miglia. Ma questa misura, compiuta trent'anni prima, era sconosciuta a Newton. Le guerre civili che avevano afflitto l'Inghilterra, sempre così funeste tanto alle scienze che allo Stato, avevano sepolto nell'oblio la sola misura giusta che si aveva della Terra e ci si affidava alla stima vaga dei piloti. Pertanto nel calcolo la Luna era troppo vicina alla Terra e le proporzioni cercate da Newton non si trovavano con esattezza. Non ritenne che gli fosse lecito aggiungere nulla, e di adattare la natura alle sue idee; piuttosto voleva adattare le sue idee alla natura: abbandonò quindi questa bella scoperta, che l'analogia con gli altri astri rendeva così verosimile, e alla quale mancava tanto poco per essere dimostrata; rara onestà che da sola dovrebbe conferire grande peso alle sue opinioni.

Infine, sulla base di misure più esatte compiute in Francia, in tempi diversi, e di cui parleremo, trovò la dimostrazione della sua teoria. Il grado della Terra fu portato a 25 delle nostre leghe, la Luna si trova a sessanta semidiametri dalla Terra, e Newton poté riprendere il filo della sua dimostrazione.

Il peso sul nostro globo è in ragione inversa al quadrato delle distanze dei corpi pesanti dal centro della Terra; vale a dire che il corpo che pesa cento libbre alla distanza di un diametro dalla Terra, peserà solo una libbra se viene portato a dieci diametri.

La forza che produce il peso non dipende da vortici di materia sottile, la cui esistenza si è dimostrata falsa.

Questa forza, qualunque sia la sua origine, agisce su tutti i corpi, non in proporzione alle loro superfici [come vorrebbe Descartes]; ma in proporzione alle loro masse. Se opera a una distanza, deve operare a tutte le distanze; se opera in ragione inversa al quadrato delle distanze, deve sempre agire secondo questa proporzione sui corpi conosciuti, quando non si trovano nel punto di contatto, vale a dire il più vicino possibile senza essere uniti.

Se, conformemente a questa proposizione, questa forza fa percorrere sul nostro globo 54 mila piedi in 60 secondi, un corpo che si trovi a circa 60 raggi dal centro della Terra dovrà, in 60 secondi, cadere di soli 15 piedi parigini circa.

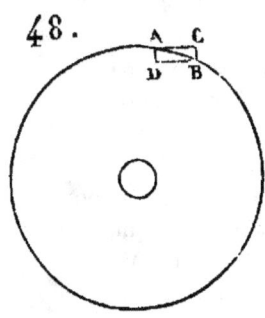

La Luna, nel suo moto medio, dista dal centro della Terra circa 60 raggi terrestri: ora, da misure compiute in Francia, si conosce quanti piedi è l'orbita descritta dalla Luna; si sa da ciò che nel suo moto medio descrive 187 961 piedi di Parigi in un minuto.

La Luna, nel suo moto medio, è caduta da A in B (figura): essa ha dunque obbedito alla forza del proiettile che la spinge secondo la tangente AC, e alla forza che la farebbe scendere seguendo la linea AD, uguale a BC; togliete la forza che la dirige da A in C, resterà una forza che si potrà valutare mediante il tratto CB: questo è uguale al tratto AD; ma è stato dimostrato che, essendo l'arco AB di 187 961 piedi, il segmento AD ovvero CB ne varrà solamente 15: dunque, che la Luna sia caduta in A o in D, qui è la stessa cosa, avrebbe percorso 15 piedi in un minuto da C in B; dunque avrebbe percorso 15 piedi anche da A in D in un minuto. Ma, percorrendo tale spazio in un minuto, essa compie un tratto che è precisamente $^1/_{3600}$ del cammino che percorrerebbe un corpo cadendo qui sulla Terra; 3600 è esattamente il quadrato della sua distanza: dunque la gravitazione che agisce così su tutti i corpi agisce nello stesso modo tra la Terra e la Luna precisamente nel rapporto della ragione inversa del quadrato delle distanze.[6] [Nota la distanza TL = 60 raggi terrestri e nota la lunghezza dell'arco AB percorso dalla Luna in un minuto (188 mila piedi/min) si ricava il valore del tratto di caduta BC (15 piedi/minuto). La figura che illustra il calcolo dimostra che, in realtà, Voltaire non aveva chiara l'idea di Newton di accelerazione centripeta. Inoltre rappresenta il verso di rotazione della Luna all'opposto di quanto si fa solitamente, NdR].

Ma se questa potenza che anima i corpi dirige la Luna sulla sua orbita, deve anche dirigere la Terra sulla sua, e l'effetto che produce sul pianeta Luna deve produrlo anche sul pianeta Terra, poiché tale potere è dovunque lo stesso; anche tutti gli altri pianeti devono esservi soggetti: e anche il Sole deve essere soggetto alla sua legge.

Solo la terza parte del saggio di Voltaire è dedicata alla meccanica celeste (essendo le prime due dedicate alla metafisica e alla teoria della luce, rispettivamente); ma è anche quella che più ha contribuito alla diffusione della conoscenza di Newton sul continente. A proposito delle comete dice:

Ora Newton, con l'aiuto del celebre astronomo Halley, il Cassini d'Inghilterra, avendo seguito nel suo corso la cometa del 1680 [in realtà 1682], che fece tanto rumore, creò una nuova teoria mediante la quale determinò l'orbita descritta dalla cometa. Cassini padre aveva già fissato la traiettoria che la cometa doveva descrivere la cometa del 1664 [*sic*]; aveva osato per primo predire il corso di una cometa: l'astronomia non aveva mai prodotto nulla di così ardito. Ebbene Newton crea una teoria generale; dimostra che tutte le comete devono descrivere una traiettoria parabolica intorno al Sole.

La cometa di cui parla è, ovviamente, quella di Halley, che sarebbe ricomparsa nel 1758. In sostanza, gran parte del saggio consiste in un confronto tra due filosofie opposte: quella di Cartesio e quella di Newton, e Voltaire non ha dubbi a chi dei due assegnare la palma.

---

6. Il punto che Voltaire illustra con fatica è il fatto che la Luna è in caduta verso la Terra. Per caratterizzare il moto di caduta utilizza il tratto percorso in un determinato tempo. I corpi che cadono sulla Terra percorrono 15 piedi nel primo secondo di caduta. Per caratterizzare la caduta della Luna prende la misura dell'allontanamento dalla traiettoria rettilinea che si produce in un minuto.

Newton secondo Savérien

Alexandre Julien Savérien (1720-1805) fu ufficiale di marina, letterato, filosofo e matematico. Di vent'anni più giovane di Voltaire, fu, come lui, autore
eclettico e molto fecondo, ma la sua sorte fu ben diversa da quella del famoso connazionale. Mentre il primo godette in vita di un enorme successo
e della protezione di molti potenti, nonostante le sue posizioni anticonfor-
miste, Savérien terminò la sua vita nella miseria e nell'abbandono. La sua
produzione è sterminata e, come quella di Voltaire, comprende letteratura,
filosofia, scienza e tecnica. Ci soffermeremo sull'esposizione del sistema di
Newton che Savérien inserì nel IV volume della sua monumentale *Histoire
des philosophes modernes* che pubblicò nel 1764, cioè quasi trent'anni dopo
l'opera di Voltaire.[7]

Anche questa esposizione, che si rivolge a lettori colti, ma non specialisti, si propone di descrivere il sistema di Newton senza fare ricorso alla
matematica (e abbiamo già rilevato quanto la cosa sia ardua), ma persegue
finalità diverse sia da quelle, celebrative, di Fontenelle sia da quelle, filosofiche, di Voltaire.

L'inizio rivela immediatamente i sentimenti dell'estensore:

> Felici i popoli che fanno consistere la gloria dello Stato nella gloria dello
> spirito; e che, ben sicuri che l'opera propria dell'uomo sia di pervenire
> alla conoscenza di Dio e delle sue opere, accolgono coloro che gli recano
> lumi su questi temi importanti! Le scienze non servono solo a ornare
> lo spirito, e a occuparlo gradevolmente, sono ancora utili a distinguere
> la verità dall'errore, la prudenza dalla dissimulazione, la pietà dall'ipo-
> crisia, e illuminano una nazione sulla condotta dei furfanti, in modo
> che possa fermare i loro perniciosi progetti, punirli o metterli in fuga
> [...]. Così è un fatto provato dalla Storia che gli uomini sono stati felici
> solo nei secoli dei lumi; e se godiamo di qualche conforto in quello in
> cui viviamo, bisogna attribuirlo alla stima di cui godono i Sapienti. In
> tutti gli Stati civili vengono preconizzati; e sono soprattutto considerati
> in Gran Bretagna [...]. Si può valutare il loro zelo [degli inglesi] dagli
> omaggi che vengono resi a questo grand'uomo di cui sto per scrivere la
> storia. È stato riverito – dice M. de Fontenelle – al punto che la morte
> non poté procurargli nuovi onori. Ha visto la sua apoteosi. Ha goduto
> in vita di tutto ciò che meritava; diversamente da Cartesio, costretto a
> vivere lontano dalla patria per sottrarsi alle persecuzioni che lo opprime-
> vano senza sosta. Anche se dobbiamo al filosofo francese le conoscenze
> più belle; visto che ha creato un metodo mediante il quale sono state
> scoperte e si scoprono ogni giorno tante verità; che ha in qualche modo
> creato la Metafisica; ha pubblicato i più bei precetti di Morale; è stato

---

7. Savérien, Alexandre J., *Histoire des philosophes modernes*, tome quatrième, Paris 1773.

fautore della scoperta della circolazione del sangue; ha sparso grande luce sull'Anatomia mediante il suo *Homme* e il suo sistema di formazione del feto; che ha alleato la Fisica con la Matematica, sbrogliato il caos dell'Algebra antica, sbarazzato questa scienza di tutti i simboli scomodi e faticosi di cui era piena, dato nomi molto famigliari e simboli molto semplici alle grandezze cosicché questa scienza che appariva altrimenti inaccessibile, è diventata nelle sue mani una sorta di gioco; e infine, sebbene la sua *Geometrie* sia un capolavoro e che pertanto lui sia il più grande, in quanto dagli antichi ha imparato solo a ragionare in maniera errata e a sbagliare: nonostante ciò, l'adulazione per Newton è stata portata al punto di metterlo infinitamente al di sopra di Cartesio. Ma non mi è possibile prendere qui le parti di questo genio sublime. Ho già fatto conoscere i suoi meriti e le sue scoperte nel terzo volume di quest'opera. Il mio compito è ora di esporre quelli di Newton.

Questo l'incipit della biografia dedicata all'inglese Newton. Interessante è anche la versione che Savérien fornisce – a lettori non specialisti – della "filosofia" di Newton, un termine teso a indicare ciò che rappresenta la risposta newtoniana al metodo che Cartesio ha esposto nel suo *Discorso*.[8]

[Newton] per procedere in sicurezza, non volle stabilire alcun principio, né fare alcuna supposizione. Consultò la Natura stessa, eseguì con cura le operazioni e non aspirò a scoprire i segreti se non attraverso esperienze scelte e ripetute. Ben fermo in questo progetto, risolse di non ammettere obiezioni contro alcuna esperienza evidente, che derivassero da riflessioni metafisiche. Sempre in guardia contro i pregiudizi, comprese che nello studio della Natura, la pazienza non è meno necessaria del genio. In questo contesto imparò a servirsi dei metodi d'analisi e di sintesi in modo conveniente; cosicché, partito dai fenomeni o dagli effetti, poteva risalire alle cause; e dalle cause particolari poté risalire ad altre più generali, e da queste infine fino alle più generali di tutte. Avendo scoperto queste cause per questa via, si propose di discendere in senso opposto e di considerarle come princìpi fermi e stabiliti, per mezzo dei quali poter spiegare tutti i fenomeni che ne costituiscono le conseguenze.

Dopo aver stabilito così un piano di studi, il nostro Filosofo pose alla base del suo lavoro questi tre princìpi:

1°. di riconoscere come cause dei fenomeni solo quelle che apparivano come vere e tali che con il loro aiuto si potesse rendere ragione di questi fenomeni;

2°. di ammettere come verità costante che gli effetti della stessa natura vengono prodotti dalle medesime cause;

---

8. Descartes, René, *Discours de la méthode*, Leyde 1637.

3°. di elevare al rango di proprietà comuni di tutti i corpi, le qualità dei corpi sulle quali si possono fare esperienze, che sono sempre le stesse, senza essere né più forti né più deboli, in qualunque tempo si voglia. Da quest'ultima regola dedusse che i corpi celesti hanno le stesse proprietà dei corpi terrestri.

Savérien, non trascura di inserire nell'esposizione delle opere di Newton anche note più personali, che ci danno informazioni sia sul personaggio che sull'autore:

Newton era di taglia mediocre, grassoccio, con l'occhio molto vivace, di fisionomia gradevole e venerabile allo stesso tempo. Era semplice, affabile, modesto e socievole. Magnificente senza limiti in tutte le occasioni in cui le buone maniere richiedevano prodigalità e sfarzo, faceva le cose con molta buona grazia. Visse sempre frugalmente e poiché disponeva di un alto reddito, alla sua morte lasciò settecentomila sterline di beni mobili. Non era per nulla avaro. È stato scritto che era attratto dalle donne, e che aveva anche un figlio naturale. Ma quelli che hanno scritto questo non hanno prodotto alcuna testimonianza autorevole della loro affermazione.

Non si coglieva nel suo comportamento la grande sagacità. Aveva un che di languido nello sguardo e nei modi, che non trasmettevano una grande idea di lui. Sebbene avesse pressoché perduto la memoria negli ultimi anni della vita, comprendeva ancora le proprie opere. Criticava spesso il metodo di trattare le materie geometriche mediante il calcolo algebrico, e diede a un trattato di Algebra che aveva composto, il titolo di *Aritmetica Universale*, allo scopo di non autorizzare l'uso troppo frequente di questo tipo di calcolo. Lodava sovente Slufius, Barow e Huygens, celebri matematici, per non essersi lasciati andare al falso gusto che cominciava a prevalere. Esprimeva grandi elogi al lodevole piano che era stato proposto da un geometra di nome Hugues Domerique, di riportare in vigore l'antica analisi, e stimava molto il libro *De Sectione rationis d'Apollonius* [tradotto da Halley], perché contiene un'esposizione molto chiara di quell'analisi. Teneva in gran conto il metodo di Huygens: lo considerava il miglior scrittore e il più perfetto imitatore degli antichi. Infine, si rammaricava spesso di aver cominciato i suoi studi matematici con l'Algebra, e di aver trascurato il metodo di Euclide.

Newton secondo Biot

La prima biografia di Newton ispirata a rigore storico e scientifico venne quasi un secolo dopo la sua morte e, ancora, fu opera di un francese. Negli anni dieci dell'800, Louis-Gabriel Michaud, convinto monarchico e lealista, aveva dato inizio a una grande *Biographie universelle ancienne et moderne*[9] che, finita, avrebbe occupato 85 volumi. Al brillante fisico Jean-Baptiste Biot, discepolo di Laplace, venne affidata la redazione della biografia di Newton, che uscì nel 1822.

Sette anni dopo venne pubblicata dalla Society for the Diffusion of Useful Knowledge la prima delle traduzioni inglesi.[10]

Tuttavia, la biografia di Biot conteneva un altro elemento che non poteva non rinfocolare il risentimento nazionale inglese e che riguardava un periodo di turbe mentali che avrebbero colpito il grande scienziato nel periodo 1692-1693.

> Si era fatto un piccolo laboratorio per questo genere di lavori; e sembrava che, negli anni che sarebbero seguiti alla pubblicazione dei *Principia*, vi si sarebbe quasi interamente dedicato. Ma un incidente fatale gli sottrasse in un istante il frutto di tante fatiche e ne privò per sempre la scienza. Newton aveva un piccolo cane chiamato Diamante, al quale era molto affezionato. Una sera dovendo uscire dallo studio per una certa incombenza e recarsi nella stanza vicina, inavvertitamente lasciò Diamante chiuso dietro di lui. Rientrando, qualche minuto dopo, trovò che il cagnolino aveva ribaltato sulla sua scrivania una lampada che aveva appiccato fuoco alle carte su cui aveva preso nota delle sue esperienze; cosicché vide davanti a sé il lavoro di tanti anni consumato e ridotto in cenere. Si racconta che, quando si rese conto di questa grande perdita, si limitò a dire: «Oh! Diamante, Diamante, non sai il torto che mi hai fatto!».
>
> Ma il dolore che ne risentì, e che la riflessione rese ancora più vivo, alterò la sua salute e, a quanto pare, offuscò la sua ragione per qualche tempo. Il fatto, finora ignorato, ma che appare confermato da diverse indicazioni, si trova registrato in un noto manoscritto di Huygens, che ci è stato trasmesso dal Sig. Van Swinden, e che riportiamo qui, senza ulteriori spiegazioni oltre a quelle che quel rispettabile sapiente vi ha aggiunto da sé.
>
> «Si trova – dice il Sig. Van Swinden – nei manoscritti del celebre Huygens, un piccolo in-folio che rappresenta una specie di diario, nel quale Huygens era abituato a prendere nota di diverse cose; è segnato ζ n. 8, nel Catalogo della biblioteca di Leyda, pag. 112. Ecco quel che vi ho trovato scritto con la grafia di Huygens, che mi è perfettamente nota, a causa del grande numero di manoscritti e lettere autografe che ho avuto occasione di leggere:

---

9. Michaud, Louis-Gabriel (a cura di), *Biographie universelle ancienne et moderne: histoire par ordre alphabétique de la vie publique et privée de tous les hommes*, 83 voll., Paris 1811-1853, vol. 31 (1822), pp. 127-194.

10. Biot, Jean-Baptiste, *Life of Newton*, trad. H. Elphinstone, in *Lives of Eminent Persons*, Library of Useful Knowledge, Baldwin & Cradock. London 1833.

Il 29 maggio 1694, il Sig. Colin, scozzese, mi ha raccontato che l'illustre geometra Isacco Newton è caduto, da diciotto mesi, in demenza, sia in seguito a un troppo grande eccesso di lavoro, sia per il dolore di aver visto consumare da un incendio il suo laboratorio di chimica e diversi importanti manoscritti. Il Sig. Colin ha aggiunto che in seguito a questo incidente, essendosi presentato davanti all'arcivescovo di Cambridge, e avendo tenuto dei discorsi che mostravano la sua alienazione di spirito, i suoi amici si sono occupati di lui, hanno iniziato a curarlo e, dopo averlo tenuto rinchiuso nei suoi appartamenti, gli hanno somministrato, con le buone o con le cattive, dei rimedi, grazie ai quali ha recuperato la salute, cosicché al presente, egli ha ricominciato a comprendere il suo libro dei Principia.

«Huygens – continua il Sig. Van-Swinden – informò della cosa Leibniz, con una lettera dell'8 giugno seguente; alla quale Leibniz rispose in data 23: «Sono ben contento di apprendere della guarigione del Sig. Newton, nello stesso momento in cui vengo a sapere della sua malattia, che era certamente delle più incresciose; è a gente come voi e lui, Signore, che auguro una lunga vita».

Sembrava, da questi dettagli, che non si potesse mettere in dubbio il fatto stesso; vale a dire che quella testa che, per tanti anni si era applicata continuamente a riflessioni tanto profonde che rappresentavano il limite della ragione umana, si sarebbe infine stancata per l'eccesso dei suoi sforzi, o per il dolore di vedere i risultati annientati: e certamente queste due ipotesi non rappresenterebbero niente di straordinario; come anche non ci si dovrebbe stupire che i primi segni di una afflizione come quella che Newton dovette provare, si fossero manifestati senza violenza: l'anima era come abbattuta sotto il suo peso. Ma questo fatto di un disturbo dello spirito, quale ne possa essere la causa, spiegherebbe perché, dopo la pubblicazione del libro dei *Principia* nel 1687, Newton, che allora aveva solo 45 anni, non abbia più prodotto nuovi lavori su alcuna parte delle scienze, e si sia accontentato di far conoscere quelli che aveva composto molto tempo prima, limitandosi a completarli nelle parti che potevano necessitare di qualche sviluppo.

E si può osservare che anche questi sviluppi appaiono sempre ricavati da esperienze o osservazioni fatte in precedenza; come le aggiunte alla seconda edizione dei *Principia,* nel 1713, e le esperienze sulle lastre spesse, sulla diffrazione, come anche le questioni di chimica poste alla fine dell'*Ottica,* nel 1704: perché riportando queste esperienze, Newton dice formalmente che le ha ricavate da vecchi manoscritti che aveva composto in precedenza; e aggiunge che benché sentisse la necessità di estenderli o di perfezionarli, non si risolveva a farlo, essendo queste materie ormai troppo lontane da lui; da cui si può concludere, con estrema verosimiglianza, che, nonostante avesse recuperato la salute abbastanza da comprendere di nuovo tutte le sue ricerche, e anche per fare in qualche punto delle aggiunte o modifiche utili, come dimostra la seconda edizione del libro dei *Principia*, per portare a termine la quale intrattenne con Cotes un'intensa corrispondenza matematica, ciò nondimeno non volle più intraprendere lavori nuovi nelle parti della scienza in cui aveva fatto tanto, e nelle quali avrebbe dovuto ben vedere ciò che rimaneva da fare. Ma, sia che quella determinazione gli fosse imposta dalla necessità, sia che gli fosse solamente ispirata da una sorta di lassitudine morale prodotta da un sì lungo e logorante esercizio del pensiero, ciò che ha fatto è sufficiente a collocarlo, in tutti rami delle scienze fisiche e matematiche, al primo posto fra gli inventori; e dopo aver ammirato in lui il creatore della filosofia naturale, uno dei più grandi promotori dell'analisi matematica, e il primo fra i fisici di tutti i tempi, si deve riconoscere ancora che è stato lui a fondare i principi della chimica meccanica, facendo dipendere le combinazioni.

Tutto questo si iscrive perfettamente nella figura romantica del genio che ha la follia come rovescio della medaglia e assimila Newton a uno dei campioni della filosofia francese: Blaise Pascal. Secondo Biot, Newton non si riprese mai da questo esaurimento nervoso e questo spiegherebbe perché non portò a termine alcun altro lavoro scientifico. Il parallelismo tra Newton e Pascal viene proposto da Biot quasi come prova che «tale è la spaventosa condizione dell'uomo: il genio e la follia possono coesistere nel suo spirito l'uno accanto all'altra, e nello stesso tempo».

Le parole con cui Biot conclude il discorso sulla malattia di Newton richiamano quelle con cui Laplace chiude una lettera indirizzata a Herschel nell'aprile del 1823 per chiedergli informazioni sulla vicenda dell'esaurimento di Newton:

Ho pregato M. Gauthier, che voi conoscerete senz'altro, di prendere informazioni su una circostanza della vita di Newton, assai notevole & che finora poco conosciuta. Mi riferisco allo stato di alienazione che sembra abbia avuto per alcuni mesi dopo la pubblicazione del suo libro dei principi & e l'incendio delle sue carte. M. Biot ha pubblicato su questo, nella sua nota biografica su Newton inserita nella *Biografia universale*, una lettera di Huygens a Leibniz. È probabile che informazioni prese a Cambridge dove si trovava allora Newton, chiarirebbero la questione & e voi, più di qualsiasi altro, sareste nelle condizioni di potervele procurare. Vorrei anche sapere in quale epoca Newton ha cominciato a occuparsi di temi teologici. Lo Scoglio che è alla fine del suo libro non compare nella prima edizione, & non trovo nelle sue lezioni di ottica le idee che ha diffuso a questo riguardo, nel suo trattato di ottica. Parrebbe che le idee teologiche siano state la principale occupazione dei suoi ultimi anni, & e sembra che i suoi eredi, dopo la sua morte, abbiano dato alle fiamme diverse migliaia di carte scritte di suo pugno su queste materie. Tutti gli aspetti della vita degli uomini celebri interessano la storia della spirito umano. Poiché, secondo l'espressione di M. Balli, è in queste grandi teste che lo spirito umano ha vissuto.[11]

Newton secondo Brewster e De Morgan

Lo scozzese David Brewster (1781-1868) è noto al grande pubblico per due scoperte di modesto valore scientifico ma che ebbero grande diffusione: lo stereoscopio e il caleidoscopio. Studi di maggior rilievo li condusse nel campo della polarizzazione della luce e la connessione tra struttura ottica e forma dei cristalli. Ebbe la ventura di vivere il tramonto della teoria newtoniana della luce (corpuscolare) e l'affermarsi della rivale teoria ondulatoria che si fa risalire a Huygens e venne ripresa, nei primi decenni dell'800 principalmente dai fisici francesi. La sua fama venne oscurata da quella di un altro grande fisico scozzese, James Clerk Maxwell, che diede contributi fondamentali nel campo della termodinamica e dell'elettromagnetismo.

Brewster fu editore dapprima dell'«Edinburgh Philosophical Journal» e poi dell'«Edinburgh Journal of Science» che si segnalarono soprattutto per opinioni radicali in materia di un supposto declino della scienza in Gran Bretagna. In seguito, la rivista venne inglobata nella «London, Edinburgh and Dublin Philosophical Magazine» e Brewster ne divenne uno degli editori. I suoi articoli vennero, tuttavia, pubblicati da una gran numero di periodici del Regno Unito. Le sue posizioni culturali emergono dall'impostazione data alle biografie di Galileo, Tycho Brahe e Keplero e anche dal titolo attribuito alla loro raccolta.[12] Ma il modello di scienziato a cui dedicò tutta la sua vita di storico fu Newton, nei confronti del quale si ritagliò il ruolo di difensore contro le insinuazioni che provenivano da oltre Manica, e che sviluppò attraverso numerosi articoli e due libri dedicati alla sua biografia. In questo ruolo di biografo nel 1837 ebbe accesso alla raccolta di manoscritti newtoniani di Portsmouth, che non erano stati consultati dai biografi precedenti (in particolare da Biot). Questa opportunità mise alla prova la sua venerazione poiché il carteggio dimostrava il coinvolgimento di Newton nella cultura alchemica e che le sue opinioni religiose erano pericolosamente vicine al movimento eretico dei sociniani.

Il carattere non propriamente distaccato ed equilibrato della biografia di Biot indusse David Brewster a contrapporle, quasi immediatamente, una *Vita di Sir Isaac Newton*[13] che avrebbe determinato l'immagine del grande

---

11. Hahn, Roger, *Correspondance de Pierre Simon Laplace*, tome II, «Turnhout», Brepols 2013, 18 aprile 1823.
12. Brewster, David, *The Martyrs of Science, or the Lives of Galileo, Tycho Brahe and Kepler*, John Murray, London 1841.
13. Brewster, David, *The Live of Sir Isaac Newton*, in *The Family Library*, vol. 24, John Murray, London 1831.

scienziato fino alla metà del secolo seguente.

La necessità di una risposta era determinata sia da motivi di orgoglio nazionale che dalla necessità di respingere le implicazioni che potevano discendere dall'asserito *deragement* di Newton.

Pertanto, quella che poteva essere una depressione e che Biot aveva interpretato come una manifestazione romantica del genio, per Brewster doveva dipendere da una malattia fisica. Non esita quindi a ricordare anche ciò che nella biografia di Biot viene taciuto:

> Il celebre Marchese de la Place vide la malattia di Newton in una luce ancora più penosa per i suoi amici. Riteneva che non avesse mai recuperato il vigore del suo intelletto e coltivava la persuasione che le ricerche teologiche di Newton non avessero avuto inizio se non dopo il periodo della malattia. Arrivò a incaricare il Professor Gautier di Ginevra di compiere ricerche su questo tema nel corso di una sua visita in Inghilterra, come se fosse nell'interesse della verità e della giustizia dimostrare che Newton divenne cristiano e scrittore di teologia solo dopo la caduta delle sue forze e l'eclisse della sua ragione.
>
> Se queste sono state le conseguenze della rivelazione della malattia di Newton da parte del manoscritto di Huygens, ritengo che sia un sacro dovere verso la memoria di quel grande, verso il sentimento dei suoi connazionali, e l'interesse della Cristianità stessa, cercare di chiarire la natura e la storia di quell'indisposizione che appare essere stata tanto mal interpretata e mal descritta.

Secondo Brewster il periodo della (ipotizzata) malattia mentale di Newton è quello in cui questi scrisse le famose lettere a Bentley sulle implicazioni teologiche della filosofia naturale e queste «stanno a dimostrare una profondità di pensiero e una serenità mentale assolutamente incompatibili anche con il più leggero appannamento delle sue facoltà».

L'altro fine a cui tendeva Brewster, e a cui abbiamo accennato, era di negare la tesi, sostenuta da Biot e Laplace, secondo la quale gli interessi teologici di Newton si erano manifestati durante la sua malattia ed erano cessati dopo la guarigione. Si scaglia quindi contro i «filosofi stranieri» che «avevano indirettamente messo in dubbio la sincerità dei suoi interessi religiosi». Tra Biot e Laplace il peggiore era quest'ultimo, dato che il primo non aveva mai trattato la questione in modo tanto sicuro. Sulla base di documenti inoppugnabili, Brewster poteva dimostrare che gli interessi religiosi di Newton risalivano a prima della malattia. Laplace aveva incautamente osservato che lo *Scolio Generale*, di contenuto teologico, non era stato incluso nella prima edizione dei *Principia*, ma Brewster poté dimostrare che le prime stesure dello *Scolio* erano anteriori al periodo della malattia. Infine – argomentazione forte – la corrispondenza, durata dal 1694 al 1698, con John Flamsteed, che aveva come oggetto un tema *alto* come il moto della

Luna, sta a dimostrare che le facoltà mentali di Newton erano intatte.

Intorno alla stessa rivista popolare che aveva pubblicato la traduzione della biografia di Biot, si coagulò un movimento di opinione secondo il quale la biografia di Brewster appariva eccessivamente agiografica; il rappresentante più illustre era Augustus De Morgan, una figura anticonformista di matematico e intellettuale che scriveva sui giornali e sulle pubblicazioni a carattere divulgativo.[14]

De Morgan sosteneva, con argomenti validi, che la storiografia scientifica dovesse adeguarsi ai canoni di rigore e indipendenza di giudizio che caratterizzano l'attività dello storico. Soprattutto, che i lavori di storia della scienza dovevano essere sempre basati su una accertata e rigorosa documentazione, e non essere ispirati da motivazioni di carattere nazionalistico. Per esempio, a proposito della situazione economica di Newton, fa la seguente osservazione:

> Sir D. Brewster rappresenta Newton come dotato di una rendita molto modesta prima di essere nominato alla carica di Direttore della Zecca Reale. Ma in effetti riceveva dal suo College vitto e alloggio (ambedue dei migliori) e lo stipendio da membro del College: dall'Università il salario da professore; e dal suo patrimonio circa £ 100 all'anno. [Quindi] non poteva ricevere meno di £ 250 all'anno oltre a vitto e alloggio: che era una rendita molto buona a quei tempi per uno scapolo, e non sarebbe male neppure oggi.

Brewster tenne conto delle critiche di De Morgan nella stesura di una nuova biografia di Newton che uscì nel 1855.[15] Due anni prima dell'uscita della biografia di Brewster il consiglio comunale di Grantham, città natale di Newton, deliberò la realizzazione di un monumento al grande concittadino e l'inaugurazione ebbe luogo nel settembre del 1858. Il commento di De Morgan, pubblicato su «Atheneum», fu molto critico:

> [non ero] preparato a guardare all'inaugurazione come alla riparazione di una dimenticanza, né come prova di una risvegliata consapevolezza dei meriti di Newton. Newton è uno i cui meriti non sono mai stati sottovalutati; sono stati riconosciuti in forme vicine all'idolatria negli ultimi trent'anni della sua vita; ed ogni paese del mondo civile ha riconosciuto la peculiare grandezza del suo intelletto dal giorno della sua morte ad oggi.

Colse l'occasione per ricordare che i recenti progressi conseguiti nel deline-

14. De Morgan, Augustus, «Newton», *The Penny Cyclopaedia of the Society for the Diffusion of the Useful Klowledge*, vol. 16, Open Court, London 1840.
15. Brewster, David, *Memoirs of the Life, Writings and Discoveries of Sir Isaac Newton*, 2 voll., Constable & Co.,Edinburgh 1855.

are il carattere di Newton «avevano ridotto al silenzio i difensori di quello che chiamiamo *Newton mitico*». Questi progressi avevano messo in luce che, nonostante il suo rifuggire dalla pubblicità, erano potenti in Newton l'amore per la fama e il desiderio di impieghi pubblici e che «ciò che nel giovane era insofferenza della contraddizione» era diventata nell'uomo maturo «brama di potere». La conclusione era che «l'importanza della teoria della gravitazione non avrebbe perso valore neppure se si fosse dimostrato che il suo autore era colpevole di furto o assassinio».

Le reazioni inglesi

L'ingegner Bénard aveva colto nel segno: i più colpiti dalla diffusione di documenti che avrebbero potuto minacciare il prestigio di Newton, erano stati, ovviamente, gli inglesi.

Il primo a farsi vivo, il 12 agosto del 1867, con una lettera indirizzata all'Accademia, fu Sir David Brewster, autore di due apprezzate biografie di Newton di cui abbiamo parlato. In realtà l'*affaire* aveva fatto molto più rumore di quanto la lettera dello scienziato inglese, ferma nel tono, ma nei limiti del *fair play* britannico, potesse far pensare. Negli stessi giorni un giornale di Bruxelles usciva con un articolo, dovuto probabilmente ad Augustus De Morgan, dal titolo esplicito *Newton dépossédé*, mentre il «Times» di Londra faceva osservare che «da reticenza di Chasles (nel rivelare la provenienza dei suoi documenti) ne avrebbe annullato la credibilità davanti a una corte di giustizia».[1]

Accingendosi a dare lettura della lettera di Brewster nella seduta del 12 agosto, il presidente Chévreul esordiva con queste parole:

> Sir David Brewster dichiara di aver ricevuto da M. Chasles alcune lettere o note di Newton, che egli [Chasles] ritiene autentiche. Ne ha letto solo una o due, sufficienti a proporre osservazioni che dimostrano che questa è una gigantesca frode – la più grande che sia mai stata tentata nella scienza e nella letteratura.

Naturalmente, nella lettera Brewster motivava con cura le sue osservazioni:

> 1. La corrispondenza è fondata sull'assunto che Newton fosse un genio precoce, avendo scritto sul Calcolo Infinitesimale ecc. all'età di undici anni, mentre invece andava a scuola e non sapeva niente di ma-

---

1. Higgitt, Rebekah, *Newton dépossédé! The British response to the Pascal forgeries of 1867*, «British Journal for the History of Science», 36 (2003).

tematica e si occupava solo di mulini ad acqua e a vento e di orologi ad acqua e altri giochi infantili.

2. Non vi è alcuna prova che vi sia stata corrispondenza tra Pascal e Newton. Avendo esaminato l'intero corpo della corrispondenza di Newton in possesso del Conte di Portsmouth, non ho trovato nessuna lettera o biglietto in cui sia menzionato Pascal.

3. Le lettere di Miss Hannah Ayscough, madre di Newton, portano questa firma, quantunque al tempo in cui furono scritte era una donna maritata e avrebbe dovuto firmare Hannah Smith.

4. M. Faugère ha trovato che le lettere non sono scritte da Pascal e anche la firma non è autentica.

5. Le lettere e le firme di Newton non sono di sua mano.

6. In una delle lettere di Pascal viene descritto un esperimento fatto con il caffè, che era una bevanda sconosciuta in Francia a quel tempo.

7. Tutte le lettere di Newton sono in francese, lingua che non ha mai usato. Le sue lettere indirizzate al celebre matematico francese Varignon sono scritte in latino e Newton stesso ha dichiarato che poteva comprendere il francese solo tramite l'uso di un vocabolario.

8. Lo stile e le forme delle lettere sono estranee ai modi di Newton. Esprime eterna gratitudine a Pascal, una parola che nessun inglese avrebbe mai usato.

9. Secondo questa corrispondenza, M. Desmaizeaux ebbe accesso alle carte di Newton dopo la sua morte e si impadronì di molte di queste. Ora, è certo che Mr. Conduitt, nipote di Newton, ordinò ed esaminò tutte le carte di Newton subito dopo la sua morte allo scopo di ricavarne materiale per una biografia e, non essendo riuscito a trovare una persona con la competenza di scriverla, assunse l'impresa lui stesso e ottenne da persone ancora in vita informazioni circa l'infanzia e i primi studi di Newton.

La conclusione dello scienziato inglese non lascia spazio a dubbi di sorta:

> Tutte queste informazioni, che ho utilizzato nella mia biografia di Newton, sono in aperta contraddizione con l'assunto della precocità di Newton e di una precoce comunanza di interessi con Pascal che è alla base del carteggio che suscita ora tanto interesse. Perciò, non vi può essere dubbio che le lettere di Newton e Pascal sono dei falsi audaci e ben realizzati, prodotti allo scopo di trasferire su Pascal la gloria della scoperta della legge di gravitazione e di altre che dobbiamo a Newton.[2]

Quasi negli stessi giorni (pochi dopo la morte di Faraday), si tenne a Dundee

---

2. Brewster, David, *Sur la prétendue correspondance entre Newton et Pascal*, «Comptes rendus», t. 65, juillet-décembre 1867, pp. 261-263.

il 37° congresso della British Association for the Advancement of Science e tra i primi punti all'ordine del giorno venne posta la questione delle lettere presentate da Chasles all'Académie. Il primo intervento fu di Brewster che, nella veste di biografo di Newton, non poteva sottrarsi a un giudizio sulla attendibilità di documenti che avevano suscitato tanto clamore.[3]

Dopo Brewster e sullo stesso tema, prese la parola il matematico Archer Hirst, con un intervento che voleva interpretare il sentimento diffuso nell'ambiente scientifico inglese.[4]

La presunta corrispondenza tra Pascal e Newton di recente presentata all'Accademia di Francia ha preso il mondo di sorpresa. Se fosse autentica vorrebbe dire che saremmo debitori a Pascal e non a Newton dello sviluppo della teoria della gravitazione. Che Newton avrebbe rubato le sue idee a Pascal e, quel che è peggio, cancellato e tentato di cancellare le tracce del suo plagio ai danni di Pascal. Accuse tanto gravi non potrebbero essere tollerate da un inglese se non fossero avanzate da una personalità così prestigiosa e la cui rettitudine di carattere va al di là di ogni sospetto. Non si conosce la storia reale di questi documenti, fino all'attuale proprietario, di cui neppure Chasles può rivelare il nome. Siamo quindi privati del modo più diretto di stabilire l'autenticità o meno dei documenti, e siamo costretti a fare ricorso all'esame diretto degli stessi. Allo scopo di rendere possibile questo esame diretto, M. Chasles ha gentilmente inviato a Sir. David Brewster e all'autore della presente comunicazione alcuni campioni, in francese, della grafia di Newton, che hanno consentito all'eminente biografo di Newton di dichiarare la loro falsità.

Dopo aver diretto l'attenzione su alcune discrepanze contenute nelle lettere già pubblicate da Chasles e che si sostiene dovute a Pascal, Newton, Boyle, Aubrey e altri, l'autore ha concluso che la questione dell'autenticità può essere risolta solo mediante un accurato confronto dei documenti con le carte autentiche di Newton ora in possesso di Lord Portsmouth, del conte di Macclesfield, della Royal Society e del Trinity College di Cambridge. Tale confronto sarebbe molto facilitato e, di conseguenza, la letteratura scientifica grandemente arricchita, se i proprietari di questi documenti ne consentissero la riproduzione fotografica.

Diversi giornali inglesi si interessarono al dibattito innescato da Chasles; il «Times» e la prestigiosa rivista letteraria «Athenaeum» pubblicarono più di trenta articoli sulla questione, tra la metà di agosto e la fine di no-

---

3. Brewster, David, *On the alleged Correspondence between Pascal and Newton*, in *Report of the 35th Meeting of the British Association for the Advancement of Science*, John Murray, London 1868.
4. Archer Hirst, Thomas, *On the alleged Correspondence between Newton and Pascal, recently communicated to the French Academy*, in *Report of the 35th Meeting of the British Association for the Advancement of Science*, John Murray, London 1868.

vembre del 1867. In particolare, il «Times» pubblicò senza commentarle, diverse lettere di lettori che consideravano l'evento alla stregua di un attentato alla dignità nazionale e invocavano un'adeguata risposta da parte degli studiosi inglesi. Abbiamo già detto che una risposta all'Académie era stata data da Brewster; ma sui giornali e le riviste questo compito venne assunto da De Morgan, che era un matematico molto popolare. Brewster era dell'opinione che i falsi fossero opera di Pierre Desmaizeaux. Ora, il sospetto non era infondato perché Desmaizeaux (1672-1745), un francese emigrato in Inghilterra nel 1689, a causa delle persecuzioni religiose, alla morte di Newton era divenuto custode delle sue carte. In realtà il sospetto di Brewster era basato sull'ipotesi di una sorta di complotto del Continente contro la reputazione di Newton, e su una scarsa fiducia nella lealtà di Desmaizeaux, nonostante il fatto che questi abbia vissuto in Inghilterra per tutta la vita e sia stato eletto membro della Royal Society.

La reazione di De Morgan fu di tipo diverso sia nella sostanza che nella risonanza che ebbe. De Morgan non si sentiva personalmente colpito dalle accuse rivolte a Newton, come Brewster, e non riteneva neppure che Newton avesse bisogno di essere difeso. Riteneva che l'approccio adottato da Brewster fosse controproducente, suggerendo invece che «può finire per fare ciò che M. Chasles non farebbe mai, cioè, di convincere un certo numero di inglesi male informati, contro ogni buon senso, che le lettere di Hannah Smith – che si firma Anne Ascough [*sic*] Newton – siano cose sulle quali vale la pena di discutere seriamente».

De Morgan sosteneva che i *savants* francesi (diversamente dai creduloni, che egli chiamava *sotto-savants*, o la stampa sensazionalistica, indicata come *sotto-giornalismo*) «avrebbero preso sul ridere le lettere di Pascal» e che «non si dovevano condannare gli scienziati francesi perché uno di essi si comportava da matto». Se la prese piuttosto con coloro che avevano assunto posizioni di difesa ad oltranza di Newton e con questo conferivano ai documenti un valore che non meritavano. Il coinvolgimento di De Morgan divenne tuttavia più personale quando si diffuse l'insinuazione che il falsario agisse per conto del suo amico Guglielmo Libri, con lo scopo di «dimostrare quanto facilmente i francesi si possono ingannare». Si presentava un'occasione per De Morgan e per Libri di ridicolizzare i preconcetti e gli errori commessi da alcuni accademici. In una lettera a Brougham, un altro partigiano di Libri, De Morgan indica la differenza tra Libri e gli altri accademici, definendolo «uno *studioso* in mezzo ai *tecnici* dell'Istituto» e indicava una delle ragioni dell'inimicizia tra Libri e Arago nel fatto che, nel corso delle loro dispute, Libri era riuscito a dare prova della sua ampia cultura, mentre «Arago aveva, in materia di storia, conoscenze di piccolo spessore». Così, per De Morgan il dibattito era essenziale per chiarire il ruolo della storia della scienza e ne dimostrava l'importanza.

Nell'articolo comparso su «Athenaeum», De Morgan dichiarava che lo faceva ridere l'idea, diffusa dai giornali, che si potessero togliere a Newton i meriti delle sue scoperte. Tutto questo avveniva a causa della diffusa ignoranza della storia della scienza: «Quando un giornalista toglie a Newton i suoi meriti sulla base di due frasi di Pascal, ciò avviene perché quelle due frasi sotto tutto ciò che sa di Newton». De Morgan poteva così fare una breve lezione di storia della scienza ai suoi lettori: «Queste cantonate giornalistiche sono utili perché tendono a richiamare l'attenzione sulla natura delle scoperte scientifiche, delle quali non ve n'è una, credo, che non sia stata preceduta da suggerimenti, supposizioni, congetture, ipotesi».

Abbiamo già ricordato un altro scienziato inglese che intervenne nella discussione, il matematico Thomas Archer Hirst (1830-1892). Come Grant, anche Hirst aveva avuto stretti contati con la cultura scientifica francese. Nell'inverno 1857-1858 aveva seguito le lezioni di Gabriel Lamé e di Chasles con cui aveva mantenuto anche in seguito stretti rapporti. Era stato tra coloro che nel 1865 si erano impegnati per fargli avere la *Medaglia Copley* della Royal Society e per il suo accoglimento nella British Association for the Advancement of Science. Aveva anche assistito a una delle sedute dell'Académie durante la quale Chasles aveva rintuzzato gli attacchi che gli venivano da varie parti.

Ciò nonostante, Hirst non condivideva la fiducia del maestro nell'autenticità dei documenti. In una lettera al «Times» del 1° ottobre, Hirst racconta dell'accurata analisi che era stata compiuta su copie fotografiche dei pretesi manoscritti di Newton da parte della Royal Society e dei risultati raggiunti, definiti come «affatto conclusivi». In una visita che fece a Chasles nell'estate del 1869, osservò, con tristezza, che Chasles «stava ancora combattendo dentro l'Accademia sui suoi documenti. Con la differenza che ora ha in Le Verrier un avversario terribilmente severo e senza misericordia».

Il dibattito diede origine a una disputa interna tra De Morgan e Brewster. Il matematico era molto irritato per «la debole ipotesi», avanzata da Brewster, che l'autore dei falsi fosse da identificare con Desmaizeaux. Questi affidò la sua risposta a una lettera al «Times» in cui esprimeva il suo disappunto nei confronti «dell'anonimo ma ben noto scrittore dell'Athenaeum» e per il suo «tono molto peculiare». Nel tentativo di chiarire la sua argomentazione, Brewster si rivelò confuso quasi quanto Chasles, in quanto accettava alcune delle lettere che sostenevano la sua tesi e ne respingeva altre che non vi si adattavano. La lettera si concludeva con la speranza che la disputa non degenerasse in «scherzi, prese in giro, e sarcasmi scagliati come sciami meteorici sulla faccia sia degli amici che degli avversari». Al contrario, a De Morgan andava bene che le cose procedessero proprio in questo modo, e dichiarava che l'intero mondo scientifico, con l'eccezione di Chasles e Brewster, si stava divertendo.

In un articolo dal titolo *Sir D. Brewster and the Athenaeum* De Morgan sottopose a critica feroce l'atteggiamento di Brewster. In particolare «Sir David ora è convinto che il falsario abbia più di un secolo, mentre il resto del mondo appare quasi unanime nel credere che il falsario produca le sue opere settimana per settimana».

Ciò che si può dire della posizione assunta dagli scienziati inglesi nella disputa innescata da Chasles è che, seppure molto diversificata in relazione alle diverse personalità, si limitò alla difesa della priorità di Newton, più o meno caratterizzata da ispirazioni nazionalistiche.

Disposizione delle forze in campo

Le obiezioni avanzate da Brewster nella sua lettera all'Accademia erano ben fondate; ma non tali da smontare le convinzioni di Chasles, il quale, nella stessa sessione del 12 agosto, subito dopo la lettura della lettera di Brewster, prese la parola affermando di essere in grado di dimostrare, indipendentemente dall'autenticità dei documenti citati dallo scienziato inglese, che vi era stata realmente una corrispondenza tra Pascal e Newton. A sostegno di questa affermazione presentò altre numerose lettere, da lui stesso ordinate in quattro classi:

1. lettere di Miss Anne Ascough [*sic*] (madre di Newton) e di d'Aubrey, indirizzate a Pascal e di Hobbes dirette a Mariotte e a Clerselier;
2. lettere di Newton a Mme Périer, all'abate Périer, a Rohault, a Saint-Evremond, a Desmaizeaux, a Malebranche;
3. lettere a Newton da Mme Périer, da Rohault, Clerselier, Mariotte;
4. lettere di uomini di scienza e letterati dei primi anni del XVIII secolo: Montesquieu, Desmaizeaux, Rémond, Luis Racine.

Molte delle lettere erano simili alle seguenti:

LETTERA DI AUBREY A PASCAL [L5.1]

12 maggio 1654

Secondo il vostro desiderio, mi sono recato presso il giovane Isaac Newton, e mi sono intrattenuto a lungo con lui. È ancora molto giovane, poiché ha appena undici anni e tuttavia ragiona molto profondamente sulle matematiche e la geometria. Gli ho chiesto da chi ha avuto le prime nozioni di queste scienze e da chi vi sia stato iniziato.

Mi ha raccontato che nella casa di suo padre vi è stato per qualche tempo un francese, buon amico del suo patrigno, che gli ha insegnato le prime nozioni di francese e che gli ha anche insegnato i primi elementi della geometria; e che un giorno fece un elogio di Cartesio, di cui aveva appreso la morte, tanto bello che gli fece nascere l'idea di studiare i libri di questo grande filosofo e matematico tutti in una volta; e che allora, cercando i mezzi per approfondire le conoscenze di questo sapiente francese, era ricorso a voi, di cui aveva sentito fare l'elogio. Ecco come ha preso l'iniziativa di scrivervi. Ha scritto anche, mi ha detto, a Gassendi, ma non gli ha ancora risposto. Vi posso dunque assicurare, signore, che il giovane allievo della scuola di Grantham è degno di interesse, e che è di buona famiglia, ma orfano di padre. Ecco ciò di cui volevo informarvi, signore, e mi dichiaro vostro affe.mo, Aubrey.

LETTERA DI RACINE A DESMAISEAUX [L5.2]

12 gennaio 1730 (o 1736)

Il cavalier Newton ha raggiunto la fama solo perché alcuni nostri buoni autori, come Descartes e Pascal, gliene hanno fornito i mezzi. Un mio amico, il cavaliere di Ramsay, mi diceva qualche tempo fa in una delle sue lettere, che possedeva le prove certe che il cavalier Newton doveva tutto il suo sapere a Pascal […].

LETTERA DI NEWTON A SAINT-EVREMOND [L5.3]

8 gennaio 1685

Signore e caro Saint-Evremond, voi che avete sempre testimoniato interesse per me e che mi avete reso importanti servigi, vengo ancora a chiedervi una delle vostre benevolenze. Ecco di che si tratta. Ho intrattenuto qualche relazione con un abate che di nome fa Mariotte, fisico, un vostro compatriota, e gli ho inviato alcune lettere. Ho saputo ora della sua morte, come avrete saputo senza dubbio anche voi. Le sue carte saranno senza dubbio disperse, e avrei gran desiderio di riavere le mie lettere, e altri scritti che gli ho mandato, perché ne avrei bisogno. Voi potreste, tramite i vostri amici di Parigi, ottenere la restituzione di questi documenti. Mi rendereste un grande servizio, di cui conserverei per sempre memoria. Conto sulla vostra gentilezza e vi saluto.

LETTERA DI LABRUYERE A SAINT-EVREMOND [L5.4]

2 giugno

Sono molto contento della visita che mi ha fatto M. Newton. È uomo molto sensato e si vede che è dotato di una scienza profonda. Ha fatto quest'ultimo viaggio pressoché in incognito, mi ha detto, per cercare certi manoscritti che gli erano stati segnalati e che è stato molto felice di ritrovare. Mi è parso anche molto contento. L'amore degli scritti che affermano delle verità è la passione dei geni superiori: è stato e sarà sempre la sorgente delle più belle scoperte nelle scienze […].

Approfitto anche del ritorno di M. Newton per farvi avere nuovi documenti del Sig. de la Chambre a questo proposito, che mi avete espresso il desiderio di avere.

Il primo a ribellarsi alla piega che stavano prendendo le cose fu ancora Jean-Marie Duhamel che espresse il suo pensiero nella stessa seduta:

> Non mi occuperei dell'autenticità di queste lettere, che presentano Newton sotto una luce odiosa e contro le quali non avrei parole bastanti a protestare. Ma per quanto riguarda le affermazioni scientifiche che riportano, potrebbero essere ammesse solo da chi non conosce né le opere di Pascal, né quelle di Newton. Le principali scoperte matematiche di Newton sono legate alla teoria delle equazioni, delle serie, degli infinitesimi sotto due punti di vista diversi: egli è il creatore della teoria del moto curvilineo, assoluto o relativo; ed è stato nell'applicarlo ai fenomeni noti attraverso l'osservazione che è arrivato alla scoperta e alla dimostrazione della gravità universale. Ora, nessuno dei lavori conosciuti di Pascal è in relazione con queste teorie: come si potrebbe pensare che Newton abbia potuto attingere da questi scritti, o anche dalle conversazioni con Pascal, il germe della più piccola di queste teorie?
>
> Newton deve molto certamente ai suoi predecessori; ma sono Cartesio e Fermat che bisognerebbe indicare, non Pascal. Questi due geni hanno fatto fare un passo immenso alla scienza, sia attraverso gli scritti, sia attraverso i loro dibattiti. Il mondo intero ne ha tratto profitto, e Newton come tutti gli altri: un uomo di genio prende la scienza dal punto in cui l'hanno portata gli uomini di genio che l'hanno preceduto; sarebbe ingiusto fargliene un rimprovero.
>
> Ma se L. Racine ha scritto che il cavalier de Ramsay gli ha detto di «possedere prove certe che il cavalier Newton deve tutto il suo sapere a Pascal», ciò che si può dire di meno severo è che si è dato troppo credito a una goffa piaggeria.

Fino a questo punto, Chasles aveva prodotto più di centocinquanta documenti e note – tutti pubblicati sui «Comptes rendus» – che riguardavano Pascal e la sua priorità nei confronti di Newton. Risulterebbe da questi che perfino i sovrani di Francia e d'Inghilterra si erano occupati della questione.

Luigi XIV a Huygens [L5.5]

Signor Huygens, ho saputo che un inglese, il Sig. Newton, vi ha scritto una lettera nella quale non si trovano solo delle frasi sprezzanti, ma delle infami calunnie contro il fu Sig. Pascal, che invece, a dire di tutti coloro che lo hanno personalmente conosciuto, era un uomo di genio e di buon senso. Voi meglio di tutti gli altri dovreste saperlo e potreste testimoniarlo, se non ci fossero abbastanza prove del contrario di ciò che abbia potuto dirne il Sig. Newton. Del resto le opere di Pascal ne fanno fede. Ma mi pesa fortemente questa calunnia, al punto che mi chiedo se realmente i fatti non siano stati esagerati. Poiché, voi lo sapete, si gonfiano sempre le cose. È per questo che vorrei vedervi e che vi prego di portare con voi quella lettera che dicono tanto malevola. E vorrei anche udire dalla vostra bocca quali siano stati i rapporti del fu Sig. Pascal con colui che oggi sembra gettargli addosso la pietra. Venite dunque a passare qualche giorno in Francia; poiché sento realmente il bisogno di vedervi, di intrattenermi con voi. Non ignorate la stima che nutro per tutti coloro che si votano al culto delle scienze, delle arti, delle lettere e, infine, per tutto ciò che fa parte dei nobili sentimenti del cuore. Venite dunque e sarete il benvenuto, come non potete dubitarne.

Il 24 maggio

Luigi

LETTERA DI GIACOMO II A NEWTON [L5.6]

Saint-Germain, 12 gennaio 1689

Sig. Newton, ho ricevuto la vostra lettera l'altro ieri. Sono contento che ammettiate la relazione con il fu Pascal. Del resto non potreste negarla, dato che abbiamo qui delle lettere vostre a questo autore, che proverebbero il contrario. Madame Terrier, sorella di Pascal, le conserva ancora. Del resto, mi è stato assicurato che siete consapevole di che cosa si dice in Francia a questo proposito. Comunque, un giorno che mi trovavo solo con il Re di Francia, ha fatto cadere la conversazione su questa questione; il che testimonia che l'ha a cuore. Ho fatto tutto ciò che dipende da me per scusarvi per l'espressione di cui vi siete servito davanti a Pascal. Credo che fareste bene a ritrattarla in qualche modo. Ciò potrebbe calmare gli animi. Poiché, credetemi Sig. Newton, i sapienti di Francia sono talmente convinti che Pascal si sia occupato prima di voi di ciò di cui parlate, che non ve ne daranno mai il merito. Sono rimaste prove di ciò nelle mani di diverse persone con cui Pascal si era confidato. È quindi evidente che sarete rimproverato. Conosco anche una persona di cui potrei fare il nome se vorrete, che prepara una memoria sulla questione. Non vi dirò altro per oggi. Scrivetemi, per piacere, e senza tante cerimonie. Poiché, come vi ho già detto, questo modo di fare mi è più gradevole con voi; e credete sempre alla mia amicizia. Jacques R.

A questa era collegata una lettera di Newton a Desmaizeaux:

LETTERA DI NEWTON A DESMAIZEAUX [L5.7]

Martedì sera

Signore e caro Desmaizeaux, ho riflettuto e mi sono deciso a scrivere al Re di Francia per scusarmi delle espressioni di cui mi sono servito nella mia lettera a Huygens, qualche anno fa, e che ho avuta la malaccortezza di rendere pubbliche. Del resto, lo sapete anche voi, non pensavo di offendere tanto gravemente Cartesio e Pascal in quella lettera, ed ero lontano dal credere che la comunità degli scienziati francesi potesse esserne offesa, e ancor meno il Re Luigi XIV. Comunque sia, ho deciso di scusarmi con sua maestà e a questo scopo ho preparato un progetto di lettera che desidero sottoporvi, perché mi diciate se è nell'ambito delle convenienze. Dato che ignoro gli usi francesi. Vi mando anche una dozzina di Note circa il Sistema del Mondo, che ho tradotto in francese per mandarle a Re Giacomo che mi ha fatto sapere che desidera averle in tale lingua per trasmetterle, mi ha detto, al Sig. de Colbert, che si picca di essere uno scienziato, stando a quanto si dice.(1)

Vi pregherei di farmi sapere il vostro parere. Non è necessario che vi mandi il mio testo originale. Avete ancora senza dubbio la copia che vi ho inviato un'altra volta. Quando avrete esaminato tutto ciò, riportatemelo voi stesso, vi prego, poiché desidero intrattenermi con voi. Tutte queste voci a questo proposito m'inquietano. Pensavo che le morti di Rohault, Clerselier e Mariotte avrebbero calmato gli spiriti francesi sulla questione. E invece niente. Non sono lontano dal credere che Flamsteed c'entri in qualche modo in tutto ciò. Avete ricevuto notizie di Padre Malebranche? Vi pregherei di tenermi informato. Aspettando il piacere di vedervi, sono come sempre, Signore, vostro aff.mo Is. Newton.

(1) Si tratta senza dubbio dell'abate de Colbert (1654-1707), fratello del ministro, arcivescovo di Rouen, membro dell'Accademia Francese e di quella della Iscrizioni. [Nota di Chasles]

Secondo Chasles, queste lettere confermavano che, contrariamente a quanto sostenuto dagli scienziati inglesi, vi era stata una nutrita corrispondenza tra Newton e Pascal. Ma vi era di più: produsse altre lettere che dimostravano come Newton cercasse, alla morte dei suoi corrispondenti, di rientrare in possesso delle lettere che aveva loro scritto. Per esempio, che avesse reclamato con insistenza presso Mme Périer, le lettere scritte a Pascal, e così per le lettere scritte a Mariotte, Malebranche e Saint-Evremond. Questo poteva spiegare come mai tutto il carteggio si trovasse unito alle lettere che Newton aveva ricevuto. Poiché, alla morte di Newton, tutte le sue carte erano passate a Desmaizeaux, era legittimo pensare che fosse da là che provenivano tutti i documenti presentati all'Accademia.

Ed ecco, infine, anche la lettera di scuse di Newton a Luigi XIV:

LETTERA DI NEWTON A LUIGI XIV [L5.8]

A sua maestà il Re di Francia.

Sire, è vero che in una lettera da me indirizzata a Huygens, qualche anno fa, parlandogli di Cartesio e di Pascal, mi sono servito di certe espressioni che avrebbero potuto dispiacere agli scienziati di Francia e dai cui si è sentita offesa anche Vostra Maestà, come Re Giacomo mi ha riferito per lettera. Così mi preme ritrattare tali espressioni che non sapevo essere tanto offensive, ignorando il significato di certe parole francesi; e spero che Vostra Maestà vorrà scusarmi tenendo conto di tale ignoranza e del mio sincero pentimento. Poiché, lo voglio confessare a Vostra Maestà, non devo che lodi a Pascal, e mi ritengo molto felice di aver avuto, quando ero ancor giovane, qualche relazione con lui, cosa di cui oggi non posso che felicitarmi.

Sire, sulla base di questo prego Dio di darvi buona salute e lunga vita, e prego Vostra Maestà di essere certo che sono il suo umilissimo e obbedientissimo servitore. Isaac Newton

Intervento di Robert Grant

Brewster fu solo il primo a prendere posizione contraria alla priorità di Pascal; molti altri seguirono il suo esempio. Un formidabile appoggio alle osservazioni di natura biografica, venne da una lettera indirizzata all'astronomo Le Verrier da Robert Grant, direttore dell'Osservatorio astronomico di Glasgow, che invece portava la discussione su un piano strettamente scientifico. Lo scienziato inglese aveva già espresso la sua indignazione con una lettera pubblicata dal «Times» di Londra[1] nella quale rilevava che «d'esplicito intendimento di numerose frasi contenute in questi documenti di Pascal sia quella di degradare Newton dall'alta posizione che ha fino ad ora occupato come filosofo naturale e matematico». Grant traeva la sua autorità di studioso dai riconoscimenti che aveva ricevuto per la sua *History of Physical Astronomy*, in cui collocava Newton nel suo contesto storico. La cosa che più lo urtava era il fatto che Newton venisse «rappresentato come costantemente seduto ai piedi di Descartes […] trascurando, tuttavia, il suo debito nei confronti del filosofo francese». Intendeva comunque mantenere il dibattito sul piano strettamente scientifico, piuttosto che su quello morale. Aveva infatti seguito a Parigi le lezioni di Le Verrier che, su questa questione, era uno dei più attivi contraddittori di Chasles. La lettera che Grant scrisse all'Accademia venne commentata dai giornali inglesi che vi riconobbero la prova conclusiva della falsità dei documenti.

Della lettera di Grant, indirizzata a Le Verrier, venne data lettura nella seduta del 2 settembre. La parte sostanziale è la seguente:

> Secondo questi documenti Pascal avrebbe determinato le masse relative del Sole, di Giove, Saturno e della Terra, la loro densità e la forza di gravità alla loro superficie. Intendo provare a dimostrare che i risultati così attribuiti a Pascal sono delle pure invenzioni e riproducono sem-

---

1. Grant, Robert, *Letter to the editor*, «Times» 20 sept. 1867, riprodotta in Joseph Rosenblum, *Prince of Forgers*, New Castle, Delaware: Oak Knoll Press, 1998.

plicemente i valori corrispondenti contenuti nella terza edizione dei *Principia*. Cominciamo col ricordare alcune date che sono in rapporto con la questione. Pascal è nato nel 1623 ed è morto nel 1662. La prima edizione dei *Principia* fu pubblicata nel 1667, la seconda nel 1713 e la terza nel 1726. Questa è l'ultima pubblicata con Newton ancora in vita, in quanto morì nel 1727.

Madame Périer, sorella di Pascal, che ha scritto una biografia di suo fratello, dice esplicitamente che all'età di trent'anni egli abbandonò le ricerche mondane; che, durante i cinque anni seguenti, si dedicò esclusivamente agli studi religiosi e che, nei quattro anni che precedettero la morte, era completamente incapace di occuparsi di temi religiosi o mondani. Indipendentemente da ciò, prenderò l'anno 1662 come quello delle pretese scoperte di Pascal nel campo dell'astronomia fisica.

Ricorderò ora gli elementi utilizzati da Newton per calcolare le masse del Sole, di Giove, di Saturno e della Terra, le loro densità e la forza di gravità alla loro superficie. Sono:

1°. le distanze relative della Terra, di Venere, di Giove e di Saturno dal Sole; il periodo di rivoluzione di Venere intorno al Sole; la parallasse della Luna e il suo periodo di rivoluzione intorno alla Terra;

2°. i diametri apparenti del Sole, di Giove e di Saturno; il periodo di rivoluzione e l'elongazione massima del quarto satellite di Giove; il periodo di rivoluzione e l'elongazione massima del satellite huygensiano da Saturno, e la parallasse solare.

Ho distinto gli elementi in due gruppi per la ragione seguente: gli elementi del primo gruppo si possono considerare come invariati, almeno per ciò che concerne le ricerche degli astronomi, nell'intervallo di tempo che va dal 1662 al 1726.

Dall'altra parte, gli elementi del secondo gruppo hanno molto risentito della rivoluzione avvenuta nell'astronomia pratica nella seconda metà del XVII secolo. Lasciamo quindi da parte gli elementi del primo gruppo, ed esaminiamo quali fossero i valori migliori delle grandezze del secondo gruppo che avrebbe potuto avere a disposizione Pascal nel 1662.

Fu nel 1653 che Riccioli pubblicò l'*Almagestum novum* e nel 1659 che Huygens pubblicò il *Sistema Saturnium*. Sono queste le due opere da cui Pascal avrebbe potuto ricavare i materiali migliori da utilizzare nelle sue ricerche di astronomia fisica.

Confrontiamo ora i valori che erano alla portata di Pascal con quelli utilizzati da Newton nella prima e nella terza edizione dei *Principia*. Huygens ha misurato, mediante un micrometro di sua invenzione, i diametri apparenti di Sole, Giove e Saturno e, combinando questi risultati con le distanze relative della Terra, Giove e Saturno dal Sole, ha ricavato i rapporti dei diametri lineari di Sole, Giove e Saturno. È in questo modo che ha trovato che il rapporto tra il diametro del Sole e quello di Giove è come 11 a 2, quello del Sole a Saturno è come 37 a 5. Ammesso che siano questi di cui si è servito Pascal, assegnando con Newton il valore 10 000 al diametro del Sole si ottiene la tavola seguente:

	Sole	Giove	Saturno
Pascal (1662)	10 000	1818	1351
Newton (1687)	10 000	1063	889
Newton (1726)	10 000	997	791

I valori del 1662 mostrano che le misure di Huygens erano sbagliate. Le misure dei diametri apparenti di Giove e di Saturno utilizzati da Newton nel 1687, gli furono passate da Flamsteed. I valori utilizzati nel 1726 furono il risultato di misure eseguite da Pound e da suo nipote, il celebre Bradley. Le osservazioni di Pound e Bradley furono compiute con uno strumento da 12,3 piedi di focale, dotato di un eccellente micrometro. Prendiamo ora in considerazione le osservazioni accessibili a Pascal per determinare periodo ed elongazione massima di Callisto, satellite di Giove, e lo stesso per Titano, satellite di Saturno. Su Callisto non si trova nulla nell'opera di Huygens, ma Riccioli pone il periodo uguale a 16 giorni 19 ore 9 minuti e 15 secondi. Ammesso che questo sia il valore utilizzato da Pascal, confrontandolo con quelli utilizzati da Newton nel 1687 e nel 1726, otteniamo:

	giorni	ore	minuti	secondi
Pascal (1662)	16	19	9	15
Newton (1687)	16	18	0	0
Newton (1726)	16	16	32	9

Un altro valore fondamentale che ha subìto forti mutamenti è la parallasse solare. Keplero nelle *Tavole Rudolfine*, la pone uguale a 1' 1, e questa è la migliore determinazione a disposizione di Pascal. Alla fine del XVII secolo i miglioramenti degli strumenti portarono a una decisa riduzione di questo valore. Nel 1687 Newton adottò 20" per la parallasse solare e nel 1726 la ridusse a 10,5".

Posti così a confronto i dati osservativi che potevano essere a disposizione di Pascal e di Newton, in tempi diversi – 1687 e 1726 – possiamo fare il confronto dei risultati ottenuti.

Prima di tutto le masse del Sole, di Giove, di Saturno e della Terra.

	Sole	Giove	Saturno	Terra
Pascal (1662)	1	1/1867	1/3021	1/169 282
Newton (1687)	1	1/1100	1/2360	1/28 700
Newton (1726)	1	1/1067	1/3021	1/169 282

Il confronto di questi numeri mostra che è inevitabile una delle due conclusioni: o qualche osservatore sconosciuto ha fornito a Pascal elementi di calcolo assolutamente identici a quelli ottenuti da Newton nel 1726, da Cassini, Pound e Bradley, e anche del valore della parallasse solare (10,5") utilizzato da Newton nel 1726, oppure i valori presentati all'Accademia da M. Chasles sono dei falsi.

Il che risulta evidente anche dal fatto che i valori ottenuti per le masse sono identici non a quelli ottenuti da Newton nell'edizione del 1687 dei *Principia*, ma addirittura di quella di quarant'anni dopo.

La conclusione è obbligata: i valori presentati da M. Chasles sono delle grossolane copie dei valori corrispondenti contenuti nella terza edizione dei *Principia*.

Facciamo ora un confronto tra le densità di Sole, Giove, Saturno e della Terra secondo lo (pseudo) Pascal e i valori forniti da Newton nelle due edizioni dei *Principia*:

	Sole	Giove	Saturno	Terra
Pascal (1662)	100	94,5	67	400
Newton (1687)	100	76	60	387
Newton (1726)	100	94,5	67	400

Anche qui, nonostante i diametri apparenti entrino nel calcolo, i valori comunicati da Chasles sono assolutamente identici a quelli forniti da Newton nella terza edizione dei *Principia*.

Questo vale ancora per i confronto tra i valori dell'intensità della gravità sulla superficie:

	Sole	Giove	Saturno	Terra
Pascal (1662)	10 000	943	529	435
Newton (1682)	10 000	804,5	536	805,5
Newton (1726)	10 000	943	529	435

Chasles rispose alle confutazioni di Grant, nel corso della stessa seduta, com'era suo costume, limitandosi a esibire nuovi documenti firmati da Pascal e da Huygens, che presentano più di un motivo di interesse.

NOTA DI PASCAL [N6.1]

Se un corpo è spinto da due forze e una di esse sia applicata per un solo istante, mentre l'altra continua ad agire dirigendo costantemente la sua azione verso un medesimo punto, il corpo cesserà di muoversi su una linea retta, descriverà il perimetro ovvero il contorno di un poligono; e ad ogni cambiamento di lato, bisognerà che la forza che gli è applicata si sposti su [...] nuovo sforzo per trattenerlo sul poligono e impedirgli di allontanarsene. Pascal

LETTERA DI PASCAL [L6.1]

20 luglio

Signore, l'ipotenusa che, secondo tutti i geometri, è incommensurabile ai due lati del triangolo, dev'essere uguale a loro: l'assioma di Archimede, che dice che due lati di un triangolo sono più grandi del terzo, sarebbe dunque assolutamente falso, sebbene la sua verità venga dimostrata in geometria elementare. Un altro principio che ha grandi utilità nel sistema di cui vi parlo, è che quando i cerchi sono uguali, le forze centrifughe stanno come i quadrati delle velocità, poiché il globo che ha velocità doppia descrive due volte il suo cerchio, mentre l'altro lo percorre una volta sola, e ogni colpo dev'essere doppio dell'altro dato che la velocità è doppia. La forza centrifuga sta quindi come quattro che è il quadrato di due ovvero della velocità espressa da questo numero. Questo è il mio parere. Sono, signore, il vostro aff.mo Pascal.

LETTERA DI PASCAL [L6.2]

Primo agosto

Signore, vi ho detto che le forze centrifughe stanno come il quadrato delle velocità, poiché il globo che ha una velocità doppia, descrive due volte il suo cerchio, mentre l'altro lo percorre una sola volta, e ogni colpo dev'essere doppio dell'altro dato che la velocità è doppia. Se si calcolano esattamente tutte le forze, ne verrà qualche piccola differenza. Il mobile che ha velocità due passa due volte per ciascun punto della sua circonferenza, mentre l'altro che ha velocità uno percorre una sola volta i tratti infinitamente piccoli del suo cerchio. Ogni colpo è doppio; i colpi della forza sono quindi come quattro. Percorre due volte il suo cerchio, uguale al cerchio dell'altro. Ecco una forza come due, che aggiunto a quattro fanno sei, che a parere di tutti non è il quadrato della velocità espressa da due. Dal che segue che le forze centrifughe di due globi che si muovono su due circonferenze di due cerchi diversi non stanno tra loro come il quadrati delle velocità divisi per i raggi, poiché questo è solo un corollario del precedente. Sono, signore, il vostro aff.mo Pascal.

LETTERA DI HUYGENS A PASCAL [L6.3]

2 giugno 1654

Voi mi dite che bisogna moltiplicare la massa per il quadrato della velocità. Cioè che la quantità di moto di un corpo è proporzionale al prodotto della sua massa per il quadrato della sua velocità. Più esamino questa regola, signore, e più mi pare che manchi di tener conto di tutti i principi della statica, dell'idrostatica e dell'idraulica, e che contraddica apertamente le esperienze più accertate su queste tre belle parti della fisica.

La vostra regola per trovare la quantità di moto mi sembra che non si possa conciliare con i principi della statica, dell'idrostatica e dell'idraulica, né con l'esperienza. Bisognerebbe dunque, secondo me, bandire dalla fisica queste tre parti che ne sono come l'anima, o accomodare alla vostra regola un nuovo sistema che costerebbe forse più di quello che acquisterebbe di solidità. Ne parlavo tempo fa con M. Barrow, che sembra condividere la mia opinione, come si può constatare dalla lettera che mi ha scritto a questo proposito. Sareste molto gentile, signore, se mi faceste avere nuove osservazioni su questo tema. Mi farebbe molto piacere; perché mi chiarirebbero quelle che mi avete già fornito; perché potrebbe essere che non abbia capito bene. Sono, come sempre, signore, il vostro um.mo e affez.mo servitore. Ch. Huygens

LETTERA DI HUYGENS A NEWTON [L6.4]

2 novembre

Voi dite che per determinare la quantità di moto di un corpo, bisogna moltiplicare la massa per il quadrato della velocità; vale a dire che la quantità di moto di un corpo è proporzionale al prodotto della massa per il quadrato della velocità. Questa osservazione mi era già stata fatta dal fu M. Pascal al quale avevo risposto. Più esamino questa regola, signore, e più mi pare che rovesci dal fondo i principi della statica, dell'idrostatica e dell'idraulica. Per esempio, due corpi, A e B, dei quali il primo abbia un grado di massa e quattro di velocità, e il secondo quattro di massa e uno di velocità, si farebbero in ogni caso equilibrio. Avrebbero dunque quantità di moto uguali. Vi chiedo lumi su questo. Sono, signore, il vostro affez.mo Huygens.

LETTERA DI HUYGENS A BOYLE [L6.5]

18 maggio 1682

Voi non ignorate senza dubbio che ci sono persone, e potrei farvene il nome, che dopo aver imparato dai lavoro degli altri, hanno il coraggio di disprezzarli. Ne conosco uno, e lo conoscete anche voi, a cui piace parlare contro la materia sottile di Descartes, anche se siamo costretti ad ammetterne l'esistenza, se non vogliamo cadere nell'assurdo del vuoto.

22 agosto 1686

Quand'anche i princìpi di M. Newton venissero interamente da lui, sappiamo ambedue che non si tratta, per così dire, che della parvenza, quand'anche, dico, venissero interamente da lui, non mi schiererei interamente dalla loro parte.

Chasles si limita a dare lettura di queste lettere, senza fare commenti. Con ragione, poiché le carte parlano da sole e in modo inequivocabile. È lo stesso Huygens a dire apertamente che Newton ha ricavato la sua meccanica dal lavoro di Pascal e dello stesso Huygens. Si tratta di affermazioni il cui peso travalica l'ambito puramente storiografico, e proiettano gravi sospetti sulla correttezza morale del grande scienziato inglese. Talmente gravi che anche gli studiosi francesi, nonostante gli empiti nazionalistici, sono indotti a considerare con cautela le conclusioni a cui Chasles è saltato con subitaneo entusiasmo.

Il coinvolgimento di Galileo

La risposta di Chasles alle contestazioni di Brewster e di Grant, fu caratterizzata, come sempre, da grande acribia nell'esame dei particolari e accompagnata da nuovi documenti.

Fino a quel punto, nelle carte di Chasles, si era fatto appena un cenno a Galileo, nonostante le 150 lettere e note relative a Pascal e le accuse contro Newton si fossero fatte via via più circostanziate e pesanti, tanto da chiamare in causa perfino i re di Francia e d'Inghilterra. Il colpo di scena ebbe luogo nella seduta del 7 ottobre, alla quale Chasles si presentò con un nuovo fascio di documenti. Conteneva lettere di Galileo che dimostravano che lo scienziato fiorentino si era occupato del problema della gravità insieme a Pascal (che allora aveva 17 anni) e gli aveva fornito preziosi suggerimenti.

Ricordiamo che nella seduta del 22 luglio, la prima obiezione avanzata da Duhamel era che «da legge di gravità viene dedotta da Newton da quella della caduta dei gravi, scoperta da Galileo, e da varie esperienze che ha condotto lui stesso sulle oscillazioni del pendolo». Nella seduta del 12 agosto aveva poi aggiunto che se Newton avesse plagiato qualcuno, allora questi non sarebbe stato Pascal, ma, semmai, Cartesio e Fermat. Puntualmente, nella seduta del 7 ottobre, Chasles presenta una lettera di Pascal a Fermat che risponde a questa obiezione, unitamente a tre lettere di Galileo e diverse altre di Huygens, Mariotte, Newton, del cardinale di Polignac e di Malebranche, tutte redatte in modo tale da confermare le lettere di Galileo e dimostrare che Pascal, servendosi dei suggerimenti di Galileo e di scritti di Keplero, aveva composto un breve trattato in cui venivano dati i valori delle masse dei pianeti, l'intensità del campo gravitazionale alla superficie e la loro densità, coincidenti con quelli pubblicati da Newton nell'edizione dei *Principia* del 1726.

L'intervento di Chasles porta come titolo: *Documenti da cui si ricava l'idea prima e il punto di partenza del lavoro di Pascal e i dati di cui si è servito*. Si tratta di scritti inediti di Keplero che gli avrebbe inviato Galileo, e di osservazioni dello stesso scienziato fiorentino. Dopo aver mostrato tre lettere di Galileo, e diverse lettere di Pascal, di Huygens, di Mariotte, del cardinal Polignac, di Malebranche e dello stesso Newton, che confermano le lettere di Galileo, Chasles rivela di essere in possesso di altri documenti che dimostrano il primato di Pascal nei confronti di Newton. In particolare, rende pubblica una lettera di Galileo nella quale «Galileo [...] ha avuto l'idea che l'ellisse di Keplero potrebbe essere conseguenza di una attrazione in ragione inversa del quadrato della distanza; e ha confidato questa idea a Pascal».

Le lettere portano la data del 2 gennaio, 20 maggio e 7 luglio dello stesso anno 1641. Ci limitiamo a riprodurle, proposte come autografe di Galileo:

LETTERA DI GALILEO A PASCAL [L7.1]

2 gennaio 1641

Vi informo anche di diverse mie nuove esperienze [intende *riflessioni*] riguardanti le forze di gravità, per mezzo della quale si può, in ragione del quadrato della distanza, riconoscere che un pianeta deve muoversi su un'ellisse intorno al centro di forza posto nel fuoco inferiore dell'ellisse, e descrivere, con una retta tirata verso il centro delle aree proporzionali ai tempi. Vi raccomando queste diverse osservazioni, che per mezzo del rapporto trovato da Keplero tra le rivoluzioni dei corpi celesti e le loro distanze dal centro, si potrebbe, mi sembra, trovare la dimostrazione di questa regola della teoria della gravità (1). Perché secondo me, la forza centripeta ha su un dato corpo un'azione variabile a seconda della distanza dal centro, in ragione inversa del quadrato di queste distanze. Vi confido un buon numero di mie osservazioni su questo argomento. Vi mando anche diversi scritti che mi trovo ad avere di Keplero riguardanti lo stesso argomento. Vi pregherei di restituirmeli dopo averne preso visione. Ve ne ho scritto abbastanza, poiché mi sento gli occhi molto affaticati. La mia vista se ne va. Non dimenticate di mandarmi la descrizione della vostra macchina aritmetica.

Sono, Signore, il vostro affezz.mo, Galileo Galilei

(1) Questa frase scorretta è riportata testualmente [Nota di Chasles].

Si tratta di una lettera "pesante" dal punto di vista storico-scientifico. Galileo 1) identifica nella pesantezza dei corpi una manifestazione della *gravità* (nell'accezione newtoniana); 2) attribuisce le orbite descritte dai pianeti nel riferimento eliocentrico (ellissi) alla pesantezza verso il Sole; 3) afferma che vi è una relazione tra l'ellitticità delle orbite e il fatto che la forza vada con l'inverso del quadrato della distanza; 4) afferma, seppure in modo confuso, che vi è una relazione tra la legge delle aree di Keplero e il fatto che la forza sia centrale.

Ora, è ben noto agli storici della scienza che la prima legge di Keplero (la legge delle ellissi) è stata collegata alla legge dell'inverso del quadrato da

Newton prima del 1684, stando anche a una testimonianza di Halley[1] e, comunque, il tutto venne pubblicato in forma coerente nella prima edizione dei *Principia* (1686). Portare documenti comprovanti che queste scoperte erano oggetto di discussione tra il vecchio Galileo e il giovane Pascal quarant'anni prima era indubbiamente un evento che non poteva non suscitare clamore. La seconda lettera è meno impegnativa:

LETTERA DI GALILEO A PASCAL [L7.2]

Al Sig. Pascal a Rouen

Firenze, 20 maggio 1641

Signore, ho appena preso conoscenza delle vostre ultime riflessioni circa la pesantezza dell'aria, e ancora più mi rendo conto di quanto potrebbero essere utili alle osservazioni astronomiche. Ma disgraziatamente per me, non mi sarà possibile seguirne gli sviluppi per lungo tempo. La mia vista si indebolisce sempre di più, e scrivere mi costa tutte le pene del mondo [...]. Ho cercato di fare tutto ciò che era in mio potere per portare avanti l'opera di questo genio creatore (Copernico). Ma confesso la mia debolezza dopo le vostre ultime riflessioni. Si trovano sicuramente qui e là delle idee vaghe sull'attrazione negli scritti degli antichi, per esempio in Lucrezio. Ma attraverso le vostre riflessioni non ho alcun dubbio che si arriverà a dimostrarla in maniera inequivocabile. Ecco come stanno le cose, Signore, che attendo con impazienza vostre nuove riflessioni. Sono l'affezz.mo Galileo Galilei.

Mentre quella che segue è un piccolo trattato di fisica della fine del '600.

LETTERA DI GALILEO A PASCAL [L7.3]

Firenze, 7 giugno 1641

Signore, sono appena venuto a conoscenza delle vostre nuove riflessioni circa la pesantezza della massa dell'aria. Ne sono molto soddisfatto. Confermano le mie previsioni. Sì, testimoniano che l'aria ha un peso; che il suo peso può essere la causa di tutti gli effetti che sono stati fino ad ora attribuiti all'orrore del vuoto, e che questa stessa causa della pesantezza può agire su tutti i pianeti. Per esempio, che la Luna pesa verso la Terra, come i corpi celesti: che i satelliti di Giove pesino su quel pianeta, come la Luna sulla Terra: i satelliti di Saturno su Saturno e infine tutti i pianeti insieme verso il Sole. Ora, ciò posto, come conosciamo la potenza della gravità della Terra, in relazione alla caduta dei gravi, valutando, come voi avete stabilito, la tendenza della Luna verso la Terra, o lo scarto tra la tangente e la sua orbita in un certo lasso di tempo, e come anche noi sappiamo che i pianeti compiono le loro rivoluzioni attorno al Sole, che due di essi, Giove e Saturno, hanno dei satelliti, valutando

---

1. *The Correspondence of Sir Isaac Newton*, vol. II, Cambridge 1959, *Halley-Newton*, 19 giugno 1688.

mediante i loro movimenti la tendenza che un pianeta ha verso il Sole ovvero scarta dalla tangente in un dato tempo, e di quanto i satelliti scartino dalla tangente alla loro orbita, nello stesso tempo, allora si può determinare il rapporto tra la gravità di un pianeta verso il Sole e di un satellite verso il pianeta e la gravità della Luna verso la Terra, alle loro rispettive distanze.

Ho esaminato con molta cura i vostri calcoli delle forze che possono agire su questi corpi a uguali distanze dal Sole, di Giove, di Saturno e della Terra; e queste forze danno perfettamente i rapporti della materia contenuta in questi diversi corpi in conformità alla legge generale della variazione della gravità, come l'avevo ideata. È dunque sulla base di questi principi che si trova che le quantità di materia del Sole, di Giove, di Saturno e della Terra stanno tra loro come i numeri

$$1, \frac{1}{1067}, \frac{1}{3021}, \frac{1}{169\,282}$$

come dimostrate benissimo nel vostro trattato. Ora dunque, determinati così i rapporti delle quantità di materia contenuta in questi corpi ed essendo i loro volumi noti dalle nostre osservazioni astronomiche, si può facilmente calcolare quanta materia ciascuno di loro contiene in un dato volume. Cosa che dà il rapporto delle loro densità che si esprimono mediante i numeri 100, 94½, 67 e 400. Così la Terra è più densa di Giove, e Giove più denso di Saturno, cosicché i pianeti più vicini al Sole risultano più densi. Ecco, Signore, i brillanti risultati a cui ci hanno condotto le vostre osservazioni sulla massa dell'aria, che vi impegno a continuare. Troverete allegata alla presente qualche nuova osservazione su questo argomento e una lettera dell'amico Torricelli.

Continuate, ve ne prego, nelle vostre nuove riflessioni. Io sono sempre molto sofferente; non vedo quasi più. Sono come sempre, Signore, vostro affezz.mo Galileo Galilei

Questa lettera suggerisce un vero sconvolgimento della storia della scienza perché testimonia che nel 1641 Galileo non solo aveva scoperto almeno uno dei satelliti di Saturno, ma ne aveva determinato i parametri (periodo di rivoluzione, raggio dell'orbita) con una precisione tale da consentirgli di ricavare la massa del pianeta. Tutto questo presuppone che Galileo fosse anche in possesso dell'apparato teorico di meccanica che siamo soliti attribuire a Newton. Pertanto, Galileo avrebbe scoperto Titano, il primo satellite di Saturno, molto prima di Huygens (1655) e sarebbe stato in possesso della teoria dei moti molto prima di Newton: la prima edizione dei *Principia* è infatti del 1667.

Le lettere di Galileo non sono i soli documenti prodotti da Chasles; presenta anche una quantità di manoscritti che gli consentono di dimostrare che Pascal si trovava al centro di una rete di relazioni tra i maggiori pensatori del tempo. Tra questi, non poteva mancare Fermat.

LETTERA DI PASCAL A FERMAT [L7.4]

16 aprile 1648

Vengo ora a sapere che il Sig. Cartesio, in una lettera indirizzata a uno dei suoi amici, afferma di essere stato lui a suggerirmi di fare osservazioni sulla massa dell'aria e sul suo peso. Voi sapete già che è il contrario. Perché erano già diversi anni che compivo esperienze su questo tema, quando circa un anno fa al massimo, ebbi uno scambio di idee con lui su questo stesso argomento e gli confidai le mie osservazioni. Poiché trovò che tutte le esperienze di cui gli parlavo erano molto conformi ai principi della sua filosofia, mi incoraggiò a continuare a fare altre esperienze sulla massa dell'aria. È da allora che ne feci di nuove tanto a Parigi che altrove, e che ordinai a mio cognato, il Sig. Périer, di farne sul Puy-de-Dôme in Auvergne, come sapete. Ecco la verità. Ma come credo di avervi già detto, fu Galileo che per primo mi iniziò a queste idee con una lettera che conservo, che è dell'anno 1641. Il Sig. Torricelli, uno dei suoi discepoli, e senza dubbio su suggerimento del Sig. Galileo, aveva già fatto qualche esperienza su questo argomento e riconosciuto che l'aria è dotata di peso, e che la sua pesantezza può essere la causa di molti fenomeni che fino ad allora venivano attribuiti all'orrore del vuoto. Egli me ne fece parte: io ho ripetuto molte volte queste esperienze. Confidai le mie osservazioni al Sig. Galileo mediante un piccolo trattato che composi allora, nel quale spiegavo a fondo tutta questa materia: poiché dimostravo che in effetti la Luna pesa verso la Terra come i corpi celesti, e che la stessa causa della pesantezza agisce su tutti i pianeti; che i satelliti di Saturno pesano su questo pianeta, come la Luna sulla Terra, e i satelliti di Giove su Giove, e infine tutti i pianeti insieme sul Sole. Galileo trovò bella questa dimostrazione, e del tutto conforme alle sue previsioni. Esaminò o fece esaminare i miei calcoli su questo tema che trovò conformi ai suoi, mi mandò nuove osservazioni con una lettera che conservo ancora. Il che rappresenta una prova che non è stato il Sig. Cartesio a iniziarmi alle esperienze sulla pesantezza della massa dell'aria, poiché le avevo già [compiute] quando gliene parlai. Del resto, credo di avergliene già parlato in una o due lettere che gli ho mandato molto tempo prima del nostro colloquio. Ecco la verità.

LETTERA DI NEWTON A PASCAL [L7.5]

Signore, ultimamente mi è venuta l'idea di verificare un calcolo di cui vi ho già parlato, vale a dire esaminare secondo quale curva discende un corpo che cade da un luogo elevato, tenendo conto del moto della Terra intorno al suo asse, riguardo al quale una delle vostre Note mi ha dato l'idea. Poiché un tale corpo ha lo stesso moto del luogo da cui cade [...] deve dunque considerarsi come lanciato in avanti e nello stesso tempo attirato verso il centro della Terra. Questa ricerca che ha molto in comune con il moto della Luna, mi ha condotto a riprendere questo lavoro.

Per procedere in sicurezza, non ho voluto stabilire alcun principio, ne fare alcuna ipotesi. Ho consultato la natura stessa. Ho eseguito con cura le mie operazioni e non ho aspirato a scoprire i suoi segreti se non attraverso esperienze scelte e ripetute. Ben saldo nel mio progetto, ho deciso di non ammettere nessuna obiezione contro un'esperienza evidente, che fosse dedotta da riflessioni metafisiche. Questo il piano di studi che mi sono posto e che voglio seguire d'ora in avanti. Se non temessi di importunarvi, vi manderei, come in passato, le mie riflessioni. Aspetto la vostra risposta a questo proposito. Sono, Signore, il vostro umilissimo e affezz. mo Isaac Newton.

Il dibattito sui dati osservativi

Anche a limitarsi al mero aspetto scientifico, la questione presentava due aspetti. Il primo concerne quello teorico. Siamo abituati a pensare che la meccanica celeste diventi scienza solo con l'apparato teorico che Newton espose nei *Principia*. Il secondo riguarda i dati sperimentali, sui quali si basa l'ipotesi della gravitazione universale e dai quali dipendono i risultati ottenuti, quali le masse dei pianeti, le gravità alla superficie, ecc.

Gli inglesi intervennero ancora con due lettere (lette nella seduta del 28 ottobre) di Sir David Brewster e una lunga lettera di Robert Grant, dirette a Le Verrier, tese a combattere l'insinuazione che fosse stato Newton a copiare i risultati numerici ottenuti da Pascal e non lo pseudo-Pascal a fare il contrario. Lo stile di Grant è pacato e nello stesso tempo improntato a grande rigore scientifico: la lettera di uno scienziato a un collega che stima.

Nei fatti, Chasles sostiene che – documenti alla mano – Pascal abbia ottenuto i dati osservativi direttamente da Galileo. Questi consistono in:

1. i diametri apparenti del Sole, di Giove e Saturno;
2. gli elementi orbitali dei satelliti di Giove;
3. gli elementi orbitali dei satelliti di Saturno
4. la parallasse solare.

Vediamo – dice Grant – quali erano le conoscenze relative a queste grandezze ai tempi di Galileo. A proposito della parallasse solare, cita alcune righe del *Dialogo sui massimi sistemi*:

> E prima suppongo con l'istesso Copernico, e concordemente con gli avversari, che il semidiametro dell'orbe magno, ch'è la distanza della Terra dal Sole, contenga 1208 semidiametri di essa Terra; secondariamente pongo, con l'assenso de i medesimi e con la verità, il diametro apparente del Sole nella sua mediocre distanza esser circa un mezo grado, cioè minuti primi 30, che sono 1800 secondi, cioè 108 000 terzi.

Con lo strumento di Galileo (un cannocchiale a due lenti) non sarebbe stato possibile fare misure più precise. Un netto miglioramento nelle misure si produsse solo con la costruzione del telescopio kepleriano, che consentiva di introdurre il micrometro nel fuoco. Prima del 1660 le misure del diametro apparente andavano da 31' 0" (Tycho Brahe, 1600) a 30' 0" (Galileo, 1632) a 30' 30" (Huygens, 1650). Ma già dopo 30 anni si ottenevano valori molto vicini a quello attuale (32' 3,6") per opera di Cassini (32' 12", nel 1687; 32' 8" nel 1726). Questi due ultimi furono i dati di cui si servì Newton, rispettivamente nella prima e nella terza edizione dei *Principia*. Pertanto non è possibile che Galileo abbia trasmesso a Pascal valori del diametro angolare del Sole migliori di quelli e quindi i valori riportati nelle pretese *Note di Pascal*, relativi alle masse dei pianeti, alle loro densità, e al valore dell'accelerazione di gravità alla superficie non possono essere che falsi.

A proposito della massa di Saturno, le carte presentate da Chasles sembrano far intendere che Galileo ne abbia scoperto i satelliti e che abbia confidato i valori dei loro parametri a Pascal che li ha utilizzati per calcolarne la massa. Ora, nella sua opera dedicata a questi temi *(Dialogo sopra i due massimi sistemi)* pubblicata nel 1630, Galileo non fa menzione di satelliti, perché il suo strumento non aveva un potere sufficiente a risolverne l'immagine. Alla pubblicazione dell'opera seguirono le note vicende che impedirono allo scienziato fiorentino di occuparsi di osservazioni astronomiche fino al 1633, quando ebbe il permesso di ritirarsi nella sua villa di Arcetri. Ma, cosa perfettamente nota, nel gennaio del 1637 venne colpito da una malattia agli occhi che, nel giro di un anno, lo ridusse alla completa cecità, condizione da cui non uscì più. Da tutto ciò segue, che la supposta scoperta dei satelliti di Saturno non può essere avvenuta che nell'intervallo di tempo che va dall'inizio del 1634 e la fine del 1636. Ma sappiamo che i pianeti furono scoperti solo quando l'anello di Saturno era invisibile in quanto disposto sul piano della visuale da Terra. Questo si verificò nel 1655, nel 1671 e nel 1672, quando i satelliti furono scoperti rispettivamente da Huygens, Cassini e Herschel. Ma negli anni che vanno dal 1634 al 1636 l'anello presentava le dimensioni maggiori all'osservazione. È quindi estremamente improbabile che Galileo, con gli strumenti che aveva a disposizione, e in condizioni del tutto sfavorevoli, abbia potuto scoprire i satelliti.

Per quanto riguarda la parallasse solare, la distanza del Sole dichiarata da Galileo nel *Dialogo* (1208 semidiametri terrestri) comporterebbe per la parallasse, un valore di 2 minuti e mezzo, ben diverso da quello reale. Tuttavia, prima dell'adozione del micrometro applicato al telescopio a riflessione, i valori dichiarati per le misure angolari erano quasi solo delle congetture. Solo dopo il 1670 i progressi compiuti nella costruzione degli strumenti osservativi lasciarono intravedere la possibilità di compiere misure con un'accettabile precisione. Riportiamo nella tabella seguente l'evoluzione dei valori nel tempo:

Tycho Brahe (1600)	3' 0"
Keplero (1627)	1' 1"
Galileo (1632)	2' 51"
Boulliau (1645)	2' 21"
Cassini (1672)	0' 9,5"
Pound e Bradley (1721)	0' 10,3"
Determinazione moderna	0' 8,9"

Tra la determinazione di Boulliau e quella di Cassini passa il miglioramento tecnico dell'introduzione del micrometro nel telescopio. Il valore della parallasse solare adottato da Newton nella terza edizione dei *Principia*, era di 10",5 che differisce enormemente da quello adottato da Galileo e dagli astronomi del suo tempo. È quindi evidente che, sulla base dei dati forniti da Galileo, Pascal non avrebbe mai potuto ricavare, per la massa dei pianeti, la gravità alla superficie e la densità, valori uguali a quelli messi da Newton nella terza edizione dei *Principia*.

Le obiezioni di Grant portavano colpi pesanti all'ipotesi che Pascal potesse aver ottenuto, con trent'anni di anticipo, gli stessi risultati di Newton. La risposta di Chasles si ebbe nella seduta successiva (18 novembre) e consisteva in una ventina di nuove lettere di Galileo, Viviani (un suo discepolo), Boulliau, Cassini, Huygens e altri, che portavano altre clamorose rivelazioni. Tra queste il fatto che non era vero che Galileo fosse completamente cieco: lo divenne solo negli ultimi mesi della sua vita. Piuttosto, a partire dalla sua condanna da parte del Sant'Uffizio, simulava questa condizione per sfuggire al controllo dell'Inquisizione. La sua vista era tanto buona da permettergli di progettare e costruire un nuovo telescopio, talmente potente da consentirgli la scoperta di un satellite di Saturno, di cui avrebbe misurato il periodo. Tuttavia, essendo la sua vista peggiorata, e perciò divenuto incapace di servirsi di questo strumento, lo mandò a Pascal e questi, tramite Boulliau, lo trasmise a Huygens. Sarebbe proprio grazie a questo strumento che Huygens nel 1655 poté osservare il primo satellite di Saturno (Titano) di cui determinò le caratteristiche orbitali e di cui si prese totalmente un merito che, invece, era in gran parte di Galileo.

LETTERA DI VIVIANI A PASCAL [L8.1]

2 dicembre 1641

Vi scrivo questa lettera da parte del sig. Galileo mio maestro, che, come sapete, da più di due anni, ha la vista molto debole. Ma ora non vede più del tutto. Gli è stata fatta un'operazione, qualche giorno fa, che ha avuto come conseguenza di annullarla. Mi ha incaricato di ringraziarvi per la comunicazione che avete voluto fargli sulle vostre ultime esperienze. Ne ha seguito la lettura con molta attenzione, e mi ha incaricato di darvi testimonianza della sua soddisfazione, e di pregarvi, comunque, di continuare a inviargli le vostre comunicazioni, insieme alla vostra amicizia, in cambio della sua. Da parte mia, Signore, sarei molto contento se le vostre relazioni non venissero interrotte; poiché ciò mi darebbe senza dubbio la soddisfazione di prenderne conoscenza, poiché ho deciso di non abbandonare il Sig. Galileo, mio maestro, fino alla tomba. Questo per significare la stima che ho per lui, e per tutti coloro che mostrano la stessa cosa. Il Sig. Torricelli si unisce a me nel farvi le felicitazioni per le vostre nuove esperienze, e vi manda le sue ultime compiute. Sono, Signore, il vostro aff.mo e um.mo servitore. V. Viviani

ALLO STESSO [L8.2]

16 gennaio 1642

Non risponderò alla vostra amabile lettera oggi: poiché è con il cuore ben triste che vi annuncio la perdita del nostro buon amico, il mio illustre maestro, il celebre Galileo. È una perdita immensa per la scienza in generale, e per me in particolare, che a lui avevo dedicato tutta la mia amicizia. Era un così buon maestro. Sapeva così ben inculcarvi la scienza. La sua conversazione allegra era così gradevole che mi bastò vederlo per un istante che subito mi attaccai a lui con la più sincera amicizia. Sì, lo ripeto, è una perdita immensa per le scienze che coltivava con tanta cura, e per le quali aveva una così violenta passione. Non spetta a me farne oggi l'elogio. Sono troppo oppresso dal peso del dolore. Vorrei solo dirvi che mi ha lasciato un buon numero dei suoi scritti, di cui vi parlerò nella mia prossima lettera. Sono con stima, Signore, il vostro um.mo e aff.mo servitore. Viviani, discepolo di Galileo.

ALLO STESSO [L8.3]

10 febbraio 1642

Nella mia precedente lettera, mediante la quale vi annunciavo la perdita che abbiamo subìto del celeberrimo Galileo, nostro comune amico, vi dicevo che mi aveva lasciato un buon numero di suoi scritti, risultati delle sue esperienze ed osservazioni, tra i quali si trova la sua corrispondenza con P. Mersenne e Descartes, e altri scienziati. Questi scritti sono in latino e in italiano, per la più parte. Ma ve ne sono anche in francese, in tedesco e anche in inglese. Poiché egli non era estraneo a queste lingue, essendo in relazione pressoché con tutti gli scienziati del mondo. Vi ho trovato anche un buon numero di lettere di M. Gassendi. Ho cominciato a mettere ordine in questi scritti. Per questo non ve ne dirò di più per oggi. Non ignorate senza dubbio che M. Galileo, il mio illustrissimo maestro, coltivava tutte le belle arti. Tutti gli eccellenti poeti gli erano familiari. Sapeva a memoria i più bei brani dell'Ariosto e del Tasso. Amava molto l'architettura e la pittura. Disegnava assai bene. Anche l'agricoltura aveva fascino per lui. La geografia gli deve molto per le osservazioni astronomiche; e la meccanica per la teoria dell'accelerazione. Sapete che da circa tre anni aveva pressoché perduto la vista: non poteva dunque più fare da se stesso le sue osservazioni astronomiche; ma le faceva fare a me e le scriveva ancora da sé. È stato solo nell'ultimo anno che la vista lo aveva completamente abbandonato, e da allora era caduto in una così grande apatia, che contribuì molto ad avvicinare la sua fine. Non vi dico niente di più per oggi, ma prossimamente spero di farvi l'elenco degli scritti che mi ha lasciato. Sono, Signore, il vostro aff. mo servitore. Viviani, discepolo di Galileo.

ALLO STESSO [L8.4]

2 agosto 1648

Questo gran genio (Galileo) aveva pressoché perduto la vista. Non poteva più fare le sue esperienze da sé, quantunque fosse in grado talvolta di mettere mano alla penna, servendosi di occhiali molto forti. Ma, come credo di avervi già detto in passato, in seguito a una operazione che gli venne fatta, credo nel mese di dicembre del 1641, ne riportò dolori così intensi, che ne morì poco tempo dopo.

LETTERA DI VIVIANI A BOULLIAU [L8.5]

Signor Abate, mi manifestate il desiderio di sapere come furono gli ultimi momenti di vita del fu mio illustre maestro, il celeberrimo Galileo: proverò a soddisfarvi. Sapete già senza dubbio che ha trascorso gli ultimi otto anni della sua vita in una località vicina a Firenze, e anche in parte a Siena. Il suo impegno nel fare continuamente delle osservazioni e la freschezza delle notti, gli hanno estremamente indebolito la vista, al punto che qualche anno prima della morte, vale a dire dal tempo che sono entrato al suo servizio verso l'anno 1638, la sua vista cominciava già a indebolirsi; ed ero io o il Sig. Torricelli che egli incaricava di compiere le sue osservazioni. Ma non perdette la vista che l'anno prima di morire, vale a dire alcuni mesi prima della morte. Soffrì per tre mesi di una malattia da cui fu attaccato e morì, come sicuramente sapete, ad Arcetri vicino a Firenze, l'8 gennaio 1642. Durante tutto il tempo che sono rimasto presso di lui, tre anni circa, per aiutarlo nelle sue esperienze che io facevo al posto suo e dietro le sue osservazioni e indicazioni, dato che, come vi dicevo, la sua vista era diventata molto debole, sopportò la sua disgrazia con una costanza veramente filosofica, divertendosi a progettare e preparare una quantità di strumenti che pensava di pubblicare, fino a quando la malattia di cui vi ho detto lo colse e lo condusse alla tomba.

Possedeva una scienza molto vasta. Ammiravo in lui principalmente due qualità che raramente si trovano riunite. Parlo della chiarezza e della profondità. Egli univa a un grande giudizio una profonda conoscenza di ciò che vi è di più astratto in geometria. È stato lui, come sicuramente sapete, che per primo ha esteso i limiti di questa scienza. È stato lui che ha cominciato a mettere in relazione alle leggi della geometria la resistenza dei solidi. Mi ha lasciato una gran parte dei suoi scritti alcuni dei quali sono stati stampati. Ma vi ha apportato delle modificazioni e delle aggiunte. Ve li farò conoscere.

Sono con molto rispetto, Signore, il vostro umilissimo e affezionatissimo servitore, Viviani, discepolo di Galileo.

LETTERA DI GALILEO A PASCAL [L8.6]

2 settembre 1641

Le vostre nuove osservazioni mi fanno sempre più piacere e mi assicurano che presto ci sarà una nuova rivoluzione nelle scienze che annienterà o meglio confermerà ciò che Copernico ha svelato circa il moto della Terra. Le vostre osservazioni sulla massa dell'aria e la gravità dell'atmosfera che avete indicato, sono fenomeni di nuovo tipo e della più grande importanza. Questi principi, senza alcun dubbio, apriranno all'astronomia un vasto campo di conoscenze utili; e attraverso di esse si arriverà, senza dubbio, a spiegare una grande varietà di fenomeni che prima non potevamo cogliere. Continuate dunque le vostre osservazioni, e continuate anche a farmene parte. Perché quantunque non veda pressoché più nulla, riesco, ciò nonostante, a decifrare i vostri scritti da me solo, tanta è la forza che ha su di me l'amore della scienza e il desiderio del suo avanzamento. Troverete allegati alla presente nuove note riguardanti le mie osservazioni, con un breve manoscritto nel quale ho versato le mie opinioni sull'astronomia degli antichi e dei moderni. Ve lo ripeto ancora una volta, Signore, continuate con assiduità le vostre osservazioni sulla massa dell'aria; e l'approfondimento dei principi della teoria del moto fornirà eccellenti chiarificazioni sulle parti astratte della Geometria e dell'Astronomia. Sono vostro affezz.mo servitore, Galileo Galilei

LETTERA DI GALILEO A PASCAL [L8.7]

2 novembre 1641

Vi mando le mie ultime osservazioni compiute con un nuovo strumento progettato da me; e vi pregherei di farne parte ai vostri amici, e tra gli altri a P. Boulliaud[1] che conosco come valente astronomo. Mi informerete su quello che ne ha detto, ve ne prego. Vi mando anche un breve manoscritto che riguarda il sistema del Mondo di Copernico, e qualche scritto di questi, che sono pervenuti nelle mie mani. Desidero anche farvi parte di alcune lettere che mi è accaduto di ritrovare, che mi sono state inviate da Keplero; poiché so che nelle vostre mani o in quelle dei vostri amici non saranno nel posto sbagliato. Per dirvi come io stimi gli scienziati francesi e quindi la Francia, i cui sovrani, a partire da Carlo Magno, hanno sempre avuto una buona inclinazione a prendere sotto la

---

1. Ismaël Bulliadus [anche Boulliau] (1605-1694), astronomo francese amico di Huygens e Pascal, sostenne le idee di Copernico e Galileo.

loro egida le scienze e le lettere.

Ho saputo da certe lettere scritte in tempi diversi a Copernico da un certo personaggio (*) ben noto ai vostri compatrioti che aveva trovato in certi scritti di astronomia molto preziosi, tra altri di un certo Arzachel[2] che per primo ha scoperto un mutamento nella posizione dell'apogeo ovvero della massima distanza della Luna dal Sole[3] che ha creduto che questo movimento fosse alternato: per un certo tempo diretto da occidente verso oriente e per un certo tempo retrogrado. Piuttosto mi rammarico di non aver preso conoscenza di questi scritti, perché avrei cercato di conoscerli.

Copernico, che ha occupato dieci anni in questo genere di osservazioni, riconobbe e dimostrò che l'astronomo Arzachel si era sbagliato supponendo che il moto dell'apogeo era ora diretto, ora retrogrado, e che questo errore derivava dalle osservazioni di Albategnius, da cui Arzachel aveva ricavato i suoi risultati.

Egli dimostrò che il luogo dell'apogeo ha sempre un movimento diretto da occidente verso oriente nel tempo della rivoluzione annua della Terra intorno al Sole, e ha fissato il valore di questo movimento in 24.3. Le mie osservazioni a questo proposito confermano pienamente l'opinione di Copernico quanto al moto diretto dell'apogeo; ma il valore annuo di questo moto in rapporto alle stelle fisse, ho trovato solo 12". Ma se vi è stato errore da parte di Copernico riguardo al valore, non ve n'è stato per quanto riguarda le cose. Noi dobbiamo scusarlo, poiché un errore di calcolo era inevitabile per lui, a causa della grossolanità degli strumenti di cui si serviva per una osservazione così delicata. Non posso dirvene di più; per la debolezza della mia vista. Sono il vostro affezz.mo Galileo Galilei.

(*) Si tratta di Rabelais, che fu in corrispondenza con Copernico per più di 25 anni, a cui indirizzò numerose Note sull'astronomia antica, e per il quale tradurre anche dei trattati di astronomia araba. Fu lui a consigliare a Copernico di dedicare la sua opera al papa Paolo III. Galileo ha preso visione delle Note di Rabelais, ne parla in diverse lettere, dove dice che sono chiare e che sono state utili a Copernico. Anche Tycho Brahe ne è venuto a conoscenza [Nota di Chasles].

Una lettera importante, in cui Galileo rivela a Pascal di aver progettato e realizzato un nuovo potente cannocchiale e di averlo utilizzato in una campagna di osservazioni. Sembra di capire che queste abbiano riguardato la precessione degli equinozi, anche se, per ottenere risultati affidabili su

---

2. Al-Zarqali (1029-1087), astronomo e matematico arabo vissuto in Spagna, autore delle *Tavole di Toledo*.
3. Si tratta della precessione degli equinozi.

questo fenomeno, occorrerebbero tempi molto lunghi. Ci saremmo aspettati che Galileo usasse il nuovo strumento per compiere osservazioni più accurate sui satelliti di Giove e sulla strana forma di Saturno, ma di queste non si parla.

LETTERA DI BOULLIAU A HUYGENS [L8.8]

Un mio amico, il Sig. Pascal, che era in corrispondenza con Galileo, ha ricevuto da questi uno strumento che ingrandisce prodigiosamente gli oggetti, mediante il quale si scorge vicino a Saturno qualcosa che mi sembra straordinaria. Anche Galileo ha fatto questa osservazione, ma non l'ha potuta definire a causa della debolezza della sua vista. Anch'egli aveva creduto di scorgere un satellite del pianeta Saturno, che fa la sua rivoluzione intorno a questo pianeta, come ha registrato in una nota, nello spazio di 15 giorni 22 ore $\frac{2}{3}$. Più volte ho cercato di verificare la correttezza di questo fatto, ma non ci sono ancora riuscito. Vedete da voi stesso se sarete più fortunato. Allora la gloria [della scoperta] apparterrà a voi. Allegata alla presente troverete alcune istruzioni stilate dallo stesso Galileo, a proposito di questo nuovo strumento. E vi mando anche lo strumento stesso, affinché possiate esaminarlo e vedere se sarete più abile di me a servirvene. Me lo restituirete il più presto possibile, ve ne prego, assieme ai risultati delle vostre osservazioni. Vogliate anche farmi parte delle vostre nuove scoperte. Sono, come sempre, il vostro um.smo e aff.mo servitore.

17 giugno, Boulliau

LETTERA DI HUYGENS A BOULLIAU [L8.9]

2 dicembre

Lo strumento che mi avete mandato, progettato, mi avete detto, da Galileo sul finire della sua carriera, e che può ingrandire gli oggetti in maniera prodigiosa, mi è stato molto gradito; e dopo averlo provato per alcuni mesi, mi sono messo a studiarlo e a perfezionarlo, al punto di ingrandire gli oggetti più di cento volte. Ultimamente, con un tempo chiaro e magnifico, mi sono rimesso a studiare Saturno, e non solo ho rivisto l'anello di cui vi ho parlato, ma ho osservato perfettamente il satellite che Galileo dice di aver scorto. Non c'è alcun dubbio. Ho proseguito l'osservazione per più di due mesi, e ho osservato che il periodo di questo satellite intorno a Saturno è di 15 giorni 22 ore e $\frac{2}{3}$. Ora, dunque Galileo aveva detto il vero. Vi rimando il vostro strumento, modificato come vedrete. Potrete dunque da voi fare nuove osservazioni su questo oggetto e convincervi di questo fatto che non ho ancora rivelato a nessuno. Aspetto da voi un consiglio; e sarà dietro il consiglio che mi darete che prenderò una decisione. Sarebbe mia intenzione di dare il nome di Galileo a questo satellite di Saturno. Ma, ve lo ripeto, Signor abate, attendo la vostra risposta prima di comunicare questa scoperta alla Società.

Sono, Signor abate, il vostro umilissimo e affezionatissimo servitore, Ch. Huygens.

Secondo l'opinione di Chasles, dalle lettere risulterebbe che:

1. Galileo avrebbe già avuto l'idea che l'ellisse di Keplero potrebbe essere conseguenza di un'attrazione in ragione inversa al quadrato della distanza, e avrebbe comunicato questa idea a Pascal;

2. Galileo avrebbe inviato a Pascal delle osservazioni astronomiche compiute da lui stesso, e degli scritti di Keplero, sui quali Pascal avrebbe basato il suo lavoro;

3. Galileo avrebbe scoperto un satellite di Saturno;

4. Galileo avrebbe progettato e realizzato un potente strumento; ma poiché la sua vista andava affievolendosi, l'avrebbe mandato a Pascal, che a sua volta l'avrebbe fatto pervenire a Huygens. Sarebbe mediante l'aiuto di queste risorse che Pascal avrebbe effettuato i suoi lavori, e tra l'altro avrebbe determinato le masse di Giove, Saturno e della Terra; cosa di cui Galileo si feliciterebbe in una lettera del 7 giugno 1641; lettera nella quale il filosofo fiorentino ripete, in modo che non se ne possa dubitare, i valori che Pascal avrebbe determinato per le masse e le densità dei pianeti.

Ciò che si può dire, dopo aver preso visione dei nuovi documenti, è che si avverte un mutamento del terreno dello scontro. Si abbandona cioè quello prettamente scientifico per passare a quello degli scambi colloquiali, con l'affacciarsi sulla scena di una quantità di illustri figuranti a rappresentare i più brillanti pensatori del XVII secolo.

Storici, filologi e scienziati

Era scontato che la chiamata in causa di Galileo e di Huygens coinvolgesse gli studiosi italiani e olandesi. A proposito delle lettere di Galileo intervennero, a un tempo, Gilberto Govi (1826-1889), stimato fisico e studioso di Galileo, P. Angelo Secchi (1818-1878), astronomo dell'Accademia Pontificia e Thomas Henri Martin (1813-1884), decano della facoltà di lettere di Rennes, anch'egli autore di apprezzati studi sulla vita e le opere di Galileo. In difesa della memoria di Huygens intervenne Pieter Harting.

Il contributo di Pieter Harting

Nella seduta del 9 dicembre si diede lettura di un estratto di una lettera particolarmente dura. L'autore era Pieter Harting (1812-1885), professore di Anatomia microscopica a Utrecht e profondo conoscitore della storia della microscopia e delle tecniche di lavorazione delle lenti.

> È con viva sorpresa che leggo, nei «Comptes rendus» del 18 novembre, le due pretese lettere di Boulliau a Huygens [L8.8] e di Huygens a Boulliau [L8.9], che M. Chasles ha estratto dalla sua inesauribile collezione. Ritenevo che il carattere ben noto di Huygens che, secondo la testimonianza unanime di tutti quelli che l'hanno conosciuto, era quello d'un uomo integro e leale, estraneo ad ogni vanità, l'avrebbe posto al riparo da insinuazioni del tipo di quelle contenute nelle due lettere. Tutti i dettagli della scoperta del satellite di Saturno per opera di Huygens sono perfettamente noti. Basterebbero, per chi voglia conoscere la verità, i due scritti che Huygens ha dedicato alla sua scoperta [...].
> Aggiungo infine che il primo obiettivo costruito da Huygens, quello con cui ha fatto la scoperta del satellite e dell'anello di Saturno, è stato ritrovato nel magazzino degli strumenti di fisica dell'Università di Utrecht [...]. Su questo obiettivo si trova scritto il celebre anagramma: ADMOVE-

RE OCULIS DISTANTIA SIDEREA NOSTRIS, mediante il quale Huygens diede
l'annuncio della sua scoperta, e anche la data della realizzazione: 3 febb.
1655 [...].

Fu il 25 marzo, vale a dire circa sette settimane dopo la realizzazione
del suo primo obiettivo, che Huygens scorse per la prima volta il satellite;
ma furono necessarie le osservazioni dei giorni seguenti per stabilirne la
vera natura. In un primo momento gli attribuì un periodo di sedici giorni
e quattro ore. Solo qualche anno più tardi stimò un periodo di rivoluzione pressoché uguale a quello che viene dato nella lettera che M. Chasles
ci ha sottoposto e che certamente è di un falsario, e anche di un falsario
poco abile, dato che pesca i suoi dati numerici dalle seconde edizioni.

Nella prima metà dello stesso anno 1655, Huygens compì il suo primo viaggio in Francia. Aveva allora venticinque anni, e lo scopo del
viaggio era di essere proclamato dottore in diritto dall'Università di
Angers. Fatto questo, egli si recò a Parigi, ed è a quella visita che risalgo-
no i suoi rapporti con molti scienziati francesi, alcuni dei quali divennero, undici anni più tardi, suoi colleghi dell'Accademia, di cui egli fu uno
dei primi membri. È certamente doloroso che, più di due secoli dopo, un
membro di questa stessa Accademia attacchi la sua memoria con armi
più che sospette.

Il contributo di Henri Martin

Henri Martin era uno studioso importante, anche se apparteneva a un ate-
neo di provincia. Membro dell'Académie des Inscriptions et Belles Lettres,
fu un esempio di ricercatore totalmente dedito ai suoi studi che avevano
come oggetto la filosofia e la filologia storica. I suoi interessi avevano molto
in comune con quelli di Chasles; infatti una delle sue opere più celebri è
una *Introduzione alla storia delle scienze fisiche nell'antichità*, in due volumi, che
rappresenta tuttora un testo di riferimento.[1] Solo pochi anni prima, aveva
pubblicato un ponderoso saggio sulle antiche teorie circa l'elettricità e il
magnetismo.[2] Martin intervenne nella diatriba dall'esterno dell'Accademia, pubblicando una *brochure* di 32 pagine in cui dimostrava che l'autore
delle false lettere in possesso di Chasles non poteva che essere un inglese.[3]

Il libello con cui prende posizione nel "gran dibattito" è diviso in due
parti; nella prima l'autore, che stava preparando un libro su Galileo, mette
in luce le numerose assurdità che emergono dai manoscritti attribuiti ai
grandi personaggi dell'età di Galileo e Pascal. Osserva, ad esempio, che

---

1. Martin, Th. Henri, *Philosophie spiritualiste de la nature: Introduction à l'histoire des sciences physiques dans l'antiquité*, Paris 1849.
2. Martin, Th. Henri, *Observations et théories des anciens sur les attractions et les répulsons magnétiques et sur les attractions életriques*, Imprimérie des Sciences Mathématiques et Physiques, Rome 1865.
3. Martin, Th. Henri, *Newton défendu contre un faussaire anglais*, Didier, Paris 1868.

In una lettera, l'inglese Aubrey scrive: «Gli chiesi [a Newton] da chi avesse ricevuto le prime nozioni di queste scienze e da chi fosse stato iniziato». Ebbene, può essere comprensibile che l'inglese Aubrey compia errori di francese; ma il redattore attribuisce a Pascal questa frase: «Fu Galileo che per primo mi iniziò a questa idea, ecc.» Aubrey e il falso Pascal avevano senza dubbio studiato alla stessa scuola e, per parlare come loro, posso ben dire che sono stati mal iniziati alla lingua francese.

Sulla base di queste osservazioni, Martin parla per la prima volta, apertamente, di *falso storico* mettendo in evidenza le contraddizioni interne ai documenti presentati. Per esempio il Viviani della raccolta di Chasles scrive a Boulliau [L8.5] che all'epoca in cui entrò al servizio di Galileo, verso il 1638, la vista del vegliardo cominciava già a indebolirsi, ma che la perse solo verso il 1641, l'anno che precedette la morte. Dice la stessa cosa, seppure in altri termini, in una lettera a Pascal del 16 gennaio 1642 [L8.2]. Tuttavia nelle sue lettere dirette a Pascal, scritte in francese, del 2 gennaio [L7.1], del 20 maggio [L7.2], del 7 giugno [L7.3], del 2 settembre [L8.6] e del 2 novembre 1641 [L8.7], Galileo si lamenta «dell'indebolimento dei suoi occhi», e della «fatica» che gli costa scrivere. Al contrario, il vero Viviani, che non ha mai lasciato Galileo negli ultimi trenta mesi della sua vita, scrive, nella sua *Vita di Galileo*, che verso i 74 anni (quindi all'inizio del 1638), «lo visitò con molestissima flussione ne gl'occhi, che, dopo alcuni mesi di travagliosa infermità lo privò affatto della vista». D'altra parte è Galileo stesso a indicare le date. Dai primi del giugno 1637, in seguito a una fatica eccessiva, era sopravvenuta una flussione degli occhi con lacrimazione continua e abbondante. Il 6 giugno 1637 scrive a un suo amico fidato, Diodati, di essere praticamente cieco. Il 5 novembre, in una lettera a fra Micanzio, gli confida che sta per perdere anche il secondo occhio, cioè che «la cecità totale è imminente». Infine, il 2 gennaio del 1638, scrive a Diodati di essere «interamente e irreparabilmente del tutto cieco». In un rapporto del 13 febbraio del 1638, un agente dell'Inquisizione che ha compiuto un'ispezione in compagnia di un medico, dichiara di averlo «trovato totalmente privo della vista e completamente cieco». Da quel momento sono innumerevoli le lettere, indirizzate a personaggi autorevoli o semplici estimatori, nelle quali Galileo dichiara la sua totale cecità, accompagnata da una grave infiammazione agli occhi. Volendo assumere una data di riferimento, si potrebbe prendere il 1° gennaio del 1638, quando, in una lettera a Ismaele Boulliau dichiara di «non vedere di più con gli occhi aperti che con gli occhi chiusi». E in una lettera a Diodati del giorno appresso gli confida che «ormai per lui l'universo si riduce allo spazio occupato dalla sua persona».

Tutto questo dimostra che il 2 gennaio, il 20 maggio, il 7 giugno, il 2 settembre e il 2 novembre del 1641 (le date delle lettere indirizzate a Pascal) sicuramente Galileo non era in grado di scrivere lettere e che il Vi-

viani che scrive a Boulliau e a Pascal che Galileo aveva solamente un indebolimento della vista nel 1638 e che è diventato cieco solo verso la fine del
1641, non può essere il vero Viviani. Le dichiarazioni del vero Viviani, del
vero Galileo e dell'agente dell'Inquisizione sono concordi a proposito della
cecità di Galileo. Sono concordi anche le dichiarazioni del falso Galileo e
del falso Viviani, ma solo a motivo del fatto che si tratta di due maschere
diverse di uno stesso falsario. Era necessario prolungare l'uso della vista al
falso Galileo se si voleva dargli il tempo di compiere le meravigliose osservazioni astronomiche che sarebbero state trasmesse a Pascal.

Ma il filologo di Rennes si spinge più avanti nella sua analisi. Nella
seconda parte della *brochure* cerca di dimostrare che l'autore dei falsi è un inglese. Questo falsario avrebbe fabbricato in particolare le lettere di Newton
a Pascal, in Inghilterra, tra il 1770 e il 1780. Questa tesi poggia quasi esclusivamente sulle similitudini tra gli errori di francese che si trovano nelle lettere
e le forme della lingua inglese. Tuttavia, se la prima parte trova largo credito
(e Govi ne condivide le osservazioni) l'altra («Je m'estime heureux d'avoir
prouvé que le calunniateur de Newton n'est pas un français») riscuote scarso
credito, a tal punto che la rivista scientifica «Les Mondes» non nasconde la
sua indignazione e la sua disapprovazione nei confronti della difesa intrapresa da Martin della memoria di Newton e della verità storica, tanto da
definire il suo scritto «incredibile e non sostenuto da prove».

Il contributo di Gilberto Govi

Nella seduta del 2 dicembre il presidente diede lettura di una lettera indirizzata all'Accademia da Gilberto Govi e datata «Torino, 29 novembre».
In questa Govi prende posizione a proposito dell'autenticità delle lettere
attribuite a Galileo e presentate nella seduta del 18 novembre. Il parere di
Govi è decisamente negativo. Comincia con l'osservare che Galileo non ha
mai scritto in francese. Nella raccolta dei manoscritti conservata presso la
Biblioteca Nazionale di Firenze, che custodisce la corrispondenza di Galileo con i grandi scienziati francesi dell'epoca, non vi è una sola riga scritta
da Galileo in francese; la corrispondenza si svolgeva sempre in italiano o in
latino. Né i suoi biografi, Viviani, Ghirardini ecc. hanno mai fatto cenno
alla sua conoscenza della lingua francese.

Govi fa anche notare che le cinque lettere sono datate da Firenze. In
realtà, dal dicembre 1633 Galileo viveva ad Arcetri, in una villa di proprietà della famiglia Martellini, detta il Giojello, che non lasciò più fino alla
morte, nel gennaio del 1642. Tutte le lettere che ha scritto in questi otto
anni sono datate da Arcetri; mentre le cinque lettere prodotte da Chasles
sono datate da Firenze. Per quanto riguarda la vista del grande scienziato,
dalla sua corrispondenza risulta che nel 1632 gli era sopravvenuta un'in-
fezione agli occhi talmente grave da rendergli molto penosi il leggere e lo

scrivere, fino a ridurlo alla completa cecità nel 1637. Del resto, un rapporto di un ispettore dell'Inquisizione, di quello stesso anno lo definisce «totalmente cieco e più con la testa nella sepoltura che con l'ingegno agli studi matematici».

Ma l'attacco di Govi è anche più penetrante. Aggiunge infatti che

> Qualora le mie osservazioni non risultassero abbastanza convincenti, chiederei il permesso all'Accademia di proporne altre, in relazione ai temi scientifici di cui si parla nelle lettere. Non mi farebbero difetto i documenti che dimostrano che colui che ha scoperto i satelliti di Giove non ne ha mai conosciuto i parametri fisici con sufficiente precisione; che non ebbe mai nozione dell'esistenza di un satellite di Saturno, di cui non supponeva neppure la reale struttura, che aveva visto in forma di oliva con due protuberanze ai lati del disco centrale; che la pesantezza dell'aria non sarebbe stata per lui una sorpresa nel 1641, poiché ne aveva compiuto la misura lui stesso molti anni prima; che Pascal, in quella data, non poteva aver sostituito la pesantezza dell'aria all'orrore del vuoto, poiché non era ancora di questo avviso nel 1647, quando pubblicò le sue *Nouvelles expériences touchant le vide* e che l'idea gli venne solo nel 1648, in conseguenza della celebre *expérience* del Puy-de-Dôme.

Govi era già intervenuto in precedenza, non appena aveva saputo dei clamorosi documenti, con una lettera inviata il 30 luglio in cui affrontava la questione della cecità di Galileo:

> [Chasles] insiste a sostenere che il Galileo autentico vedeva ancora nel 1640 e nel 1641, nonostante tutte le prove contrarie che sono state avanzate. Su cosa si basa dunque la sua convinzione, per opporsi a tali argomenti? Prima di tutto sui suoi innumerevoli documenti inediti; e poi su due passaggi di lettere di Galileo, che gli sono stati indicati da uno studioso italiano.

La risposta di Chasles fu sferzante:

> M. Govi dice che mi appoggio a due passaggi di lettere di Galileo «che mi sono stati indicati da uno studioso italiano». Non ammetto questo tipo di insinuazioni [...] M. Volpicelli, poiché penso che sia a lui che si riferisce, non mi ha indicato né comunicato alcunché. Si è rivolto direttamente all'Accademia, e io ho approfittato [...] delle sue giuste ed eccellenti osservazioni.

Approfittò dell'occasione per produrre un'altra raccolta di lettere autografe.

LETTERA DI PAPA URBANO VIII A M.LLE DE GOURNAY [L9.1]

Mademoiselle, sapevo che il Signor Galileo, non era solo un sapiente astronomo, ma che era anche molto versato nelle lettere, sapevo, dicevo, che aveva nel suo ufficio un buon numero di documenti preziosi, e in particolare delle poesie dell'Imperatore Federico II, di Guido Cavalcanti, di Dante Alighieri, di Petrarca, di Lorenzo de Medici, di Michelangelo, di Vittoria Colonna, di Santa Teresa, di San Francesco d'Assisi, ecc. Quando ho saputo del suo trapasso, ho fatto chiedere questi documenti alla sua amica e ai suoi figli: mi fu risposto che la maggior parte era stata mandata in Francia e devono trovarsi nelle vostre mani. È per questo, Mademoiselle, che mi permetto di scrivervi privatamente questa lettera, per chiedervi se questo è vero. In questo caso, sarete così gentile da mandarmeli; e sarebbe un gran favore per me. Su questo, aspetto risposta da voi tramite il latore di questo biglietto; e prego Dio di conservarvi nella sua grazia. Scritto da Roma il 6 maggio 1642.

Urbano VIII

A Mademoiselle de Gournay

LETTERA DI LUIGI XIII A GASSENDI [L9.2]

Signor Gassendi. Ho saputo che avete ricevuto una lettera dal signor Galileo vostro amico, in cui vi dice che è stato mandato a Roma dove deve comparire davanti al tribunale inquisitoriale. Vogliate ve ne prego informarmi per quale motivo e di quale delitto è accusato per questo procedere contro di lui. Poiché non ignorate quanto habbia in stima questo grande genio; e per questo sono molto sorpreso di quanto vengo a sapere perché non lo ritengo capace di aver fatto cose riprovevoli. Scrivetemi presto, oppure venite se potete, in modo da potermi informare. In attesa prego Dio che vi abbia nelle sue buone grazie.

XII marzo 1633

Luigi

A M. Gassendi

LETTERA DI ENRICO IV A GALILEO [L9.3]

Signor Galileo, la Regina mi ha informato del gentile omaggio che le avete fatto in occasione del nostro sposalizio a Firenze, a vostro nome e a quello dei vostri amici, e avendomi fatto conoscere la lettera che le avete scritto a questo proposito, l'ho trovata così gentilmente rivolta in mio favore, che voglio felicitarmene con voi e vi prego di voler gradire la mia gratitudine. È per questo che vi scrivo la presente per assicurarvi della mia soddisfazione, e per dirvi che, non importa in quale situazione veniate a trovarvi, potete rivolgervi a me. Mi sforzerò di soddisfare la vostra richiesta qualunque sia. Per dirvi quanto abbia gradito il vostro omaggio. Detto questo, Signor Galileo, prego Dio che vi conservi sotto la sua protezione. Scritta in Lione, il 10 novembre 1600.

Enrico

Allegato a questa vi è un piccolo regalo che vi prego di accettare.

LETTERA DI MARIA DE' MEDICI A GALILEO [L9.4]

Signor Galileo, è passato molto tempo da quando ho avuto il piacere di scrivervi. Grandi tormenti sono venuti ad abbattermi da quel tempo, ed ho saputo con preoccupazione ciò che anche a voi è accaduto. Mi sono fatta raccontare della vostra ultima incriminazione, e ho maledetto la sorte che mi impedisce questa volta di venire in vostro soccorso. Poiché non ho più alcuna autorità; dunque non ho potuto se non compatirvi, per tutto il tempo che vi sapevo detenuto nelle prigioni dell'Inquisizione, ed è con pena che ho saputo della vostra umiliante condanna. Infine ho saputo che vi è stata di nuovo resa la libertà. Vengo a felicitarmene con voi e ne rendo grazie a Dio per voi. Nel mio esilio ho portato con me molti libri che mi tengono compagnia. Fra questi si trova l'opera, altrimenti detta il tesoro di Brunetto Latini, che anch'egli ammetteva che la Terra sia probabilmente rotonda e che potrebbe anche muoversi, e non è stato perseguito per questa sua opinione. Si dice che anche Gilberto che fu papa fosse di questa idea. Degnatevi, ve ne prego, di darmi una risposta. Ciò detto prego Dio di mantenervi nelle sue grazie.

Maria
A Bruxelles, il 16 dicembre

Il contributo di Angelo Secchi

Nella seduta del 16 dicembre venne data lettura di una lettera indirizzata al Segretario dell'Accademia da padre Angelo Secchi, gesuita, direttore dell'Osservatorio del Collegio Romano. Padre Secchi godeva di grande prestigio nell'ambiente scientifico francese, come autorità assoluta nel campo dell'astrofisica. Fu infatti tra i primi ad applicare le tecniche spettroscopiche nell'indagine astronomica. Era stato di recente insignito della *Legion d'onore* dallo stesso imperatore per un nuovo strumento per rilevazioni meteorologiche presentato all'Esposizione Universale tenuta quello stesso anno. L'incipit della lettera è fulminante:

> Vedo che la *querelle* relativa a Newton e Pascal si è trasferita dall'Inghilterra in Italia. Finora avevo deciso di osservare il più assoluto silenzio, ma trovo tali errori a proposito della storia delle scienze in Italia, che mi è impossibile non protestare.

Fa poi notare che le osservazioni che Galileo avrebbe condotto con l'aiuto dei discepoli Viviani e Torricelli, di cui si parla in alcune lettere presentate da Chasles, è impossibile che siano avvenute. Risulta infatti da testimonianze inconfutabili che Torricelli arrivò a Firenze solo nel 1641, nel mese di ottobre; si mise a disposizione di Galileo e l'aiutò a scrivere le cinque giornate dei *Discorsi*; cosa ben diversa dal fare osservazioni e che durò solo tre mesi, perché Galileo morì nel gennaio del 1642. Per quanto riguarda la cecità di Galileo, ecco che cosa scriveva al principe Leopoldo di Toscana l'ultimo di marzo del 1640:

> Prego che sia servita di accettare la mia scusa condonando tutto l'indugio alla mia miserevole perdita della vista, per il cui mancamento mi è forza ricorrere all'aiuto degli occhi e della penna di altri. Dalla qual necessità ne seguita un gran dispendio di tempo, e massime aggiuntovi l'altro mio difetto di aver per la grave età diminuita gran parte della memoria, sì che nel far deporre in carta i miei concetti, molte e molte volte mi bisogna far rileggere i periodi scritti avanti, per poter soggiungere gli altri seguenti e schivar di non ripeter più volte le cose dette.

Bisogna anche aggiungere che, col suo carattere sanguigno, Galileo non avrebbe mai tenuto sotto silenzio una scoperta importante come quella di un satellite di Saturno, tanto più se fosse riuscito a determinarne il periodo. Tutta la storia del cannocchiale inviato a Pascal e poi a Huygens è dunque una frottola. Come lo è la storia che Galileo parlasse con Pascal delle esperienze di Torricelli sulla pressione atmosferica, dato che Torricelli cominciò a occuparsene solo nel 1644, dopo la morte di Galileo. Conosciamo bene la data della completa cecità di Galileo: il 2 gennaio 1638 egli aveva già perduto anche l'uso del secondo occhio. Inoltre sappiamo anche quali fossero gli interessi scientifici di Galileo negli ultimi anni della sua vita: riguardavano la meccanica e non la meccanica celeste. Padre Secchi introduce nella discussione una riflessione personale:

> Oggigiorno che le falsificazioni di tutte le specie hanno raggiunto una tale perfezione, non si può dare credito a un documento, senza il confronto con altri di diversa provenienza che ne dimostrino l'autenticità. Ecco un fatto che posso riferire a questo proposito: il bibliotecario della Biblioteca Barberini di Roma mi ha riferito di un francese che venne qualche anno fa per copiare una delle lettere di Galileo conservate nella biblioteca. Egli fece una copia di tale perfezione che sarebbe stato impossibile distinguere la copia dall'originale! Andate a fidarvi degli autografi!

La conclusione è molto recisa: «non vengo per continuare un dibattito tanto inutile che deplorevole, ma solo per protestare, nella mia qualità di astronomo italiano, contro queste imposture».

Per inciso, non può non colpire il fatto che padre Secchi, nonostante fosse direttore dell'osservatorio Vaticano, nonostante l'opera di Galileo fosse solo da poco tolta dall'*Indice dei libri proibiti*, si dichiari "astronomo italiano". Tre anni prima della breccia di Porta Pia. Si deve a Secchi anche un'osservazione molto acuta e tagliente:

> Avrei molte altre cose da dire, ma ciò che ho esposto basta a dimostrare la falsità degli ultimi documenti presentati all'Accademia: come tutti gli altri, sono comparsi dopo che si è manifestata la necessità di sostenere una qualche tesi in precedenza avanzata.

Al che, Chasles si limita a osservare che

> sembra che il P. Secchi voglia insinuare che i documenti che presento siano fabbricati in funzione di uno scopo e quando se ne presenti la necessità. P. Secchi dice di parlare da astronomo, ma non è così, in quanto si limita a riportare, come tutti gli altri, ciò che si trova nelle biografie.

E anche la conclusione di Chasles è tagliente: «Dubito che si trovi qualcuno che possa apprezzare il tono, per non dire i pensieri, che lo caratterizzano nella conduzione di questa polemica».

Parole che registrano l'alta temperatura a cui era salito il dibattito. Infatti, nella seduta del lunedì successivo, l'ultima prima dell'interruzione natalizia, il chimico Balard – lo scopritore del bromo – prese la parola per lamentare che nella pubblicazione della lettera di P. Secchi, non fossero state tolte alcune insinuazioni che meglio sarebbe stato trascurare. Il Segretario Perpetuo rispose che questa sarebbe stata la sua intenzione; ma che erano stati costretti a lasciarle per esplicita richiesta di Chasles.

Anche P. Secchi avvertì la necessità di moderare i toni del dibattito, e scrisse una nuova lettera, di cui venne data lettura nella seduta del 6 gennaio 1868. Il punto centrale è ancora il fatto che i documenti sembrano fatti di proposito per sostenere una certa tesi o confutarne un'altra; ma P. Secchi rassicura Chasles:

> Effettivamente, nessuno più di me ha avuto forse il piacere di esaminare queste carte, grazie alla gentilezza di M. Chasles, e se da questo esame non ho tratto la convinzione della loro autenticità, ho preso atto che la loro fabbricazione è antica e risale a un tempo molto più lungo di quello che passa tra una seduta e l'altra dell'Accademia.

La polemica sembrò acquietarsi per tutto il primo semestre del 1868; o forse, semplicemente, non venne registrata nei «Comptes rendus» dell'Accademia. Riprese virulenta nel secondo semestre, su un nuovo e diverso terreno di scontro. Al centro, questa volta, vi è il ruolo giocato da Galileo nella vicenda e la questione dell'autenticità dei documenti già prodotti. Fatto sta che nelle sedute del 20 luglio e del 3 agosto 1868, Chasles seppellisce gli avversari sotto un profluvio di lettere indirizzate a Galileo o che hanno comunque come oggetto il grande fiorentino. Lettere di grandi personaggi storici come il re Luigi XIII, papa Urbano VIII, Carlo I d'Inghilterra, san Vincenzo de' Paoli, la regina Cristina, Maria de' Medici, re Luigi XIV, e grandi intellettuali come Pierre Gassendi e Jean Rotrou.

La mole dei documenti, dei quali l'uno era sostegno dell'altro, era tale che questa volta non ci fu reazione, presumibilmente per due motivi. Il primo consisteva nel fatto che una revisione critica di tutto il materiale avrebbe richiesto tempo; il secondo che Chasles, come un giocatore che aumenta progressivamente la posta, aveva messo in gioco la sua credibilità e con lui quella dell'intera Accademia di Francia.

Bisogna anche osservare che le carte che Chasles giocava, allo scopo di tacitare gli avversari, potevano, nello stesso tempo, essere trasformate in nuove armi nelle loro mani. Le prime decisive risposte si ebbero nelle sedute del 1869.

Attacchi decisivi

Il contributo di Pontécoulant

Philippe Gustave le Doulcet, conte di Pontécoulant (1795-1874), autore di un fondamentale trattato di meccanica celeste,[1] noto per aver calcolato la data del ritorno della cometa di Halley con un errore di due giorni, autorevole membro dell'Accademia, intervenne nella discussione nella seduta del 20 gennaio 1868 con una memoria dal titolo: *Osservazioni relative a una Nota inserita in una lettera attribuita a Pascal e indirizzata a Boyle, in data 2 settembre 1652* [Nota (2.16)].

Pontécoulant, dopo aver richiamato le leggi di Keplero nella formulazione newtoniana, che mette in relazione le masse dei corpi centrali con i periodi e le distanze dei pianeti (o dei satelliti)

$$\frac{m}{M} = \left(\frac{r}{R}\right)^3 \left(\frac{T}{t}\right)^2$$

dove le maiuscole si riferiscono al Sole e le minuscole a un pianeta dotato di satellite, osserva:

> Questa formula, che discende direttamente dalle considerazioni esposte nella nota attribuita a Pascal, è esattamente quella di cui si è servito Newton per determinare le masse dei pianeti dotati di satelliti, o meglio, il loro rapporto con la massa del Sole, a cui è arrivato direttamente dalle leggi del moto ellittico [di Keplero]; ma, per farne uso, è necessario disporre di dati che si possono ricavare solo attraverso osservazioni molto delicate, compiute con strumenti assai potenti, e che richiedono inoltre un concorso di circostanze che si verificano raramente e sul risultato delle quali può rimanere ancora oggi molta incertezza, dopo alcuni secoli di lavoro assiduo, nonostante gli immensi progressi compiuti nella realizzazione degli strumenti e nella condotta delle osservazioni. In effetti, si può considerare il rapporto T/t dei periodi di rivoluzione come perfetta-

---

1. Pontécoulant, Gustave le Doulcet, *Théorie Analitique du Système du Monde*, Paris, 1829-1846.

mente noto, tanto per la Terra che per Giove e Saturno, ma il rapporto r/R dei raggi dell'orbita del satellite a quello del pianeta rispetto al Sole, richiede che venga determinato con estrema precisione l'angolo che gli astronomi chiamano *elongazione geocentrica ed eliocentrica* del satellite, che si può ricavare solo mediante strumenti e procedure osservative che non esistevano ancora ai tempi di Pascal. Newton ebbe la fortuna di trovare in Pound un astronomo tanto appassionato quanto abile che, utilizzando per le sue misure eccellenti micrometri adattati a uno strumento di 123 piedi di lunghezza, gli fornì i dati necessari per l'utilizzo della formula. Le osservazioni di Pound sono d'un genere molto delicato e difficile e richiedono, come abbiamo detto, un concorso di circostanze che si verificano così raramente, che non si sono più verificate in maniera completamente soddisfacente dopo di lui, almeno per ciò che riguarda Saturno, nonostante il gran numero di osservatori distribuiti oggi su tutto il globo e le ricerche incessanti dei geometri a questo proposito.

È dunque evidente che, quand'anche lo stesso Pascal, in forza del suo genio, fosse arrivato alla formula che in seguito ha fornito Newton nella sua opera immortale dei *Principia*, non avrebbe potuto farne alcun uso, privo com'era dei dati necessari a tradurla in numeri; quantunque non esisti a dare, come abbiamo visto nella nota che abbiamo testualmente citato, come proveniente dall'applicazione delle sue formule, per i rapporti delle masse di Giove, Saturno e della Terra con quella del Sole presa come unità, i valori seguenti:

$$\frac{1}{1067}, \frac{1}{3021}, \frac{1}{169\,282}$$

È qui che la falsificazione appare di tutta evidenza, poiché il primo valore è esattamente quello che ha trovato Newton per la massa di Giove (lib. III, prop. VIII) e di cui gli astronomi si sono serviti fino agli ultimi tempi [...]. Il secondo valore differisce molto poco da quello dato da Newton (lib. III, prop. VIII) che l'ha dedotto da osservazioni fatte da Pound, per determinare la distanza del 6° satellite di Saturno dal centro del pianeta, valore che Pascal non poteva conoscere, poiché a quel tempo non si sapeva neppure dell'esistenza del satellite. Infine, il terzo valore, che rappresenta la massa della Terra in rapporto a quella del Sole, e che dovrebbe essere il più esatto poiché dipende solo dal rapporto delle distanze dal Sole e dalla Luna, e che Pascal poteva conoscere con precisione molto maggiore degli altri due, è quello che, al contrario, presenta lo scarto maggiore. Ammettendo, in effetti, che questo valore sia stato ricavato dalla formula che abbiamo ricavato dalle idee attribuite a Pascal sul potere attrattivo del Sole e dei pianeti, si riconosce che per ottenere un tale valore per la massa della Terra, sarebbe necessario considerare il rapporto delle distanze della Terra dal Sole e dalla Luna molto più grande di quanto non sia in realtà, e poiché la distanza della

Luna si deve considerare ben nota, è necessario ammettere che Pascal stimava la distanza del Sole di solo 311 volte maggiore di quella della Luna, ovvero di 18 696 leghe circa, mentre il Sole è, in realtà, più di 400 volte più lontano della Luna e che la sua distanza dalla Terra è 23 852 leghe circa. Ora, è difficile ammettere che un uomo come Pascal, che era perfettamente al corrente delle conoscenze astronomiche del suo tempo, facesse errori di quel genere.

Possiamo quindi concludere […] che le pretese lettere di Pascal, recentemente presentate all'Accademia delle Scienze da M. Chasles, o almeno la parte di queste lettere in cui si parla della scoperta della gravitazione, non sono uscite dalla penna di questo grande, e che sono state scritte in un tempo molto posteriore all'uscita dei *Principia*, e che le scoperte che enunciano come uscite dal genio di Pascal non sono che una copiatura di proposito dissimulata, senza che si possa tuttavia riconoscere in quell'esposizione le principali proposizioni che si trovano rigorosamente dimostrate in quell'opera immortale.

Il contributo di Élie de Beaumont

La polemica andava lentamente spegnendosi quando, all'inizio del 1869, improvvisamente, prese nuovo vigore per opera del Segretario Perpetuo Élie de Beaumont (1798-1874). Si trattava di uno scienziato di grande prestigio. Professore di geologia al Collegio di Francia, membro di numerose accademie scientifiche – tra cui la Royal Society – nel 1843 era stato insignito della *Medaglia Wollaston* dalla Geological Society of London. Era succeduto ad Arago, morto nel 1853, come Segretario Perpetuo dell'Accademia delle Scienze. Nella seduta del 5 aprile, Beaumont, forse solo allo scopo di rimarcare l'importanza del dono che Chasles aveva fatto all'Istituto, parlò di una nuova lettera autografa di Galileo:

Una lettera autografa di Galileo a Luigi XIII, e commentata, *manu propria*, da Luigi XIV, nella quale l'illustre astronomo spiega ingenuamente al Re di Francia che non è così completamente cieco come si dice, ma che si guarda bene dal correggere un tale felice errore che è diventato l'egida della libertà che gli è rimasta, una tale lettera mi sembra un documento storico di valore incomparabile.

La lettera di cui parla Beaumont è la seguente:

LETTERA DI GALILEO A RE LUIGI XIII [L10.1]

(Su questa lettera è scritto, per mano di Luigi XIV: «Lettera molto preziosa»).

Arcetri, il 28 novembre (1639?)

Sire, non so come sdebitarmi verso Vostra Maestà per l'interesse che mi manifesta. La ringrazio molto sinceramente della sua magnanimità e dell'offerta generosa che mi è stata fatta da parte sua tramite il suo ambasciatore straordinario: ed è con rincrescimento che mi vedo costretto a non accettare un'offerta tanto generosa. Non dubito, Sire, che a Parigi troverei sotto la vostra egida e la vostra benevolenza tutte le cure necessarie alla mia condizione; ma, qui ho certe abitudini; e per me l'abitudine è come una seconda natura. E se la luce dei miei occhi non rinasce prontamente come speravo e come desidererei, non è per mancanza di cure. Del resto desidero assicurare Vostra Maestà che per quanto sia per me una grande privazione non poter continuare le mie osservazioni astronomiche, comincio a rassegnarmi e mi considero fortunato di potere ancora, alla mia età e dopo tante tribolazioni, leggere e scrivere, il che è per me una grande soddisfazione. Quanto a certe voci che alcuni fanno circolare a questo proposito, non cerco in nessun modo di smentirle, tanto più che è un mezzo di essere meno assediato dai miei nemici, vale a dire dagli inquisitori, che non cessano di farmi sorvegliare. Ci siamo serviti del pretesto della cecità per essere lasciato in pace. Non è necessario ch'io dica altro a Vostra Maestà. Comunque sia, non le sono meno riconoscente per tutto ciò che ha fatto e ciò che vorrà ancora fare per me. Pertanto io sono, Sire, della Vostra Maestà l'umilissimo e obbedientissimo servitore, Galileo Galilei.

Beaumont fa qualche osservazione a proposito degli evidenti caratteri di vetustà che presentano i manoscritti e riconosce, con Chasles, che «le migliori garanzie sulla loro origine sono rappresentate dalle prove morali che emergono dalla loro lettura»:

> Gli autori delle lettere e delle Note pubblicate sull'ultimo numero dei «Comptes rendus» hanno lasciato correre le loro penne con naturalezza; si sono sempre rigorosamente mantenuti all'interno dello stile proprio e nella situazione del momento; e non è possibile che una sola persona abbia potuto scrivere *ad libitum* di Galileo, di Milton, di Luigi XIV, di Cassini in accordo con circostanze sempre più o meno condizionanti ed oscure. Lo stile è l'uomo, e sarebbe stato senza dubbio difficile per un miserabile falsario elevarsi alla nobile semplicità di Luigi XIV, che parla con una voce spesso possente, dell'illustre perseguitato che era stato amico di sua nonna la regina Maria de' Medici. Gli altri pezzi, in così gran numero, che M. Chasles ha affidato ai «Comptes rendus», negli ultimi due anni, senza che vi si sia trovata alcuna delle incoerenze che sarebbero senz'altro sfuggite a dei falsari, portano in maniera non meno evidente il sigillo morale della loro autenticità.

Si trattava di una certificazione di autenticità del tutto inaspettata nell'atmosfera di scetticismo o di aperta opposizione che aveva, fino a quel momento, pervaso l'aula austera dell'Accademia. La risposta decisiva sarebbe arrivata nella seduta del 12 aprile tramite una persona che non apparteneva all'Accademia: Paul Émile Bréton (de Champ) che era già intervenuto mesi prima sulla questione. Era un ingegnere che lavorava per l'Osservatorio di Parigi e, più che un matematico, era uno storico della matematica, e proprio in materia di storia della matematica aveva già avuto uno scontro con Chasles a proposito dei *porismi* di Euclide di cui parliamo in maggiore dettaglio nel capitolo *Altre questioni di priorità*.

L'intervento di Paul Émile Bréton

Paul Bréton era già intervenuto nella seduta del 22 marzo (quindi prima che Beaumont certificasse l'autenticità dei documenti) unendo alcune obiezioni di carattere scientifico ad altre di natura storica. Il titolo della relazione del 22 era esplicito: *Su due brani delle Opere di Pascal, che sono in contraddizione con molti dei documenti che sono stati presentati all'Accademia come dovuti a lui e a Galileo*. Inizia con un'analisi puntuale del testo di Pascal relativo al peso dell'atmosfera contenuto nel *Traitez de l'Equilibre des Liqueurs*:[2]

> Pascal dice, parlando dei gradi del meridiano terrestre: «Si è trovato che ciascuno di questi gradi contiene 50 000 tese». Vedremo subito che questa frase non avrebbe potuto essere scritta prima della fine dell'anno 1646, e, di conseguenza, almeno cinque anni dopo che Pascal avrebbe effettuato i calcoli che i documenti prodotti vorrebbero attribuirgli, dato che questi risalirebbero all'anno 1641. Le parole *si è trovato* sono la prova che questa valutazione del grado di meridiano terrestre era ai suoi occhi la sola che facesse fede.
>
> Ora, se si rifà, servendosi di questa misura, il calcolo ben noto mediante il quale Newton ha confrontato alla gravità terrestre [quella che oggi indichiamo con g] la forza che trattiene la Luna sulla sua orbita, si trova, nell'ipotesi che la forza vari in ragione inversa del quadrato della distanza, che questa forza, applicata ai corpi terrestri, li farebbe cadere di $13^p 2^{po} 8^{lin} 5/9$ [4,03 m] nel primo secondo di tempo della loro caduta a Parigi, mentre la gravità li fa scendere di $15^p 1^{po} 1^{lin} 7/9$ [4,60 m]. La differenza è troppo grande perché Pascal potesse concludere che le due forze sono identiche.
>
> È esattamente questo che è accaduto a Newton nel 1666, per aver ammesso che un grado [di meridiano] corrispondesse a 60 miglia in-

---

2. Pascal, Blaise, *Traitez de l'equilibre des liqueurs, et de la pésanteur de la masse de l'air*, Paris, 1663, cap. IX.

glesi. Il che equivarrebbe a porre il grado uguale a 49 542 tese. Se fosse vero, come si pretende, che Pascal fosse pervenuto a dimostrare la detta identità, avrebbe dovuto rifare il calcolo con le misure diverse del grado di meridiano da quelle allora note. Solo queste avrebbero potuto condurlo a un'approssimazione soddisfacente.

Una delle note pubblicate come opera di Pascal, inizia così: «Un corpo, sotto l'equatore, perde almeno $1/_{289}$ della sua gravità». Si tratta della diminuzione provocata dalla forza centrifuga, nell'ipotesi di utilizzare nel calcolo il valore esatto del grado di meridiano. Il valore ammesso da Pascal porta a $1/_{330}$.

Veniamo ora alla questione di sapere in quale data Pascal abbia potuto scrivere: «Si è trovato che ognuno di questo gradi contiene 50 000 tese». È in un calcolo finalizzato a determinare *quanto pesa l'intera massa di tutta l'aria che vi è nel mondo*, che Pascal si serve di questa misura. Considera che la pressione atmosferica in ogni punto della superficie del globo, sia uguale a quella di una colonna d'acqua di 31 piedi di profondità, cosa che presuppone la conoscenza di questo fatto fondamentale, che questa pressione è la causa dei fenomeni che diversamente si attribuivano all'orrore del vuoto. Ora, Pascal dichiara di essere venuto a conoscenza della scoperta di Torricelli nel 1647, mentre era occupato nella stesura delle sue *Nuove esperienze sul vuoto*, scritte nel 1646, un opuscolo nel quale i fenomeni osservati vengono ancora spiegati mediante l'antica dottrina dell'orrore del vuoto. Ecco le sue parole:

«Nell'anno 1647 fummo avvertiti di una bellissima trovata avuta da Torricelli a proposito della causa di tutti i fenomeni che venivano fino ad allora attribuiti all'orrore del vuoto. Ma poiché si trattava di una semplice congettura di cui non si aveva alcuna prova, per riconoscerne o la verità o la falsità, progettai allora un'esperienza che sapete è stata compiuta nel 1648 da M. Périer, sulla cima e alla base del Puy-de-Dôme, ecc.».[3]

Pertanto, è stato nel 1647 che Pascal è giunto a concepire, venendo a conoscenza della congettura di Torricelli, la possibilità di spiegare i fenomeni in modo diverso dall'orrore del vuoto. Si vede che ne parla come di una cosa di cui ha conoscenza per la prima volta e di cui non ha alcuna prova. Di conseguenza, siamo autorizzati a considerare come apocrifi i documenti il cui contenuto implica che Pascal fosse in possesso di questa idea già nel 1641, come la lettera di Pascal a Fermat del 16 aprile 1648 [L7.4], nella quale Pascal dice di aver saputo da Galileo, nel 1641, che Torricelli aveva scoperto che il peso dell'aria «poteva essere la causa di molti dei fenomeni che venivano fino ad allora attribu-

---

3. Lettera di Pascal a M. de Ribere, primo presidente della Corte delle Imposte di Clermont-Ferrand, 1651.

iti all'orrore del vuoto» come anche la lettera di Galileo a Pascal del 7 giugno 1641 [L7.3], nella quale Galileo dice a Pascal che le ultime sue esperienze dimostrano che il peso dell'aria «può essere la causa di tutti i fenomeni che erano fino ad ora attribuiti all'orrore del vuoto». La stessa conclusione si estende a tutti i documenti il cui contenuto implica che Pascal abbia fatto i suoi pretesi calcoli prima del 1647. Tale è la lettera di Galileo che abbiamo citato. Sono le stesse testimonianze di Pascal che autorizzano queste conclusioni.

La requisitoria di Bréton

Ma, come abbiamo anticipato, fu solo la seduta del 12 aprile 1969 che rappresentò un punto di svolta dell'intera questione, poiché per merito dello stesso Paul Bréton, mutò il terreno dello scontro e si cominciò a parlare apertamente di mistificazione. Già il titolo della comunicazione di Bréton non lascia dubbi: *Indicazione di un'opera pubblicata nel 1764 dalla quale devono essere stati copiati, in tutto o in parte, una ventina dei documenti manoscritti che sono stati presentati all'Accademia come dovuti a Galileo e a Pascal.*

L'opera è l'*Histoire des Philosophes modernes*, di Alexandre Savérien, pubblicata in sette volumi in dodicesimo, a partire dal 1761. Nel quarto, datato 1764,[4] si trova l'articolo dedicato a Newton.

Ritratto di Newton da «Histoire des Philosophes modernes» di Savérien.

Dopo una parte storica, questo articolo contiene un'esposizione del sistema del mondo fondata sulla teoria dell'attrazione universale. Ora, questa esposizione conferma non solo la sostanza, ma perfino il testo completo della maggior parte delle note e delle osservazioni relative a questo sistema, che sono state presentate all'Accademia come dovute a Pascal. Si riconosce inoltre che questo lavoro e la parte storica che la precede sono stati utilizzati per fabbricare la lettera di Pascal a Fermat del 16 aprile 1648 [L7.4], quella di Galileo a Pascal del 7 giugno 1641 [L7.3] (che sappiamo essere certamente ambedue apocrife sulla base delle testimonianze autentiche di Pascal ricordate nella mia comunicazione del 22 marzo scorso) e un'altra lettera, anch'essa di Galileo a Pascal, del 2 gennaio 1641 [L7.1]. Si riconosceranno come egualmente apocrife, e non potrebbe essere diversamente, le 17 note o osservazioni

4. Savérien, Alexandre, *Histoire des Philosophes modernes*, t. IV, Paris 1764, pp. 1-68.

di Pascal il testo delle quali si trova interamente nell'opera di Savérien.

Chiedo il permesso di riprodurre qui i brani di questo autore che sono serviti a fabbricare la pretesa lettera di Galileo a Pascal del 7 giugno 1641 [L7.3]. Il confronto con il testo di questo documento metterà il lettore nella condizione di farsi da sé un'opinione con sufficiente cognizione di causa:

Da questo ragionamento il nostro Filosofo deduce che la Luna pesa verso la Terra come i corpi celesti e che la stessa causa della pesantezza agisce su tutti i pianeti; che i satelliti pesano su Giove come la Luna sulla Terra, e i satelliti di Saturno su Saturno e tutti i pianeti insieme sul Sole» [Histoire des Philosophes modernes, t. IV, p.14].

Si misura l'intensità della gravità sulla Terra sulla base della caduta dei corpi pesanti, e valutando la tendenza della Luna verso la Terra, ovvero in base a quanto scarta dalla tangente alla sua orbita in un dato tempo qualunque. Ciò posto, poiché i pianeti fanno le loro rivoluzioni intorno al Sole, e due di essi (Giove e Saturno) hanno satelliti, misurando dai loro moti quanto un pianeta abbia di tendenza verso il Sole, ovvero scarti dalla tangente della loro orbita in un dato tempo, e quanto un satellite scarti dalla tangente alla sua orbita nello stesso tempo, si può determinare la proporzione della gravità di un pianeta verso il Sole e di un satellite verso il suo pianeta, alla gravità della Luna verso la Terra, alle loro rispettive distanze. A questo scopo, conformemente alla legge generale della variazione della gravità, basta calcolare le forze che agiscono su questi corpi a uguali distanze dal Sole, da Giove, da Saturno e dalla Terra, e queste forze danno la proporzione di materia contenuta nei vari corpi. È sulla base di questi principi che si trova che le quantità di materia del Sole, di Giove, di Saturno e della Terra, stanno tra loro come i numeri

$$\frac{1}{1067}, \ \frac{1}{3021}, \ \frac{1}{169\,282}$$

Avendo così determinato la proporzione delle quantità di materia contenute in questi corpi, ed essendo i loro volumi noti dalle osservazioni astronomiche, si calcola facilmente quanta materia ciascuno di loro contiene in uno stesso volume: il che fornisce la proporzione delle loro densità, che si esprime mediante questi numeri: 100, 94½, 67 e 400. Così la Terra è più densa di Giove, e Giove più denso di Saturno; di modo che i pianeti più vicini al Sole sono i più densi.

Si noterà che tra i documenti presentati all'Accademia, e sui quali richiamo l'attenzione, si trovano tutti quelli il cui contenuto tende esplicitamente a fare considerare Pascal come autore della grande scoperta astronomica attribuita a Newton. Non ho potuto dare che una rapida occhiata a quest'opera di Savérien. Sono convinto che si troverà, sia nelle opere di questo autore, sia da qualche altra parte, la prova che il falsario, le cui produzioni hanno messo in così forte imbarazzo la perspicacia di M. Chasles, si è procurato di frequente mediante lo stesso procedimento sbrigativo, la prosa necessaria all'esercizio della sua industria.

Il fatto che Bréton avesse indicato la fonte da cui aveva attinto il falsario
appariva come una notizia tale da chiudere definitivamente la questione;
ma non per un avversario come Chasles. La risposta la diede nella seduta
immediatamente successiva del 19 aprile (1869), nel corso della quale non
ebbe difficoltà a riconoscere che le pagine dell'*Histoire* di Savérien dedicate
a Newton coincidevano in molti punti con gli scritti di cui si contestava l'autenticità; solo che tale coincidenza non aveva la spiegazione che ne aveva
dato Bréton; era semplicemente dovuta al fatto che Savérien si era docu-
mentato su quegli stessi documenti:

> Savérien indica, all'inizio della biografia di ogni personaggio, le memo-
> rie alle quali ha attinto. Lo ha annunciato nella prefazione, dove aggiun-
> ge che «non ho indicato che le fonti principali, per non fare mostra di
> inutile erudizione; e ho soppresso molte altre citazioni». Non ci dobbia-
> mo quindi meravigliare se nell'opera di Savérien troviamo molte cose
> che non si trovano nelle memorie citate, molte delle quali possono essere
> state prese altrove. M. Bréton pretenderebbe forse che questi prestiti di-
> chiarati da Savérien debbano essere stati presi da opere già stampate; e
> che Savérien si sia ben guardato dal ricorrere a documenti non anco-
> ra resi pubblici. Questa sarebbe una pretesa difficile da sostenere; ma
> voglio evitare di mettere in imbarazzo M. Bréton, e dirgli già ora che
> Savérien ha preso conoscenza e fatto uso di molti altri documenti di
> cui sono venuto in possesso. Questi pezzi si trovavano allora nella ricca
> collezione di oggetti preziosi di tutti i generi di proprietà di Mme de Pom-
> padour. Montesquieu li conosceva perfettamente: ne ha fatto largo uso
> nelle numerose corrispondenze rimaste inedite, e nelle quali non cessa di
> ricordare Galileo, Pascal e Newton, come ho già avuto occasione di dire.
> Savérien gli era stato raccomandato da J. Bernoulli e lui, a sua volta, lo
> raccomandò a Mme de Pompadour, che lo accolse e mise a sua disposi-
> zione i manoscritti che averebbero potuto essergli utili per il suo lavoro.
> A questo proposito, mi basterà citare tre lettere: una di Montesquieu a
> Savérien, una di lui a Mme de Pompadour e una terza che è la risposta
> della Marchesa a Savérien.

Ecco le lettere:

Lettera di Montesquieu a Savérien [L10.2]

                                                        Parigi, l'8
Signore, Voi mi siete stato raccomandato dal Sig. J. Bernoulli in tale
modo che sento il bisogno di congratularmi con voi. A mia volta, vi ho
raccomandato a Madama la Marchesa di Pompadour, che approva con
calore il vostro progetto di scrivere la storia del progresso dello spirito
umano nelle scienze intellettuali e nelle scienze esatte. Durante un in-
contro che ho avuto ultimamente con lei, mi ha parlato di voi e mi ha

confidato il desiderio di incontrarvi. Pertanto, venite a farmi visita prima
che potete intanto che mi trovo a Parigi, staremo insieme e vi condur-
rò da questa dama, che ha tanta stima per i sapienti. Ve lo ripeto, ella
approva con calore il vostro progetto, e poiché possiede una delle più
belle e più ricche collezioni di documenti di ogni sorta, non dubito che
vi permetterà di esaminarli, per utilità dell'opera che avete in animo di
compiere. Sono, signore, vostro umilissimo, devotissimo e obbedientissimo servitore, Montesquieu.

Al Sig. Savérien

Lettera di Savérien a Madame Pompadour [L10.3]

14 marzo
Madama la marchesa, Vi restituisco le 200 lettere di Copernico, Galileo, Cartesio, Gassendi, Pascal, Malebranche, Leibniz, Newton e altri sapienti del secolo scorso, che avete avuto la bontà di affidarmi. Ho
compulsato con attenzione questi preziosi documenti e ne ho fatto degli
estratti che mi saranno molto utili, non solo per la mia storia del progresso dello spirito umano nelle scienze naturali, intellettuali ed esatte, ma
anche per una storia dei filosofi antichi e moderni, che ho in animo di
fare. Vorrei dirvi Madama la marchesa, quanto vi sia riconoscente per
avere consentito di affidarmi questi documenti, e quanto sarei felice se
voleste affidarmene di nuovi. Questo mi renderebbe il più felice degli
uomini. Vogliate gradire, ve ne prego, con i miei sinceri ringraziamenti,
l'assicurazione che sono, Madama la marchesa, il vostro umilissimo, devotissimo e obbedientissimo servo.

Alla Signora Marchesa di Pompadour, Savérien

Lettera di Madame Pompadour a Savérien [L10.4]
Signore, ho ricevuto la vostra amabile lettera e il pacchetto che contiene
i documenti che vi avevo affidato. Sono molto contenta che questi documenti siano stati graditi e vi siano stati di qualche utilità per le opere
che avete progettato di fare; poiché non desidero nulla di più che la
diffusione delle conoscenze umane. Ho dato ordine al mio bibliotecario
di proporvi altri documenti e di farveli avere. Del resto, quando vorrete
venire voi stesso a cercare ciò che vi può essere utile, tutto è a vostra
disposizione. Voglio esprimervi, signore, tutta l'estensione della stima e
dell'amicizia che nutro per voi.

La M. di Pompadour

Chasles fornisce una chiave interpretativa dei documenti presentati:

M. Bréton darà di queste lettere il giudizio che vorrà, e potrà invocare,
come M. Faugère, *il falsario dalle lunghe orecchie* che interviene anche all'ultimo momento per le necessità della causa: poco m'importa. Desidero

solamente far capire a M. Bréton che non può limitarsi a invocare dei fatti, come ha annunciato, e che deve ricorrere ai ragionamenti, anche se ha creduto di poterne fare a meno. È assolutamente necessario che spieghi all'Accademia perché questo falsario, che, secondo i sigg. Faugère e Martin e lo stesso Bréton, aveva lo scopo di nuocere a Newton togliendogli la sua grande scoperta astronomica per attribuirla a Pascal, non si è limitato a prendere da Savérien i diciotto brani che gli sarebbero bastati, poiché l'uno conferma la dimostrazione della legge dell'attrazione in ragione inversa del quadrato delle distanze, e un altro, i rapporti delle masse dei pianeti con quella del Sole. Bisogna, dico, che M. Bréton spieghi perché il falsario avrebbe aggiunto al suo plagio, che non gli costava alcuna fatica e bastava ai suoi scopi, un lavoro difficile e penoso, dato che richiedeva conoscenze approfondite e del genio di Pascal e di quello di Newton; bisogna che M. Breton riconosca che gli altri quarantacinque pezzi non sono nello stesso stile, della stessa fattura dei primi diciotto. Poiché se vi è identità di soggetto, di pensiero e di stile, e anche identità nei particolari grafici, tutti i pezzi andrebbero considerati di una stessa origine.

Bisogna riconoscere a Chasles una inesauribile capacità dialettica, oltre che un'incrollabile fiducia nell'autenticità dei pezzi in suo possesso.

Per quanto riguarda la seconda obiezione di Bréton concernente le esperienze di Pascal, Chasles non ha dubbi e, al fine di dimostrare che erano iniziate molti anni prima, su suggerimento di Galileo, presenta molte lettere di Galileo a Pascal e a Cartesio in cui descrive il barometro. Una in particolare di Galileo a Mersenne:

Lettera di Galileo a Mersenne [L10.5]

Arcetri, il 15 febbraio (1640)

Vi ho già detto che da un calcolo fatto dal mio giovane rivale, M. Pascal figlio, risulta che l'atmosfera terrestre ha un'altezza di due o trecento tese, e che deve pesare verso il centro della Terra circa duecento volte quanto pesa verso il Sole [...]. Questo è quel che risulta dalle nostre nuove osservazioni condotte con un nuovo metodo e un nuovo procedimento che il mio giovane rivale potrà farvi conoscere: è a lui che ne spetta la gloria. Questo metodo è stato da lui pensato dopo la scoperta del peso dell'aria e l'invenzione del barometro, di cui si è servito per determinare l'altezza delle montagne. Ma poiché lo strumento utilizzato in queste osservazioni non ha ancora raggiunto la perfezione voluta, e non è ancora conosciuto sotto alcun nome, non ve ne parlo. M. Pascal, che l'ha inventato, ve lo farà conoscere quando verrà l'occasione. Tuttavia, se riterrete sia il caso di sottomettere le nostre osservazioni al Sig. Cartesio, potrete farlo, e trasmetterci le sue.

In questa lettera lo pseudo-Galileo dimostra di non aver letto la memoria di Pascal sul peso dell'aria. Dal punto di vista della strategia di Chasles, la ricostruzione storica eretta sui documenti forniti diventa sempre più ardua da sostenere.

Il duello Bréton-Chasles

Bréton rispose a Chasles nella seduta del 26 aprile attraverso una comunicazione letta da Le Verrier:

> Ricorderete forse che ho segnalato, nella comunicazione del 12 di questo mese, venti documenti presentati da M. Chasles come copiati, totalmente o in parte, dall'opera di Savérien intitolata: *Histoire des Philosophes modernes*. Secondo Chasles, sarebbe stato Savérien a copiare questi documenti, e io avrei avuto il torto di pretendere di chiudere la questione *sans raisonnements* [...]. Mi è parso difficile ammettere la soluzione che M. Chasles crede di potermi opporre, poiché farebbe pesare sulla memoria di Savérien un'accusa assai grave. Bisognerebbe supporre che, avendo tra le mani la prova che Pascal era il vero autore della scoperta astronomica dell'attrazione universale, e sapendo inoltre che questa scoperta era francese, Savérien di deliberato proposito l'avrebbe attribuita a uno scienziato straniero, spingendo l'impudenza fino a servirsi della prosa di Pascal per glorificare Newton, nonostante ai suoi occhi non fosse che uno sfrontato impostore, plagiatore di Pascal e autore di un tentativo di plagio nei confronti di Leibniz. Non credo sia lecito accusare Savérien di una condotta tanto odiosa, in assenza di prove certe. Tutto porta a credere che abbia esposto in buona fede il sistema di Newton, come lo comprendeva, com'era naturale fare in un tempo in cui questo sistema era già oggetto di ammirazione universale.
>
> [Per quanto riguarda gli ultimi documenti presentati] tendono a stabilire che Savérien, per raccomandazione di Montesquieu, avesse a disposizione, prima di scrivere il suo trattato, documenti di tutti i tipi raccolti nella biblioteca della Marchesa di Pompadour. Ciò che è certo è che Savérien non lascia trasparire nulla nella sua *Histoire des Philosophes modernes*, tanto meno per ciò che riguarda i fatti invocati contro il contenuto dei documenti di M. Chasles. Infatti Savérien descrive Galileo come completamente cieco dal 1636. Secondo il suo racconto, il primo

satellite di Saturno conosciuto è stato scoperto da Huygens, mediante un telescopio costruito con le sue mani. E non fa parola di calcoli astronomici che si vorrebbero oggi attribuire a Pascal.

Questo silenzio di Savérien sulla non-cecità di Galileo, attestata anche da un così gran numero di personaggi, sulle scoperte astronomiche che avrebbe compiuto negli ultimi quattro anni della sua vita, e che Luigi XIV e Cassini rivendicavano per lui, sul telescopio dall'ingrandimento prodigioso che Galileo avrebbe costruito e mediante il quale Huygens, informato dell'esistenza di un satellite di Saturno scoperto da Galileo, si sarebbe impossessato di questa scoperta, sulle scoperte di Pascal relative alla gravitazione, questo silenzio tende a far pensare che i documenti resi pubblici da M. Chasles non si trovassero nella collezione della Marchesa di Pompadour allorché furono messi a disposizione di Savérien, e che, di conseguenza, egli non li abbia potuti copiare [...].

Il Galileo e il Pascal della sua raccolta [di Chasles] non sono i soli che si possono accusare di aver copiato da opere altrui. Anche Montesquieu, senza dubbio quello che raccomanda Savérien alla Marchesa di Pompadour, vi è implicato, come si può evincere dai seguenti estratti dell'elogio di Newton tenuto da Fontenelle, che si ritrova in gran parte nella seconda delle lettere inserite nei «Comptes rendus», tomo LXV, p. 269.

LETTERA DI MONTESQUIEU [L11.1] (destinatario non indicato)
                                                              Il 12 marzo
Ho riportato dall'Inghilterra un buon numero di lettere e di note trovate tra le carte di Newton, e che erano state mandate a quest'ultimo da Pascal. Si vede da questi documenti la stima che Pascal aveva di Cartesio, e i consigli che diede al giovane filosofo inglese di prenderlo per modello. Vi dirò che si è scritto molto su Cartesio, ma non ho ancora trovato un apprezzamento più puntuale, né un elogio più bello di quello che ne fa Pascal.

                                                              Il 20 marzo
Egli (Newton) era in relazione con tutti gli scienziati. Ne ho avuto la prova nel mio ultimo viaggio in Inghilterra, dove presso un suo parente ho esaminato tutte le sue carte, e tra quelle ho notato lettere di Pascal – Newton era giovane allora – di P. Malebranche, di Gregory, di Boyle, di Lock, di Lhospital, ecc.

                                                       (Dei primi di aprile)
Vi ho detto, signore, che nel corso del mio ultimo viaggio in Inghilterra ho fatto visita alla famiglia del defunto Newton, e che mi è stato consentito di esaminare le sue carte, tra le quali si trova una grande quantità di lettere di molti dei nostri scienziati francesi, e tra gli altri di Pascal e di Malebranche. Cosa che mi ha dato la possibilità, al mio ritorno, di

cercare tra le carte di questi ultimi le lettere che possono essere state loro scritte da Newton. In effetti ho ritrovato una trentina di lettere di Newton tra le carte di Pascal, e circa una sessantina tra quelle di padre Malebranche, tutte molto interessanti, come non è possibile dubitare. Poiché tali corrispondenti non potevano scriversi frivolezze. Ma torno al carattere di Newton. Era un uomo che osservava esattamente tutti i doveri della società; e che sapeva essere, quando necessario, un uomo comune. La ricchezza in cui viveva, a causa del suo patrimonio, del suo impiego e dei suoi risparmi, non gli dava inutilmente i mezzi per fare del bene. Non pensava che lasciare per testamento fosse un vero donare. E fu da vivo che fece beneficenza. Quando il decoro esigeva qualche spesa importante, era magnifico e la faceva senza rimorso; fuori di ciò il fasto era limitato, e i fondi riservati per i bisogni degli infelici o per impieghi utili. Amava essere circondato da documenti: così ne cercava dovunque e possedeva una biblioteca molto bella e ricca. Quantunque fosse sinceramente attaccato alla chiesa anglicana, non si accanì contro i non conformisti, allo scopo di condurli alla chiesa. Giudicava gli uomini in base ai costumi. Tale è, Signore, il mio apprezzamento per questo illustre filosofo. Resto, Signore, vostro umilissimo servo.

Il 12 aprile

Newton era un grande osservatore di ogni cosa. Prendeva anche nota di tutto ciò che per lui presentava qualche interesse per la conoscenza umana. Quando ebbi occasione di esaminare le sue carte, notai un gran numero di appunti di cui non si proponeva senza dubbio di fare un uso regolare, avendo come solo scopo quello di fermare la sua memoria mettendoli su carta.

Il dibattito si è ora polarizzato sullo scontro tra Bréton e Chasles, a cui non erano estranei motivi personali. Sono tuttavia da rilevare le due strategie a confronto. Chasles sostiene l'autenticità dei documenti attraverso la proposizione di altri documenti dello stesso genere (anzi, più incredibili ancora) in una sorta di "catena di sant'Antonio" senza fine; Bréton è costretto a ricorrere a sottili disquisizioni e ad accurate ricerche bibliografiche che riguardano, comunque, solo aspetti particolari dei documenti presentati e che possono essere seguite solo a fatica dal grosso pubblico. Per questo le argomentazioni di Chasles vengono favorevolmente accolte e appoggiate dai giornali popolari; e solo pochi tra coloro che non hanno una formazione scientifica si rendono conto del rischio che incombe sulla credibilità dell'Accademia di Francia.

Al termine della comunicazione di Bréton (letta da Le Verrier), Chasles chiede la parola e, quantunque il Presidente, data l'ora tarda, gliel'abbia negata, annuncia la presentazione di altri documenti nella prossima seduta. Si tratta di scritti di J. Bernoulli, di Mme Pompadour e dello stesso Savérien che dimostrano che egli non ha potuto prendere visione, come sostiene Bréton, dei documenti conservati nella biblioteca della Marchesa, perché, essendo stato (il Savérien) denunciato alla Marchesa come amico di Voltaire e newtoniano, gli venne ritirato il permesso di accesso. All'apertura della seduta del 13 maggio, Chasles sottopone a ruvida analisi le argomentazioni di Bréton:

M. Bréton afferma che le tre lettere che ho presentato *tendono a stabilire che Savérien ha avuto a sua disposizione i documenti di tutti i tipi che costituivano la biblioteca di Madame Pompadour.* Queste lettere stabiliscono solamente che Savérien è stato messo in possesso di duecento lettere di Copernico, Galileo, Cartesio, Gassendi, Pascal, Malebranche, Leibniz, Newton e altri scienziati del XVII secolo. Può essere stato così ma solo per un certo tempo, perché le buone disposizioni di M. Pompadour verso Savérien non sono durate a lungo [...]. Essendo stato denunciato come amico di Voltaire e newtoniano, a Savérien l'accesso alla biblioteca venne ritirato.

[...] Per quanto riguarda la lettera di Montesquieu priva di *destinatario* [L10.1], in cui Breton riconosce brani dell'*Éloge de Newton* di Fontenelle, questa lettera di Montesquieu è passata tra le mani di Fontenelle, che ne ha inserito degli estratti nel suo *Elogio* di Newton, pubblicato nel 1729 nelle *Memorie* dell'Accademia delle Scienze. Questo *Elogio* fornì a Montesquieu l'occasione di indirizzare a Fontenelle vivaci rimproveri per la sua debolezza, la sua parzialità in favore di Newton, e la sua ingiustizia verso i suoi compatrioti, Cartesio e Pascal, e anche verso Galileo. Fontenelle si scusò dicendo che si trattava di un elogio che aveva dovuto fare in nome dell'Accademia, e che aveva trovato sconveniente inserirvi delle critiche. Montesquieu, che non aveva ancora delle prove materiali di tutti i fatti che aveva saputo, aveva risposto che un giorno la verità sarebbe stata svelata. Ma ben presto annunciò di avere le prove, e che le avrebbe divulgate. Fontenelle comprendendo la sua posizione, si rese conto che era necessario calmare Montesquieu, fare delle concessioni, come confessò a Maupertuis; e scrisse in questo senso al suo terribile persecutore, promettendo di cogliere la prima occasione per riparare al proprio torto. Cosa che fece nella *Storia dell'Accademia per il 1734*, dove citò il brano della lettera di Pascal e di Roberval a Fermat sulla gravità. [...] Si vede da queste lettere che Montesquieu ha conosciuto personalmente Newton, durante il suo primo viaggio in Inghilterra. Possiedo alcune lettere che ha scritto allora, e le risposte di Newton e anche delle lettere di Newton a Fontenelle e a Desmaizeaux, relative a tale visita di Montesquieu.

LETTERA DI MONTESQUIEU A FONTENELLE [L11.2]

12 gennaio

Ho letto il vostro elogio del cavalier Newton; l'ho riletto. Siete stato generoso: gli inglesi devono avervi in grande stima [...]. Ho conosciuto personalmente (il sig. Newton), come anche voi l'avete conosciuto; e sapete che non si coglieva per niente nella sua persona questa grande sagacità che gli si attribuisce. Aveva anche qualcosa di languido nel suo sguardo e nei suoi modi che non davano una grande idea di lui. Non è il caso che vi dica di più, se non che sono stato stupito che nella storia che ne avete fatto non parliate di certi fatti che sono noti a tutti [...].

LETTERA DI MONTESQUIEU A FONTENELLE [L11.3]

Il 22 marzo

Vi ho detto, signore, che ho avuto occasione di vedere il cavalier Newton poco tempo prima della sua morte e che ho avuto con lui un colloquio molto lungo; e che non ho notato in lui altra cosa che un uomo molto ordinario, per non dire inferiore [...]. Notai che non mi parlava di Pascal e che, avendo io pronunciato più volte questo nome, cambiava argomento. Poiché questo mi parve strano, tornai alla carica: ma mi accorsi che questo lo disturbava. Non insistetti oltre. Ma volli avere l'ultima parola in questo. Ne parlai a un amico che me ne spiegò la ragione.

LETTERA DI MONTESQUIEU A FONTENELLE [L11.4]

Lunedì

Signore, ho ricevuto la vostra lettera in risposta a quella che vi ho mandato a proposito dell'elogio che avete fatto del Sig. Cav. Newton. Accetto le vostre scuse. È vero, signore, che altre volte ebbi delle lodi in favore di questo preteso scienziato inglese, ma l'ho fatto alla luce di informazioni che mi erano giunte. Quando più tardi ho avuto l'occasione di conoscere l'uomo e di giudicarlo da me stesso, e soprattutto dopo aver saputo, non per sentito dire, ma attraverso prove autentiche che non era altro che un plagiario, che i libri che si attribuisce sono stati fabbricati con materiali altrui, avendo saputo infine delle sue soperchierie, tutto ciò fu causa del mio cambiamento di opinione al suo riguardo: e se mi sono permesso di scrivervi con una certa animosità, è perché ho saputo nello stesso tempo che non ignorate queste soperchierie e che le conoscete da lungo tempo. Mi sembra che sarebbe onesto ed equo soprattutto non fare così grandi elogi d'una persona quando si sa che non li merita. Ecco, signore, il motivo per cui mi sono permesso di scrivervi una sorta di rimprovero. Con questo non sono di meno, signore, il vostro umilissimo, devotissimo e obbedientissimo servitore, Montesquieu.

LETTERA DI FONTENELLE A MONTESQUIEU [L11.5]

Sabato

Signore, Vi ho già fatto conoscere le ragioni per le quali ho dovuto astenermi, nell'elogio di Newton, dal dire cose che avrebbero potuto ferire, non solo i suoi compatrioti, ma i suoi numerosi partigiani tra i quali si trovano molti francesi, dato che era di un elogio che ero stato incaricato di fare. Voi conoscete troppo bene le leggi della cortesia per non comprenderlo. Inoltre, anche se ho un po' superato i limiti, non ritengo che il male sia grande come potete figurarvelo. Del resto, dovete ben pensare che in questa circostanza non avrei dovuto ricordare e nemmeno fare allusione alla querelle sorta una volta e che sembrava dimenticata, e che era stata cancellata e perdonata dopo quindici anni; ciò sarebbe stato inopportuno da parte mia. Voi stesso in fondo al vostro cuore mi avreste disapprovato, ne sono certo. Spero dunque che vi degnerete di scusarmi in considerazione delle circostanze in cui mi trovavo quando feci questo elogio. In un altro momento e quando se ne presenterà l'occasione, riparerò al torto che ho potuto fare ai nostri compatrioti, ammesso che torto vi sia stato, in modo da soddisfare il vostro desiderio. Non vi dirò altro per oggi.

Sono, Signore, il vostro umilissimo e obbedientissimo servitore, Fontenelle.

Al Sig. Montesquieu

Lettera di Fontenelle a Maupertuis [L11.6]

Parigi, il 24 marzo

Signore, vedo con piacere che siete partigiano del sistema di Newton, e mi congratulo con voi per essere stato tra i primi a farlo conoscere in Francia. Anch'io sono partigiano di questo sistema perché lo ritengo il più vicino alla verità. Ma abbiamo contro un fiero avversario, vale a dire M. de Montesquieu, che fino a non molto tempo fa tesseva gli elogi del Cav. Newton e, improvvisamente, mediante una virata di opinione, si è messo non solo contro il sistema newtoniano, ma contro la persona di Newton. Sembra che abbia saputo certe cose, almeno questo è ciò che mi ha dato a intendere. Credo che sia disposto a divulgarle e desidero avvertirvi affinché non ne siate sorpreso. Se poteste farmi visita, potremmo parlare di questo. Sembra molto irritato per l'elogio che ho fatto del Cav. Newton. Credo che per calmarlo sarà necessario fare qualche concessione; da parte mia ne sono disponibile, allorché se ne presenterà l'occasione. Infine, venite da me e ne potremo parlare. Sono, Signore, il vostro umilissimo e obbedientissimo servo, Fontenelle.

Al Sig. di Maupertuis

Dopo l'intervento di Chasles, prende la parola Le Verrier che lamenta l'uso di espressioni troppo vivaci nei confronti di M. Bréton e osserva che non sembra giustificato accusarlo di perseguire un falso scopo quando, dopo aver detto che si troveranno sicuramente altre fonti da cui ha attinto il falsario, ha indicato che una delle pretese lettere di Montesquieu è stata copiata in parte dall'elogio di Newton di Fontenelle.

L'interpretazione opposta (che sia stato Fontenelle a copiare dalla lettera di Montesquieu) presenta una difficoltà che M. Chasles potrebbe togliere immediatamente. Infatti, essendo Newton morto nel 1727, Fontenelle ne scrisse l'elogio nel 1729. Fu solo il 31 ottobre di quell'anno che Montesquieu si è imbarcato a La Haye per l'Inghilterra, ed è ritornato in patria nel 1731. E sarebbe solo dopo il suo ritorno che avrebbe mandato a Fontenelle la lettera in questione. Come avrebbe potuto Fontenelle copiare nel 1727 o nel 1728, e darla alle stampe al più tardi nel '29, una lettera che Montesquieu avrebbe potuto scrivere solo due anni dopo?

La risposta di Chasles a questo limpido interrogativo arriva nella seduta della settimana successiva (10 maggio 1869) e introduce un clima nuovo nella vicenda, in cui un letterato potrebbe riconoscere gli elementi peculiari dei romanzi della Primula rossa:

> Poiché i biografi parlano solamente di un viaggio che Montesquieu ha fatto in Inghilterra nell'ottobre del 1729, M. Le Verrier sembra credere che non abbia potuto farne altri prima di quella data. Ebbene, è in errore. Anzitutto Montesquieu ha fatto un viaggio in Inghilterra per conoscere personalmente Newton, qualche tempo prima della sua morte, giunta nel marzo del 1727, come si ricava dalle lettere che ho presentato nell'ultima seduta; poi ha compiuto, nei primi mesi del 1728, un viaggio molto breve allo scopo di venire in possesso di certi documenti e altre prove delle relazioni che ci sono state tra Newton e Pascal. È questo che dimostrano le lettere che sottopongo ora all'Accademia. Questa lettere non sono solo di Montesquieu, ma anche di Bernoulli che gli consiglia di fare questo viaggio, gli suggerisce come comportarsi per ottenere i documenti che cerca e gli indica due possibili fonti; di Fontenelle che avverte Maupertuis di aver avuto notizia di questo viaggio in incognito di Montesquieu; e di Maupertuis stesso a Fontenelle. Non vi sarà più alcun dubbio a questo proposito, senza che debba, penso, produrre altri documenti. Limiterei qui la mia risposta al mio eminente contraddittore.

LETTERA DI BERNOULLI A MONTESQUIEU [L11.7]

20 gennaio 1728

Signore, ciò che vi ho detto in uno dei nostri colloqui è la pura verità. Credetemi. Sì, il fu Newton si è servito di lavori altrui per confezionare i suoi libri. Ne ho avuto le prove tra le mani. Ma dove sono finite queste prove? Non ne so niente. Tutto ciò che posso dirvi è che se ne devono trovare a Londra nell'ufficio di M. des Maizeaux, il *factotum* di Newton. Ma è molto difficile venirne in possesso senza ricorrere a uno stratagemma. Avete degli amici a Londra; è necessario farli agire. È per questo che vi suggerirei di farvi ritorno *in incognito*, se vi fosse possibile, in modo da trovare il modo di venire introdotto presso M. des Maizeaux, ovvero di farvi introdurre in compagnia di un amico, senza dire il vostro nome. E una volta presso di lui, nel conversare potreste senza dubbio sapere qualche cosa, soprattutto attraverso l'adulazione: è attraverso di questa che si guadagna la fiducia di M. des Maizeaux. In realtà vi è anche un altro mezzo attraverso il quale trovare documenti. Vale a dire informarvi su dove sono finite le carte di M. Robert Boyle. Questo scienziato era anche in relazione con Pascal. E so di aver sentito dire una volta che vi sono delle lettere molto preziose di quest'ultimo a M. Boyle. Ecco, signore, i consigli che posso darvi e spero che vi siano utili, per mettere in chiaro ciò che volete sapere.

Sono, signore, il Vostro umilissimo e obbedientissimo servitore, J. Bernoulli

Al Sig. di Montesquieu

Lettera di Maupertuis a Fontenelle [L11.8]

Il 2 luglio

Subito dopo il mio arrivo a Londra ho presentato le vostre lettere ai Sigg. della Società Reale delle Scienze, che le hanno ricevute con molta deferenza, e mi hanno testimoniato la loro soddisfazione. Mi sono poi presentato al Cav. Newton, che mi è parso anche lui molto soddisfatto di avere vostre notizie. Ci siamo a lungo intrattenuti su di voi. Ma permettetemi di dirvi, tra di noi, che non è per niente l'uomo che mi aspettavo di incontrare. Non emerge dalla sua aria, dai suoi modi, e neppure dal suo parlare, quella sagacia e quell'alta scienza che gli vendono attribuite. Vi è anche qualcosa di languido nel suo sguardo e nei suoi modi, che non trasmette una grande idea di lui. Vi ha scritto che la sua salute è interamente ristabilita. Spero che lo sia anche la sua serenità. Ma, dato il suo carattere, faccio fatica a crederlo. Temo che sia per sempre vittima di un amor proprio sproporzionato. Allorché gli ho parlato di Cartesio e di Pascal, si è rinchiuso in se stesso, come se avessi toccato una corda sensibile. Si è alzato e si messo a passeggiare in lungo e in largo per la stanza. L'espressione non era più la stessa. E non saprei perché. Vedendo ciò, mi sono scusato con lui, e mi sono ritirato promettendo di tornare a fargli visita: cosa che mi propongo di fare; e ve ne terrò informato.

Mi sono anche presentato a M. des Maizeaux. Era in compagnia di alcune persone. Non ho potuto trattenermi a lungo con lui. Ma mi ha fatto promettere di tornare a trovarlo; cosa che mi propongo di fare. Non ho altro da raccontarvi per oggi.

Signore, vogliate scrivermi il più presto che potrete, e di tenermi al corrente di ciò che avviene non solo nella nostra Accademia, ma di ciò che verrete a sapere della repubblica delle lettere. Sono, Signore, il vostro umilissimo e obbedientissimo servitore e confratello.

Maupertuis
Al Sig. de Fontenelle

L'Accademia prende posizione

Dopo due anni di discussioni, l'accademia giunse alla determinazione di affidare a uno dei suoi membri più prestigiosi, Urbain Le Verrier, il compito di porre termine alla diatriba innescata dai documenti di Chasles.

Il suo intervento, del 21 giugno 1869, ha lo scopo di fissare i termini del dibattito, ma anche di riaffermare gli scopi e lo spirito dell'Accademia. L'inizio, infatti, è un richiamo alla sua storia e al suo carattere sovranazionale:

> L'Accademia delle Scienze dell'Istituto di Francia sceglie otto dei suoi membri titolari fra gli scienziati più rinomati di tutto il mondo. Questi illustri stranieri, divenuti nostri confratelli, godono degli stessi diritti dei Membri nazionali; e hanno voce deliberativa nelle questioni scientifiche. L'alta considerazione dei nostri Soci, l'importanza eccezionale che l'Accademia attribuisce alla loro scelta e il favore che si attribuisce al Socio straniero fanno di questa regola della nostra istituzione, uno dei nostri più preziosi privilegi. In questo modo si trova consacrata l'opera dell'Accademia in campo scientifico in tutti i paesi civili del mondo. L'Accademia non ha sempre goduto di questo privilegio. Ma quando le fu concesso, nel 1699, scelse di farne il primo impiego associando Newton. I nostri predecessori gli scrivevano: Voi, Signore, siete per ciò diventato dei nostri; e la vostra gloria è ormai quella della nostra Società. Ed è stato a questo titolo che nell'anno 1727, essendo morto Newton, il suo elogio fu letto in questa sede dal Segretario perpetuo dell'Accademia, Fontenelle. Ricordiamo due passaggi di questo elogio:

> «Per imparare le Matematiche, [Newton] non studiò Euclide, che gli sembrava troppo elementare, troppo semplice, che non valesse la pena di perdervi tempo; lo conosceva quasi prima ancora di averlo letto, e un colpo d'occhio sull'enunciato dei teoremi era sufficiente per dimostrarli. Saltò subito a trattati come la *Geometria* di Cartesio e l'*Ottica* di Keplero.

Potrebbe valere per lui ciò che Lucano disse del Nilo, di cui gli antichi non conoscevano la sorgente, *che non è stato dato agli uomini di vedere il Nilo esile e nascente*».

«Nel 1687 Newton si decise a rivelarsi, e a rivelare ciò che era: comparirono i *Principi Matematici della Filosofia Naturale*. Questo libro, nel quale la più profonda geometria serve da base a una fisica del tutto nuova, non ebbe immediatamente tutto il successo che meritava e che avrebbe avuto un giorno. Poiché è scritto in modo molto profondo, e le parole usate con parsimonia, e assai spesso le conseguenze scaturiscono rapidamente dai principi, tanto che si è costretti a riempire di persona la distanza tra i due, fu necessario che il pubblico avesse il tempo di comprenderlo. I grandi geometri vi arrivarono solo dopo averlo studiato con attenzione, i mediocri vi si imbarcarono solo perché incoraggiati dalla testimonianza dei grandi, ma alla fine, quando il libro fu conosciuto a sufficienza, tutti i riconoscimenti, che si era guadagnato tanto lentamente, si diffusero ovunque e costituirono un unico grido di ammirazione».

Fontenelle e gli accademici che lo applaudivano non avrebbero mai potuto prevedere che centoquarant'anni più tardi una voce contraria si sarebbe levata vivace, ardente e che, nello stesso consesso, i diritti di Newton sarebbero stati contestati. Avvalendosi di documenti di origine ignota, che si sostengono reciprocamente, ma contraddetti da tutti i documenti autentici, si pretende oggi di rivoluzionare la storia della scienza, e di togliere Newton e Huygens dal piedistallo sul quale sono stati posti dai loro contemporanei. Nell'interesse, si assicura, della gloria di Pascal e di Galileo; come se questi grandi uomini non fossero già ricchi di fama per proprio conto, senza che sia necessario aggiungere nulla a spese della giustizia e della verità.

Non si tratta quindi di una questione di suscettibilità nazionale. La scoperta della gravitazione, dice Padre Secchi, italiano, interessa tutto il genere umano, desideroso di sapere come l'intelligenza sia arrivata a scoprire una verità così profonda.

L'Accademia delle Scienze non poteva restare indifferente di fronte a un tale conflitto. Da quando è cominciato, ha dato incarico a una commissione speciale di occuparsene, che non poté assolvere al suo mandato nei termini iniziali. Infatti la situazione è mutata. È stato pubblicato un gran numero di documenti, la controversia si è allargata e disponiamo ormai dei mezzi necessari per esprimere un'opinione definitiva. Sono l'esame scrupoloso dei documenti e i sunti dei dibattiti che ci proponiamo di portare davanti all'Accademia, allo scopo di arrivare a una conclusione da cui la verità risulti, noi ne siamo convinti, solidamente stabilita. È nostra intenzione limitarci ai soli interessi astronomici; e, anche così limitata, la discussione sarà tuttavia assai complessa. In effetti, questa si è sviluppata per due anni davanti all'Accademia e si trova sparsa in quattro volumi dei nostri «Comptes rendus», di cui occupa più di quattrocento pagine. Spesso le stesse questioni sono state riprese più volte; ed è stato solo attraverso un esame attento ed eliminando ogni polemica che è stato possibile analizzare e giudicare i fatti seriamente.

Attraverso un breve riassunto della vicenda, preciseremo lo stato presente del dibattito. Tratteremo nel seguito alcune questioni che, pur non essendo di astronomia, richiedono di essere esaminate, al fine di esprimersi sui fatti scientifici. Alcune di esse presentano aspetti che, dagli spiriti più giudiziosi, saranno giudicati decisivi. Solo alla fine passeremo all'esame delle questioni scientifiche.

La memoria che Le Verrier presenta all'Accademia è divisa in sei capitoli così suddivisi:

- CAP I dedicato allo stato presente della questione;
- CAP II dedicato alla delicata questione delle relazioni tra Pascal e Newton e all'autenticità dei documenti;
- CAP III dedicato al problema della provenienza dei documenti;
- CAP IV dedicato ai (pretesi) scambi epistolari fra Pascal e Galileo e alla cecità di quest'ultimo;
- CAP V dedicato al problema della scoperta del primo satellite di Saturno;
- CAP VI dedicato alla questione delle masse dei pianeti, alla gravità in superficie e alla loro densità.

Le Verrier cominciò a esporre la sua relazione nella seduta del 21 giugno, proseguì nelle sedute del 5 e del 12 luglio e la concluse il 26 dello stesso mese. Il primo capitolo della memoria di Le Verrier, dedicato a una rapida disamina dello sviluppo della questione, occupa più di cinque pagine dei «Comptes rendus». Fa osservare che, dopo l'intervento di Chasles nella seduta del 29 luglio 1867,

l'illusione non è più permessa. Se fino ad allora avremmo potuto credere che fossero in discussione solo i diritti della priorità di Newton nella scoperta dell'attrazione universale, diventa evidente che M. Chasles intende andare oltre e che accusa risolutamente Newton d'aver preso conoscenza delle leggi dell'attrazione gravitazionale dalle lettere inedite di Pascal e di aver sottratto scientemente al geometra francese la gloria che gli apparteneva e che noi abbiamo oggi il dovere di restituirgli.

Sarebbe stato difficile parlare più chiaramente. I documenti presentati da Chasles nelle sedute dell'ottobre del 1867 hanno spostato ancora i termini del dibattito. Dalle pretese lettere di Galileo, Boulliau, Huygens risulterebbe infatti che:

- Galileo avrebbe già avuto l'idea che l'ellisse di Keplero potesse essere conseguenza del fatto che la forza è inversamente proporzionale al quadrato della distanza, e avrebbe comunicato questa idea a Pascal;
- Galileo avrebbe mandato a Pascal delle osservazioni astronomiche da lui stesso effettuate, e degli scritti di Keplero, sui quali Pascal avrebbe basato il suo lavoro;
- Galileo avrebbe scoperto dei satelliti di Saturno prima di Huygens;
- Galileo avrebbe progettato un potente strumento; ma, poiché la sua vista si indeboliva, l'avrebbe mandato a Pascal, che, a sua volta, l'avrebbe fatto pervenire a Huygens. Sarebbe grazie a queste risorse che Pascal avrebbe compiuto i suoi lavori; tra i quali la determinazione delle masse di Giove, Saturno e della Terra; cosa di cui Galileo si felicita in una lettera del 7 giugno 1641 [L7.3] nella quale lo scienziato fiorentino, in modo che non se ne possa dubitare, ripete i valori delle masse e delle densità che Pascal aveva determinato.

Per quanto riguarda il rapporto fra Galileo e Newton, e l'attendibilità dei documenti, Le Verrier fa osservare che, stando alla raccolta di Chasles, diciannove persone (almeno) erano a conoscenza (e ne hanno scritto) della relazione tra Pascal e Newton, e ne avrebbero dato notizia a numerosi corrispondenti. Tra queste vi erano Luigi XIV, il re Giacomo, Boyle, Hooke, Desmaizeaux, Mme Périer, l'abate Périer, Boulliau, Clerselier, Fontanelle, Gassendi, Huygens, de Jancourt, Jordan, Labruyere, Malebranche, Mariotte, Remond, Rohault, Saint-Evremond.

Anche ammettendo la veridicità dei documenti e la loro originaria ripartizione in tante mani, come credere che nessuna di queste sia mai arrivata ai collezionisti? Possibile che non ne sia rimasta traccia né in Inghilterra né in Francia, sia nei manoscritti che nelle pubblicazioni? E che tante persone abbiano osservato un inspiegabile silenzio su tutto questo?

Le Verrier conclude che l'affermazione che vi sia stata una corrispondenza tra Pascal e Newton non poggia su niente, oltre ai documenti della raccolta di Chasles; e questi restano in un isolamento totale.

Per quanto riguarda l'autenticità dei documenti, Le Verrier lamenta l'atteggiamento di Chasles che rifiuta gli esperti di scrittura perché non sono scienziati e gli scienziati perché non esperti di scrittura. I componenti della commissione hanno confrontato i documenti presentati da Chasles con quelli (autentici) pubblicati da Faugère e il loro parere è contro la loro autenticità. Se poi si prende in esame lo stile, anche questo depone contro l'autenticità degli scritti. Per esempio, la parola *iniziare*, nel senso di *avviare a qualche cosa*. Si trova negli scritti di Pascal: «Fu Galileo che per primo mi *iniziò* a questa idea [...]», «Cartesio mi *iniziò* alle esperienze sulla pesantez-za dell'aria...». Ma anche Montesquieu: «Un'idea nuova circa la causa del peso a cui già Newton era stato *iniziato* da Pascal [...]»; e persino Newton: «Sono stati i francesi che mi hanno *iniziato* al culto delle scienze [...]».

Chasles sostiene che gli errori di stile erano molto comuni nella corri-spondenza famigliare dell'epoca, tuttavia Le Verrier fa notare delle singo-lari coincidenze:

> Se questa locuzione sbagliata: *iniziare* a una idea, a delle esperienze, al culto delle scienze, si fosse trovata sotto la penna di un inglese non sa-rebbe stato il caso di meravigliarsi. Ma se si presenta identica sotto la penna di tre inglesi; e se la utilizzano anche due dei più grandi scrittori francesi, Pascal e Montesquieu, si è indotti a pensare che questa quin-tupla coincidenza tra scrittori di nazionalità diversa tradisca un'origi-ne unica e più che sospetta [...]. L'esame dello stile attribuito a Pascal, Montesquieu, ecc., conduce dunque a pronunciarsi contro l'autenticità di questi documenti.

Per quanto poi riguarda la provenienza dei documenti, può far meraviglia il fatto che le numerose lettere di persone diverse si trovino raccolte insieme alle lettere che Newton riceveva dai suoi amici. La risposta data da Chasles è stata la seguente: Newton cercava, alla morte dei suoi amici, di recupe-rare le lettere che avrebbe loro indirizzato. Insistette presso Mme Périer e l'abate Périer per ottenere le lettere che avrebbe mandato a Pascal, e lo stesso fece con Mariotte e Malebranche. Una lettera attribuita a Labruyere parla addirittura di un viaggio che Newton avrebbe fatto in incognito per cercare di recuperare certi suoi manoscritti a cui teneva molto. Tuttavia, alla Commissione non interessava tanto la provenienza remota dei docu-menti, quanto quella recente: informazioni su di essa avrebbero aiutato a esprimere un giudizio sulla loro autenticità.

Sfortunatamente, Chasles dichiarò fin dall'inizio che non avrebbe fornito alcuna informazione a proposito della provenienza recente della sua raccolta; e nulla si poté fare contro questa decisione. La Commissione avrebbe anche desiderato che Chasles mettesse a disposizione la collezione *completa* dei documenti, in modo che ogni questione fosse trattata avendo riguardo all'intera raccolta. Ma anche a proposito di questo Chasles aveva opposto un rifiuto.

> Questo lungo processo che, dopo due anni, viene istruito davanti all'Ac-cademia, ed ha mutato continuamente terreno, non sarebbe stato così oscuro, se i documenti non fossero stati prodotti un poco alla volta. Concluderemo questo primo punto richiedendo di nuovo la conoscenza della provenienza *ultima* dei pezzi della raccolta. Se la famiglia che li ha

forniti è onorevole come pensa Chasles, non lascerà più a lungo i nostri venerati confratelli nella necessità di assistere a un silenzio misterioso. Altrimenti, avremo il diritto di pensare che vi siano, per restare nascosti, ragioni che penetreremo forse in parte.

Ma l'elemento veramente nuovo era stato introdotto nella seduta del 12 aprile 1869 dall'ingegner Paul Bréton che aveva indicato l'opera settecentesca da cui erano stati estratti i brani presenti nei documenti presentati: l'*Histoire des Philosophes Modernes* di Savérien. Le Verrier compie una minuziosa analisi dei due testi che pone a confronto:

TESTO DI SAVÉRIEN, tomo IV, p. 36

Il sistema del mondo di Newton

I. Le osservazioni astronomiche ci insegnano che tutti i pianeti si muovono su una curva intorno al centro del Sole, che vengono accelerati nel loro movimento man mano che si avvicinano a questo globo, e che vengono ritardati man mano che se ne allontanano; in modo tale che un raggio tirato da ogni pianeta verso il Sole, descrive aree o degli spazi uguali in tempi uguali. Ma affinché questi grandi corpi descrivano questa curva intorno al Sole, è necessario che siano animati da una potenza che pieghi la loro strada in una curva e che questa sia diretta verso il Sole stesso; e poiché questa potenza varia sempre nello stesso modo della gravità dei corpi che cadono sulla Terra, si deve concludere che non è cosa diversa dalla gravità stessa dei pianeti verso il Sole. Dal che segue, secondo la teoria della gravità, che la potenza del peso dei pianeti aumenta come il quadrato della distanza dal Sole diminuisce. [NOTA (1.2)]

II. Da questo ragionamento discende che la potenza che agisce su un pianeta più prossimo al Sole è evidentemente più grande di quella che agisce su un pianeta più lontano [...]; e poiché il raggio della sua orbita è quattro volte minore del raggio del pianeta più lontano, la sua orbita sarà quattro volte più curva. [NOTA (2.16)]

Ma se la velocità del pianeta è doppia di quella di un altro, e la sua orbita quattro volte più curva della sua [...] confrontando così i moti di tutti i pianeti, si trova che le loro gravità diminuiscono come i quadrati delle loro distanze dal Sole aumentano. [NOTA (2.16)]

Si può ipotizzare e anche inferire da ciò che vi è una potenza simile alla gravità dei corpi pesanti sulla Terra, che si estende dal Sole a tutte le distanze [...].

Non potrebbero avere il movimento regolare che hanno, se non fossero soggetti all'azione della stessa potenza a cui è in preda il pianeta intorno al quale fanno la loro rivoluzione. [NOTA (2.21)]

III. Concludiamo dunque che la gravità agisce su tutta la massa dei corpi egualmente, e che è una proprietà inerente alla materia [...]. Così è possibile ritenere tutte le potenze del sistema del mondo dirette verso il loro centro d'azione, determinando la proporzione della quantità di materia dei corpi celesti a quella della nostra Terra, mediante le regole seguenti. [NOTA (2.8)]

IV. Si conosce la potenza della gravità sulla Terra, attraverso la caduta dei gravi, [...]. Si può determinare la proporzione della gravità di un pianeta verso il Sole e di un satellite verso il pianeta, alla gravità della Luna verso la Terra, alle loro rispettive distanze. [NOTA (1.3)]

V. A questo scopo, in conformità alla legge generale della variazione della gravità, basta calcolare le forze che agirebbero su questi corpi a distanze uguali dal Sole, di Giove, Saturno e la Terra, e queste forze danno la proporzione di materia contenuta nei diversi corpi. È da questi principi che si ricava che la quantità di materia del Sole, Giove, Saturno e della Terra, stanno tra loro come i numeri

$$\frac{1}{1067}, \ \frac{1}{3021}, \ \frac{1}{169\,282} \qquad [\text{NOTA } (1.4)]$$

VI. Avendo così determinato la proporzione delle quantità di materia contenute in questi corpi, essendo i loro volumi noti dalle osservazioni astronomiche, si calcola facilmente quanta materia ciascuno di essi contiene in uno stesso volume; il che dà la proporzione delle loro densità, che si esprime mediante i numeri: 100, 94½, 67 e 400. [NOTA (2.19)]

VII. Pertanto la Terra è più densa di Giove, e Giove più denso di Saturno; cosicché i pianeti più prossimi al Sole sono i più densi. Si trova ancora mediante queste regole che la proporzione della forza di attrazione ovvero gravitazione reciproca del Sole, di Giove e della Terra sulle rispettive superfici è in ragione dei numeri 10 000, 943, 529, 435 rispettivamente, il che mostra che la forza della gravità verso questo corpi molto diversi tra loro si avvicina molto all'eguaglianza alla loro superfici; tanto che, quantunque Giove sia molte centinaia di volte più grande della Terra, la forza della gravità sulla sua superficie è solo poco più del doppio di quello che è sulla superficie della Terra; e la forza di gravità sulla superficie di Saturno è solo circa di un quarto più grande di quella dei corpi terrestri. [NOTA (1.17)]

VIII. Non è solo a una potenza attrattiva che i corpi celesti sono in preda: sono anche legati a un movimento o a una forza di proiezione, che li fa circolare intorno al Sole, e che combinata con la forza attrattiva, li costringe a descrivere un'ellisse, di cui questo astro occupa il fuoco. [NOTA (2.15)]

IX. Questa forza di proiezione, che si chiama forza centrifuga, varia continuamente [...] ma la forza centrifuga prodotta dal movimento circolare intorno al Sole aumenta in proporzione maggiore. [Nota (2.10)]

X. Poiché la gravità prevale nella parte più lontana dal Sole, fa avvicinare il pianeta a questo astro; [...] e sotto la loro azione, il pianeta compie continuamente la sua rivoluzione dall'uno all'altro dei suoi due punti estremi della sua orbita. [Nota (2.22)]

XI. È così che mediante la teoria della gravitazione e della forza di proiezione ovvero centrifuga, si spiega il movimento dei pianeti [...]. L'azione di queste due forze è soprattutto sensibile sulla Luna, che è satellite della Terra. [Nota (2.23)]

XII. L'orbita di questo satellite e il suo moto cambiano continuamente man mano che si avvicina o si allontana dal Sole; ed è molto difficile determinare queste variazioni. Poiché sono più note di quelle dei satelliti di Giove e di Saturno, *basterà esporre* la teoria della Luna affinché si possa giudicare quella di questi satelliti. [Nota (2.24)]

XIII. Oltre ai pianeti e ai satelliti, si osservano, di tempo in tempo, dei corpi dotati di movimenti molto irregolari, che si chiamano comete, anch'esse in preda alle forze centripeta e centrifuga. La loro orbita non è un'ellisse come quella dei pianeti, ma una parabola, o almeno un'ellisse molto eccentrica, che ha il fuoco nel centro del Sole. È necessario, per determinare la strada di queste comete, fare qualche osservazione per accertare il loro moto e si trova che la legge della gravitazione vale per loro come per tutti i pianeti. [Nota (2.26)]

XIV. Ma questa legge sembra essere osservata più esattamente nel moto della Terra. Poiché questo globo ha una rotazione diurna intorno al proprio asse, si osserva che la gravità delle parti sotto l'equatore viene diminuita dalla forza centrifuga prodotta dalla sua rotazione; che la gravità delle parti dall'una o dall'altra dell'equatore è meno diminuita a misura che diminuisce la velocità di rotazione; che la forza centrifuga che ne risulta, agisce meno direttamente contro la gravità di queste parti e che la gravità sotto i poli non viene per nulla influenzata dalla rotazione. [Nota (2.18)]

Da ciò segue che un corpo sotto l'equatore perde almeno $1/289$ della sua gravità, e che l'equatore dev'essere di conseguenza $1/289$ volte almeno più alto dei poli. E calcolando mediante questi principi le dimensioni dei due assi o diametri della Terra, si trova che il diametro all'equatore sta al diametro ai poli come 230 sta a 229, come si apprende, all'incirca, dalle osservazioni astronomiche. [Nota (2.25)]

Si constata, a prima vista, che il testo di Savérien costituisce non solo la sostanza, ma il testo completo della maggior parte delle note relative al sistema del mondo, presentate all'Accademia come dovute a Pascal. Ma due altri prestiti ricavati da Savérien, attirano l'attenzione:

TESTO DI SAVÉRIEN, p. 11

Passarono alcuni anni senza che (Newton) avesse l'idea di verificare il suo calcolo. Non pensava neanche più a questo, allorché M. Hooke gli suggerì di studiare secondo quale traiettoria scende un corpo che cade da un luogo elevato, tenendo conto al movimento della Terra intorno al suo asse. Poiché tale corpo è animato dal medesimo moto che luogo da cui cade possiede per una rivoluzione della Terra, dev'essere considerato come se venisse lanciato in avanti e nello stesso tempo attirato verso il centro della Terra. Questa ricerca aveva molto in comune con il moto della Luna. Fece facilmente questa osservazione, e naturalmente fu indotto a riprendere il suo lavoro sul moto di questo satellite. Per procedere in sicurezza, non volle stabilire alcun principio, né fare alcuna ipotesi: consultò la natura stessa, seguì con cura il suo modo di operare e non volle scoprire i suoi segreti se non attraverso esperienze scelte e ripetute. Ben saldo nel suo progetto [...]. [L2.6]

Per ciò che afferma in questo brano, Savérien ha dalla sua parte la testimonianza di Henry Pemberton, contemporaneo di Newton che, in una sua storia della scoperta dell'attrazione gravitazionale, afferma:

Qualche anno dopo, una lettera del dott. Hooke lo indusse a cercare quale sia la vera curva descritta da un grave che cade e che è trascinato dal moto dalla Terra sul suo asse. Fu un'occasione per Newton di riprendere le sue idee sulla teoria della Luna.[1]

Appare difficile sostenere che Savérien abbia scritto queste cose, avendo in mano uno scritto di Newton in cui riconosce di aver ricevuto le idee da Pascal: equivarrebbe ad ammettere che lui (francese) l'abbia scientemente ignorato per attribuirne il merito a un inglese. Ma la cosa più curiosa è quella che si ritrova nella lettera di Pascal a Boyle datata 2 gennaio 1655:

Le attrazioni della gravità, del magnetismo e dell'elettricità si estendono fino a distanze molto notevoli. È per questo che sono state osservate dagli occhi volgari. Ci possono essere altre attrazioni che si estendono a piccole distanze che sono sfuggite fino ad ora alle nostre osservazioni. E può essere che l'attrazione elettrica possa estendersi a questo tipo di piccole distanze anche senza essere suscitata dallo strofinamento. [L1.2]

---

1. Lalande, Joseph-Jérôme Lefrançois de, *Traité d'Astronomie*, t. III, art. 3526.

L'intero brano è copiato dall'opera di Savérien; ma lo stesso autore ci informa di averlo ricavato dall'*Ottica* di Newton:

> The attraction of gravity, magnetism and electricity, reach to very sensible distances and so have been observed by vulgar eyes; and there may be others which reach to so small distances as hitherto escape observation; and perhaps electrical attraction may reach to so small distances, even without being excited by friction.[2]

Se queste sono le sue parole, dovremmo ammettere che, nel mezzo di una lunga dissertazione filosofica, Newton abbia inserito la traduzione di un brano di Pascal. Ma non basta. La prima traduzione francese dell'*Ottica* di Newton, pubblicata tra il 1720 e il 1721, fu opera di Pierre Coste. Ebbene la traduzione francese del brano citato coincide esattamente con il testo attribuito a Pascal. Dovremmo concluderne che anche Coste fosse in possesso della lettera del filosofo francese. La conclusione a cui arriva Le Verrier non lascia adito a dubbi:

> Risulta stabilito che una parte delle note presentate come dovute a Pascal erano copiate dall'opera di Savérien […]. Ho garantito a M. Bréton che, se avesse proseguito le sue indagini nei vecchi libri di fisica a partire all'incirca dal secolo scorso, avrebbe senza dubbio trovato i testi da cui sono stati estratti gli altri documenti redatti in francese arcaico. Le pazienti ricerche in cui si è impegnato M. Bréton sono state coronate da successo. Altri diciotto dei brani attribuiti a Pascal sono copiati da un'opera che porta il titolo: *Dissertation sur l'incompatibilité de l'attraction et de ses différentes lois avec les phénomenes;* del padre Giacinto Gerdil, barnabita, professore di filosofia morale presso la Reale Università di Torino e l'Istituto di Bologna, pubblicato a Parigi nel 1754.[3]

Che anche il nome di questo barnabita, morto nel 1802, venisse tirato in ballo era una cosa che nessuno poteva aspettarsi. Giacinto Gerdil, che godeva della stima e della protezione del famoso cardinal Lambertini (papa con il nome di Benedetto XIV), fu professore di filosofia morale all'Università di Torino. Si occupò di fisica celeste dal punto di vista filosofico e si sforzò di dimostrare l'incompatibilità della teoria di Newton con il quadro fenomenico, ripercorrendo, per così dire, un cammino che già avevano battuto, ma con maggior successo, gli avversari di Galileo un secolo prima.

L'esame dell'opera di Gerdil, annunciato da Le Verrier nella seduta

---

2. Newton, Isaac, *Optics: or a Treatise of the Reflections, Refractions, Inflections and Colours of Light, London, 1704,* libro III, question 31.

3. Gerdil, p. Giacinto Sigismondo, *Dissertation sur l'incompatibilité de l'attraction et de ses différentes lois avec les phénomenes,* Paris 1754.

del 5 luglio, venne compiuto in quella del 12. Riportiamo alcuni brani del testo del cardinal Gerdil:

> La forza dell'argomentazione consiste in questo, che lo sforzo ovvero la tendenza al movimento, che dimostro essere l'effetto immediato dell'attrazione della Terra sul grave, è assolutamente la stessa, sia che il corpo cada perpendicolarmente, sia che scenda lungo un piano inclinato. Ora, poiché in quest'ultimo caso vi è solo una parte di questo sforzo impiegata a produrre un movimento attuale, bisogna che il resto si eserciti a produrre una pressione contro il piano, dal che segue che la pressione che si esercita al primo istante della caduta è l'effetto immediato di questo sforzo, e non della velocità iniziale decomposta. Cosa che appare anche da questa ragione, che la pressione sul piano è tanto più forte quanto più il piano è inclinato, e la velocità iniziale di conseguenza minore. Basta che la cosa si ripeta uguale al secondo istante e così di seguito, perché il mio ragionamento sussista in tutta la sua forza. [...] Si dirà che lo sforzo ovvero la tendenza impressa al primo istante si distrugge e non fa che rinnovarsi al secondo, cosicché [...] rispondo che supposti il corpo e il piano perfettamente duri, questa reazione non può aver luogo. La reazione nasce dalla resistenza che un corpo oppone al cambiamento che comincia a prodursi nel suo stato [...]. Il piano non può dunque sentire in alcun modo l'azione del corpo su di lui, né mettere in atto di conseguenza la facoltà resistente per reagire. [*Prefazione*]

E ancora

> Per dei filosofi che si piccano di geometria, non è un ragionare conseguente [...] questa impossibilità è solamente relativa alle nostre conoscenze che sappiamo essere molto limitate da una parte e dall'altra.
>
> Noi sappiamo che i corpi che si avvicinano o si allontanano possono obbedire alla spinta di un fluido che li trascina [...] in relazione alla disposizione delle loro parti, dei loro pori e delle loro atmosfere. L'elettricità fornisce un esempio ben evidente di questa verità. [p.10]
>
> Newton ha saggiamente notato:
>
> 1. che la gravitazione e la coesione sono principi di un gran numero di fenomeni;
>
> 2. che niente è più manifesto dell'esistenza di questi principi; dato che certamente niente di più evidente dell'esistenza della gravitazione e della coesione nei corpi;
>
> 3. che nonostante l'esistenza di questi principi sia manifesta, la loro causa ci è ancora ignota;
>
> 4. che gli Aristotelici meritano di essere biasimati in quanto hanno assegnato come causa di tali principi;
>
> 5. che questo tipo di qualità che si suppone provocate dall'essenza

o dalla forma specifica delle cose arrestano il progresso della Filosofia naturale [...]. [pp. 12-13]

L'atteggiamento rigidamente scolastico del cardinal Gerdil appare ancor più manifesto negli estratti seguenti:

> Non è vero che i fenomeni ci autorizzino a considerare la gravità come una proprietà intrinseca della materia, al contrario sembrano suggerire l'origine meccanica nella sola maniera naturale di conciliare la ragione diretta delle masse con l'inverso del quadrato delle distanze. [p. 128]
>
> [...] E la Geometria svelandoci il principio secondo il quale le qualità, come la luce, il suono e gli odori, seguono la legge del quadrato nella loro propagazione, dà luogo a credere che la gravità che segue la stessa legge sia soggetta allo stesso principio, e che sia prodotta da raggi di pressione o di vibrazione che dalla circonferenza convergono verso il centro. [p. 129]
>
> [...] Da cui si vede che l'effetto immediato di questa potenza attrattiva non è la produzione del movimento attuale, né una forza viva nel corpo attratto; ma solo una forza morta, un semplice sforzo, una semplice tendenza al movimento. Quando l'ostacolo cederà, il corpo cadrà immediatamente, e questo primo movimento sarà l'effetto immediato di questo sforzo ovvero tendenza al movimento che l'attrazione gli ha impresso quando era trattenuto sul piano. [p. 130]
>
> [...] Il corpo in virtù di questa tendenza è capace di percorrere uno spazio dato in un tempo dato. La sua velocità iniziale sarà dunque proporzionale all'intensità dello sforzo ovvero alla tendenza impressa dalla potenza attrattiva; e questa intensità sarà a sua volta proporzionale alla massa attirante a uguale distanza, e a distanze diverse, come la massa attirante divisa per i quadrati di queste distanze. [p. 130]

Se si confrontano questi periodi, ricavati dal trattato del card. Gerdil, con le note attribuite a Pascal risulta evidente quale sia la loro provenienza.

Nella stessa seduta Le Verrier, concede un riconoscimento al ruolo avuto da Gilberto Govi nell'intera questione. Il fisico italiano non solo ha provato che le lettere attribuite a Galileo erano apocrife, ma, analogamente a Bréton, ha trovato l'origine delle lettere contro Newton, indirizzate a Fontenelle da Montesquieu [L10.2] e Maupertuis [L10.8].

Govi ha osservato che nelle due lettere si trova la stessa frase relativa allo sguardo languido di Newton, e ne ha trovato l'origine. È tratta dalla *Continuation au dictionnaire historique de M. Bayle* (1753) di Jacques-G. de Chauffepié alla voce «Newton».[4] Il brano è il seguente:

4. Chauffepié, Jaques George de, *Nouveau dictionnaire historique et critique, pour servir de supplement ou de continuation au Dictionnaire historique et critique de M. Pierre Bayle*, Amsterdam 1750-1756.

M. de Fontanelle dice che (Newton) aveva l'occhio molto vivo e pene-trante. Ma il dott. Atterbury, vescovo di Rochester, dice che questa non era una caratteristica di Newton «almeno nei 25 anni in cui ebbi occasione di frequentarlo. Non si scorgeva nell'aria e nei tratti del viso alcuna traccia di quella sagacità, di quella grande penetrazione che si trovano nelle sue opere. Aveva piuttosto qualcosa di languido nello sguardo e nelle maniere, il che non trasmetteva un'idea molto grande di lui a quelli che non lo conoscevano».

A sua volta Chauffepié ha ricavato questo ritratto di Newton da una lettera del vescovo di Rochester che si trova riprodotta nella *Biographia Britannica* (Londra, 1760) alla voce «Newton».[5] Le Verrier riprende poi il dibattito, a cui ha dato impulso particolarmente il direttore dell'Osservatorio di Glasgow, M. Grant. I dati pretesi di Pascal sulle masse di Giove, Saturno e della Terra in rapporto al Sole, sono identici in tutte le cifre ai numeri forniti da Newton nella terza edizione dei *Principia*. Questa triplice coincidenza porterebbe ad ammettere che Pascal fosse a conoscenza, non solo delle formule mediante le quali si determinano le masse dei pianeti dotati di satelliti, ma anche dei dati da introdurre in queste formule, cioè: i valori delle elongazioni eliocentriche e dei periodi dei satelliti, il che implicherebbe la determinazione del valore della parallasse solare, un elemento molto delicato. Inoltre è impossibile che questi dati fossero identici a quelli di cui si è servito Newton nel 1726.

E questo non basta. Anche le densità dei pianeti e la gravità alla loro superficie, riportate nelle note attribuite a Pascal, sono identiche ai numeri dati da Newton, il che richiederebbe che Pascal conoscesse i diametri apparenti del Sole, di Giove e di Saturno.

Ora, da una parte si conosce perfettamente la sorgente autentica dei numeri di cui si è servito Newton: sono dovuti agli astronomi suoi contemporanei. Dall'altra, Pascal non aveva a sua disposizione che dei valori grossolani. I diametri dei pianeti e le elongazioni dei satelliti soprattutto si sono potuti misurare con precisione solo dopo il grande progresso compiuto dall'astronomia osservativa nella seconda metà del XVIII secolo. Se si vuole sostenere che Pascal abbia determinato dei valori esatti che gli astronomi della sua epoca non conoscevano, è necessario fare di lui un grande astronomo osservatore, e allora bisognerebbe dire di quali strumenti e di quali procedure d'osservazione ha fatto uso. Come si fa a credere che delle sue scoperte in meccanica celeste, dei suoi strumenti, delle sue osservazioni, non sia traspirato nulla fino a quando delle carte di origine sconosciuta l'hanno rivelato al mondo?

---

5. *Biographia Britannica: or the Lives of the most eminent Persons who Have fluorished in Great Britain and Ireland*, vol. 5, London 1757, pp. 3210-3244.

Una sentenza decisiva

Chasles, ad onta della valanga di obiezioni che lo investivano da ogni parte, non era domo. Durante le comunicazioni che Le Verrier fece in alcune sedute, aveva interrotto a più riprese l'oratore per annunciare che avrebbe parlato contro l'una o l'altra argomentazione. Ma un incidente che si verificò nel frattempo cominciò a incrinarne la sicurezza, apparsa fino ad allora indistruttibile, che Chasles nutriva nei confronti dell'autenticità dei suoi documenti. Aveva fatto riferimento, nel corso della discussione, a una lettera di Galileo, datata 5 novembre 1639, conservata nella biblioteca di Firenze, che si riteneva autentica, ma di mano del figlio di Galileo. Se fosse stata autografa, avrebbe rappresentato la prova che Galileo, ancora nel 1639, come sosteneva Chasles, non era ancora cieco. Ora, nella seduta del 3 maggio, Chasles aveva annunciato che, fra le oltre duemila lettere di Galileo che erano in suo possesso, aveva trovato un esemplare di quella lettera che era, senza dubbio, la minuta di mano di Galileo, dato che la scrittura era la stessa di tutte le altre. Di più, annunciò che ne avrebbe mandato copia fotografica a Firenze, affinché venisse sottoposta al giudizio di esperti che ne testificassero l'autenticità. La lettera era stata pubblicata nell'edizione di Eugenio Albéri del 1856.[1]

Galileo [a Francesco Rinuccini in Venezia]
Bibl. Naz. Fir. – Originale, di mano di Vincenzio Galilei.

Ill.mo Sig.re [e] P.ron mio Colend.mo, haverei potuto dodici o quindici anni fa dare a V.S. Ill.ma assai maggior sodisfazzione di quella che potrò in questi giorni futuri, atteso che in quei tempi havevo il poema del Tasso legato con l'interposizione di carta in carta di fogli bianchi, dove havevo non solamente registrati i riscontri de i luoghi di concetti

---

1. Albéri, Eugenio (a cura di), *Due lettere a Francesco Rinuccini*, in *Le Opere di Galileo Galilei*, t. XV, Soc. Ed. Fiorentina, Firenze 1856.

simili in quello dell'Ariosto, ma ancora aggiuntovi discorsi, secondo che mi parevano questi o quelli dovere essere anteposti. Tal libro mi andò male, né so in qual modo: ora non mi parrà grave, per dare quello che più potrò di satisfazzione a V.S. Ill.ma, ripigliare detti poemi e fare una nota de i riscontri delle materie e concetti simili nell'uno e nell'altro; ma perché mi è necessario servirmi degli occhi di altri, e la lontananza dalla città mi rende più raro il commerzio degli amici, mi sarà forza andare più lentamente di quello che vorrei.

I Padri delle Squole Pie nominatimi da lei si trovano lontani di qui, cioè l'uno a Siena e l'altro a Napoli: questo di Napoli s'aspetta in breve; l'altro, che sèguita il Sere.mo Principe Leopoldo, non sarà in Firenze insino a S. Giovanni. Intanto sendo venuto da me il molto Rev.do Padre D. Vincenzio Renieri, monaco Olivetano, mi ha fatto grazia di aiutarmi a notare alcuni de i sopradetti riscontri, e sono questi che li mando qua di sotto.

Secondo le oportunità che mi si presenteranno, anderò facendo qualche cosa e participandonela, e per la prima occasione soggiugnerò qualcuno de i motivi che mi fanno anteporre nella maggior parte de i paralleli l'Ariosto al Tasso; [se] bene per meglio definire tali controversie ci vorrebbono disc[orsi] in voce e repliche di molte ore, che permetterli in [car]ta sarebb[ono] di molte settimane: opera che a me non sarebbe grave, se per me solo io potessi effettuarla; ma anderò facendo di passo in p[asso] q[uello] che più si potrà.

Per ora gradisca la prontezza dell'animo, e scusi la debolezza delle forze. Raccomando alla diligenzia di V.S. Ill.ma la qui alligata, mentre con reverente affetto li bacio le mani e li prego intera felicità.

D'Arcetri, li 5 di Novembre 1639
Di V.S. Ill.ma Devo.mo et Oblig.mo Se.re
Galileo Galilei

Il verbale della perizia eseguita a Firenze con tutta la possibile cura l'8 luglio 1869, giunse a Parigi il 10, e fu reso noto all'Accademia il 12, quando il Segretario Perpetuo diede lettura di una lettera di Gilberto Govi:

Poiché M. Chasles ha avuto la gentilezza di inviare alla Biblioteca Nazionale di Firenze la riproduzione fotografica della pretesa lettera autografa di Galileo del 5 novembre 1639, che fa parte della sua raccolta, mi sono impegnato in modo che venisse effettuata una regolare perizia di questo documento. È il risultato di questa perizia che ho l'onore di sottoporvi. L'assoluta competenza degli esperti, l'attenzione con cui hanno proceduto e i motivi della loro decisione mi sembra che conferiscano alla loro relazione il valore di un giudizio senza appello.

Firenze, il giorno otto del mese di luglio dell'anno mille ottocento sessantanove, nella sala detta di Galileo, presso la Biblioteca Nazionale.

I sottoscritti:

Commendator Domenico Berti, di Torino, Vice Presidente della Camera dei Deputati, Professore all'Università di Torino, già Ministro della Pubblica Istruzione; Gaetano Milanesi, di Siena, Direttore degli Archivi di Stato di Firenze, paleografo; Pietro Berti, di Firenze, archivista paleografo; Pietro Bigazzi, bibliofilo ed esperto di manoscritti, membro dell'Accademia della Crusca, RIUNITI su invito del Direttore della Biblioteca Nazionale, per giudicare dell'autenticità di una lettera attribuita e presunta autografa di Galileo Galilei, in data 5 del mese di novembre dell'anno 1639, di cui è stata loro sottoposta una fotografia inviata da Parigi da M. Chasles, dopo un esame lungo, minuzioso e coscienzioso, hanno avuto la possibilità di fare le osservazioni seguenti, e cioè:

I. che Galileo (e questo vale per tutte le corrispondenze letterarie e diplomatiche italiane fino al XVIII secolo) non aveva l'abitudine di mettere la data all'inizio delle sue lettere, come si è verificato attraverso la consultazione di un gran numero di suoi autografi;

II. che scriveva sempre *Illustrissimo* nella forma abbreviata *Illimo*;

III. che né lui, che era un buon letterato, né alcun altro scrittore toscano e contemporaneo, avrebbe mai scritto, o scriverebbe *Signor* nel caso di un indirizzo o all'inizio di una lettera, o in discorso qualunque, quando non sia seguito dal nome della persona di cui si parla; ma che in questi casi si scrive sempre *Signore*, riservando l'altra forma *Signor* solo alla composizione con altre parole con le quasi sia in rapporto;

IV. che la parola *Avrei*, come molte altre voci del verbo *Avere*, l'ha sempre scritta, secondo l'ortografia del tempo, con l'*H* iniziale, come per esempio, *Havrei, Haveva, Havrò, Hebbi, Havere*, ecc., e non secondo l'ortografia moderna *Avrei*. Infatti, nella lettera corrispondente alla fotografia, ma di mano di Vincenzo Galilei, non vi è la forma contratta *Avrei*, come nella fotografia e nella stampa dell'ultima edizione delle *Opere di Galileo*, ma la forma piena e originale, usata di preferenza dagli antichi, vale a dire *Haverei*;

V. che nell'abbreviazione *V.S. I.* la forma della lettera *I* si trova costantemente diversa, in tutti gli autografi di Galileo, dalla fotografia esibita;

VI. che la parola *sodisfazione* è sempre stata scritta da Galileo con due *zz*, cioè *sodisfazzione*, e non con una sola, come si trova nell'ultima edizione delle Opere di Galileo, dove la sua ortografia è stata modificata secondo le regole moderne;

VII. che la *o* nella parola *poema* della quarta riga della fotografia, che sembra una *a*, non è mai stata fatta in questo modo da Galileo;

VIII. che la parola *interpozione* (in quarta riga), che non è italiana, non è certamente di Galileo, che ha scritto *interposizione*, come si vede nella lettera autentica; e che questa forma *linterpozione*, nella quale l'articolo *la* fa corpo con la parola a cui si riferisce, è del tutto estranea all'ortografia di Galileo;

IX. che la *z* nella parola *satisfazione*, in riga 11ᵃ della fotografia, era in origine una *c*, che dopo è stata trasformata in forma di *z* con poca abilità, e tradisce apertamente una mano estranea all'ortografia italiana;

X. che Galileo non ha mai scritto *vno* (riga 13ᵃ) mettendo la *v* al posto della *u*, ma che al contrario mette sempre *u* al posto della *v*;

XI. che *scuelo*, come si legge chiaramente nella fotografia (riga 17), parola non italiana, non è un *lapsus calami* che si possa attribuire a Galileo non più che a un altro italiano, per poco che sia istruito, e che Galileo scrive *squole*, secondo l'ortografia del suo tempo, mettendo la *q* al posto della *c*;

XII. che la parola *raggiug-nerò* (righe 27ᵃ, 28ᵃ), così divisa nelle due righe e assolutamente contraria all'ortografia del suo tempo, non è stata certamente così divisa da Galileo, che avrebbe scritto *soggiungerò*;

XIII. che la parola *repliche* (linea 31ᵃ), che, nella fotografia, è stata originariamente scritta *replique* e dopo corretta, come appare ancora chiaramente, tradisce, e non se ne può dubitare, la contraffazione fatta da mano francese;

XIV. che la forma *del l'animo*, che compare alla riga 36ᵃ, è del tutto estranea a Galileo, e che non se ne trova un solo esempio nei suoi autografi;

XV. che nella fotografia non si trova mai l'accento sulle parole che ne devono avere uno grave sull'ultima sillaba, come, ad esempio, *potrò*, *andrò*, *parrà*, *città*, ecc., che Galileo non mancava mai di mettere, da cui appare evidente che la falsificazione è stata compiuta da un francese;

XVI. che nelle lettere autografe di Galileo non si trova il nome dell'indirizzo alla fine della pagina che una sola volta, e in una lettera in forma di memoriale diretto al Granduca;

XVII. infine che, nella scrittura fotografata, in generale si notano l'impaccio e l'indecisione nel tratto, dovuti all'imitazione; che la maggior parte delle lettere è senza *liaison*, contrariamente all'abitudine di Galileo; che nella forma stessa delle lettere si osservano molte differenze per dedurne che la scrittura rappresentata nella fotografia non è sicuramente di Galileo; cosa evidentemente provata dal confronto immediato tra un autografo autentico e quello in fotografia.

Dopo queste osservazioni, i sottoscritti hanno convenuto all'unanimità di dichiarare *che la scrittura attribuita a Galileo e riprodotta in fotografia non è sua*; e che appare quasi certo che la contraffazione è stata compiuta sulla stampa dell'ultima edizione.

Berti Domenico, Milanesi Gaetano, Berti Pietro, Bigazzi Pietro

Fatto, redatto e sottoscritto in presenza del Direttore della Biblioteca Nazionale, che approva il contenuto di questa perizia e autentica allo stesso tempo le firme degli esperti qui sotto apposte.

Il Direttore della Biblioteca Nazionale
Granestini

Già deputato, Membro della R. Commissione di Storia presso il Ministero della Pubblica Istruzione

Il Segretario,
Rembadi Domenico

Questo il risultato della perizia di cui venne data lettura nella seduta del
12 luglio. Subito dopo e nella seguente del 19, Chasles dichiarò di essersi
sbagliato nella spedizione e che era un'altra la vera e autentica minuta della
lettera di mano di Galileo. Che aveva anche questa inviato alla commissione di esperti e che era necessario attenderne il responso. La spedizione
ebbe effettivamente luogo, nonostante le proteste di Le Verrier, che non
ebbe difficoltà a dimostrare che il "tenebroso autore" di questi documenti
– come lo chiama – avrebbe avuto tutto il tempo di essere informato delle
osservazioni della commissione di Firenze e di rifare una edizione migliore
del documento. Ma anche la seconda sentenza fu negativa:

> Alle osservazioni che sono state elencate, la Commissione crede di ag-
> giungere che la Biblioteca Nazionale di Firenze non possiede una sola
> lettera autografa di Galileo posteriore all'anno 1637. Posteriore a tale
> data vi è una sola firma di sua mano, che è evidentemente la firma di
> un cieco: si trova in fondo a una lettera diretta al principe Leopoldo
> de' Medici, del 13 marzo 1639 *ab incarnatione* (vale a dire 1640), lettera
> che è stata pubblicata da Albéri nel VII tomo delle sue *Opere di Galileo*, a
> pag. 255. La Commissione è dunque dell'avviso che la lettera di Galileo
> a Rinuccini del 5 novembre 1639, che M. Chasles sembra considerare
> autografa, e della quale è stata mandata a Firenze una bellissima fo-
> tografia il 22 luglio scorso, non è di mano di Galileo più dell'altra che
> abbiamo esaminato in precedenza. Crede dunque inutile procedere a
> nuove perizie su altri simili documenti, la cui falsità è evidente.

Altre questioni di priorità

Chi pensasse che la questione di priorità messa in campo dalle lettere di Chasles fosse isolata sarebbe in errore. Nei «Comptes rendus» dell'Académie o nei «Proceedings» della Royal Society, le rivendicazioni di priorità nei confronti di scienziati connazionali o stranieri sono frequenti e numerosi gli interventi tesi a sostenere l'una o l'altra parte o a esprimere giudizi sui vari casi.

Nel periodo di cui ci occupiamo, l'Académie era stata teatro di due notevoli questioni di priorità. La prima riguardava la scoperta del pianeta che conosciamo come Nettuno (1846) e coinvolgeva le due accademie (la francese e l'inglese); la seconda riguardava un tema di storia della geometria ed era interno a quella di Francia. In ambedue ebbero parte alcuni personaggi di primo piano nella questione di cui ci stiamo occupando.

Il pianeta Le Verrier

La scoperta di Nettuno è derivata dall'analisi matematica degli scostamenti di Urano dall'orbita prevista. Nel 1792 l'astronomo francese Delambre, celebre per aver misurato con grande precisione l'arco del meridiano di Parigi tra Dunkerque e Barcellona, aveva pubblicato accuratissime *Tables du Soleil, de Jupiter, de Saturne, d'Uranus et des satellites de Jupiter*[1] che consentivano si mettere in evidenza sensibili discrepanze tra le posizioni calcolate di Urano e quelle effettivamente osservate. Alcuni miglioramenti erano stati apportati dall'astronomo Bouvard, direttore dell'Osservatorio di Parigi, che pubblicò nuove tavole di Urano nel 1821. Tuttavia, non riuscì a eliminare le discrepanze tra le orbite calcolate sulla base della legge di gravitazione e i dati osservativi.

---

1. Delambre, Jean Baptiste, *Tables du Soleil, de Jupiter, de Saturne, d'Uranus et des satellites de Jupiter*, publ. par le Bureau des Longitudes, 1792.

Lascio al futuro il problema di scoprire se la difficoltà di conciliare i dati sia connesso con le antiche osservazioni, oppure se dipenda da qualche causa esterna e non ancora osservata che possa agire sul pianeta.

Nel luglio del 1841 John Couch Adams (1819-1892), allora studente a Cambridge, scriveva:

> Ho concepito il progetto di studiare, appena sarà possibile dopo la laurea, le irregolarità del moto di Urano, per le quali non si è ancora trovata una spiegazione; allo scopo di decidere se si possano attribuire all'azione di un pianeta non ancora osservato; e se è possibile determinare approssimativamente gli elementi della sua orbita, ecc. cosa che condurrebbe probabilmente alla sua scoperta.

In realtà non tutti pensavano che le irregolarità osservate nel moto di Urano fossero dovute all'azione di un pianeta più esterno. Per esempio, George Airy, astronomo reale, pensava che la legge di gravitazione universale di Newton, con la forza che varia in ragione inversa al quadrato della distanza, cominciasse a non valere sulle grandi distanze. Tuttavia, preso atto degli incoraggianti risultati iniziali ottenuti da Adams, lo aiutò nel suo programma di ricerca, mettendogli a disposizione i dati ottenuti dall'Osservatorio di Greenwich per Urano nel febbraio del 1844.

Dall'altra parte della Manica, François Arago, direttore dell'Osservatorio di Parigi, nel giugno del 1845, convinceva Urbain Le Verrier (1819-1892) a dare inizio a un lavoro di ricerca sull'orbita di Urano, impresa a cui il giovane astronomo decise di dedicarsi completamente, ignorando che Adams stava lavorando allo stesso problema.

Nel settembre dello stesso anno l'inglese aveva ottenuto i primi risultati e calcolato i parametri dell'orbita di questo nuovo pianeta e anche una stima della sua massa e della sua posizione ai primi di ottobre. Aveva anche trasmesso i suoi risultati a James Challis, direttore dell'Osservatorio di Cambridge. Occorre tener presente che il lavoro di Adams aveva carattere pionieristico perché, se la teoria della gravitazione era stata usata molte volte per determinare gli effetti di uno o più corpi su un altro, non era mai stata utilizzata per prevedere la posizione di un corpo sulla base degli effetti gravitazionali su altri. Il problema era ora di verificare con l'osservazione le previsioni formulate da Adams, ma, nonostante le sue richieste, Airy non ritenne di dover dare inizio a una campagna di ricerche telescopiche. Ricorda Adams:

> Non potevo aspettare, comunque, che astronomi pratici, che erano già pienamente occupati in importanti attività, potessero avere fiducia nei risultati delle mie ricerche, condotte da me solo; e perciò preparai i nostri strumenti, con lo scopo dichiarato, dato che nessun altro se ne faceva

carico, di intraprendere la ricerca del pianeta da me stesso, con i modesti
mezzi offerti dal nostro osservatorio di St. John.

Il 10 novembre venne pubblicato il primo lavoro di Le Verrier su queste
ricerche, in cui dimostrava che le perturbazioni dell'orbita di Urano non
erano spiegabili come dovute all'azione di Giove e Saturno. In una seconda
memoria pubblicata sui «Comptes rendus» il 1° giugno 1846 Le Verrier
osservava:

> Non appena si è cominciato, qualche anno fa, a supporre che il moto
> di Urano fosse modificato da qualche causa sconosciuta, che già tutte
> le ipotesi possibili venivano azzardate sulla natura di questa causa. In
> verità, ognuno seguendo semplicemente la sua immaginazione, senza
> portare alcuna considerazione in appoggio delle proprie asserzioni. Si è
> pensato alla resistenza dell'etere; si è parlato di un grande satellite che
> accompagnerebbe Urano, o anche di un pianeta ancora sconosciuto, la
> forza perturbatrice del quale andrebbe presa in considerazione; o anche
> a ipotizzare che a questa enorme distanza dal Sole, la legge di gravita-
> zione possa perdere qualcosa del suo rigore. Infine, non potrebbe essere
> una cometa che turba bruscamente il cammino di Urano?[2]

E più avanti:

> Non mi soffermerei su questa idea che la legge di gravitazione univer-
> sale potrebbe cessare di essere rigorosa, alla grande distanza dal Sole a
> cui si trova Urano. Non sarebbe la prima volta che, per spiegare del-
> le incongruenze di cui non si sa rendere conto, ce la siamo presa con
> il principio di gravitazione universale. Ma sappiamo anche che queste
> ipotesi sono sempre state scartate dopo un più approfondito esame dei
> fatti. L'alterazione della legge di gravitazione sarebbe un'ultima risorsa
> alla quale non sarebbe lecito ricorrere prima di aver esaurito l'esame di
> tutte le altre cause e aver riconosciuto che non sono tali da produrre gli
> effetti osservati.[3]

Nella stessa memoria Le Verrier arrivava alla conclusione che la sola causa
possibile poteva essere l'azione di un altro pianeta più esterno di Urano.
Forniva anche qualche dato sulla possibile orbita di questo nuovo pianeta e
sulla sua possibile posizione all'inizio del 1847. Chiese anche all'Osservatorio di Parigi di intraprendere la ricerca; ma dopo breve tempo, gli osservatori abbandonarono la campagna di ricerca.

---

2. Le Verrier, Urbain, *Recherches sur les mouvements d'Uranus*, «Comptes rendus», t. 22, janvier-juin 1846, p. 907.
3. *Ibidem.*

Fu Airy ad accorgersi, il 23 giugno, che le posizioni previste per il nuovo pianeta da Le Verrier erano assai prossime a quelle di Adams e il 29 dello stesso mese, avendo incontrato gli astronomi Challis e Herschel a Greenwich, confidò loro «che era molto probabile scoprire un nuovo pianeta in breve tempo, a condizione di indirizzare a tale ricerca le potenzialità di un osservatorio». Ma solo un paio di settimane dopo chiese formalmente a Challis di dare inizio alla ricerca con gli strumenti dell'Osservatorio di Cambridge. L'astronomo appariva riluttante, «poiché era una cosa nuova intraprendere delle osservazioni sulla base di deduzioni puramente teoriche; e, mentre l'impresa sarebbe costata molto lavoro, il successo appariva molto dubbio».

Nonostante le riserve, Challis diede inizio alla ricerca il 29 luglio del '46, annotando la posizione delle stelle nell'area indicata da Adams. Intanto, il 31 agosto Le Verrier pubblicava sui «Comptes rendus» una terza memoria sull'argomento: *Sul pianeta che produce le anomalie osservate nel moto di Urano. Determinazione della sua massa, della sua orbita e della sua attuale posizione.* In questa memoria, dopo averne fornito la massa, osservava che

Si sa che a una distanza uguale a 18 volte la distanza della Terra dal Sole, il disco di Urano appare sotto un angolo di 4 secondi di grado. La massa di questo pianeta è nota; è due volte e mezza circa minore di quella del nuovo pianeta. Questi dati, uniti ai precedenti, basterebbero per calcolare il diametro apparente del nuovo astro se conoscessimo il rapporto tra la sua densità e quella di Urano. In generale, le densità dei pianeti diminuiscono a misura che ci si allontana dal Sole. Faremo dunque, per quanto riguarda il diametro, un'ipotesi sfavorevole alla visibilità dell'astro cercato, ammettendo che la sua densità sia uguale a quella di Urano. Troveremo così che al momento dell'opposizione, il nuovo pianeta dovrebbe essere visibile sotto un angolo di 3",3. Un diametro tale da essere distinguibile, con un buon cannocchiale, dai diametri fittizi, prodotto dalle aberrazioni, ammesso che la luminosità del disco sia sufficiente. Supposto che il potere riflettente della superficie del nuovo pianeta sia uguale a quello di Urano, la sua luminosità specifica attuale dovrebbe essere un terzo circa della luminosità specifica che caratterizza Urano quando si trova alla sua distanza media dal Sole.

Queste condizioni fisiche consentono non solo di osservare il pianeta con un buon telescopio, ma anche che lo si distinguerà per l'ampiezza del suo disco; che la sua immagine non sarà quella di una stella. Questo è un punto molto importante. Se l'astro che vogliamo scoprire potesse essere confuso, per quanto riguarda l'aspetto, con le stelle, bisognerebbe, per distinguerlo da quelle, osservare tutte le piccole stelle situate nella regione di cielo che si vuole esplorare e constatare che una di queste è dotata di moto proprio.[4]

---

4. Le Verrier, Urbain, *Sur la planète qui produit les anomalies observées dans le mouvement d'Uranus,*

Adams scrisse ad Airy il 2 settembre fornendogli un'analisi più approfondita del problema. La sua prima soluzione dipendeva dal fatto di aver ipotizzato per il pianeta un raggio orbitale doppio rispetto a quello di Urano. Insoddisfatto di questo assunto, Adams aveva rifatto l'analisi sulla base di distanze diverse, ottenendo così stime migliori.

Si rivolse all'astrofilo Dawes che ritenendo – a torto – il suo strumento insufficiente, scrisse al collega Lassell che aveva da poco costruito uno strumento più grande, mediante il quale supponeva che il disco del pianeta sarebbe stato visibile, fornendogli la posizione prevista da Adams. Purtroppo, l'osservatore dilettante, mancò l'appuntamento con il nuovo pianeta.

Intanto Le Verrier scriveva (18 settembre) all'astronomo tedesco Galle chiedendogli di fare la ricerca del nuovo pianeta nella zona indicata. La lettera impiegò qualche giorno ad arrivare e, dopo averla letta, Galle si mise la sera stessa (il 23 settembre) alla caccia del pianeta con lo strumento dell'Osservatorio di Berlino, con l'aiuto del suo assistente Heinrich d'Arrest. Nella seduta dell'Accademia del 5 ottobre 1846, Arago diede lettura di una lettera di Galle indirizzata a Le Verrier e datata 25 settembre:

> Il pianeta di cui mi avete segnalato la posizione esiste realmente. Il giorno stesso in cui ho ricevuto la vostra lettera, ho scoperto una stella di ottava grandezza che non risultava riportata nell'eccellente carta *Hora* XXI (disegnata dal Dr. Bremiker), tratta dalla collezione delle Carte Celesti pubblicata dall'Accademia Reale di Berlino. L'osservazione del giorno successivo confermò che si trattava del pianeta cercato.[5]

Infatti, Galle e l'assistente, in poco più di mezz'ora avevano scoperto che era visibile una "stella" che non era indicata nelle ultime mappe stellari. Pur essendo consapevoli di avere finalmente trovato il nuovo pianeta, attesero la notte successiva per verificare che la posizione era cambiata rispetto alle stelle: era la conferma che si trattava di un pianeta. Le coordinate del punto in cui fu osservato il pianeta erano (long. 325°,75; lat. −31',9); mentre quelle previste da Le Verrier erano (long. 324°,58; lat. 0,0). Il diametro misurato risultò di 2",9, contro una stima prevista di 3",3.

In Inghilterra, Challis lesse la memoria di Le Verrier del 31 agosto solo il 29 settembre e si dedicò alla ricerca la notte stessa. Osservò che, fra le trecento stelle visibili nella regione indicata, solamente una mostrava un disco. Si trattava del nuovo pianeta; ma anch'egli, da astronomo scrupoloso, attese un paio di giorni per verificare che si muovesse rispetto alle stelle dello sfondo. Pertanto, fu solo il 1° ottobre che ebbe conferma della scoperta; lo stesso giorno in cui il «Times» usciva con la notizia della scoperta compiuta da Galle. La risposta degli inglesi, spronati da Herschel,

«Comptes Rendus», t. 23, juillet-décembre 1846, p. 657.
5. Arago, François, *Planète de M. Le Verrier*, «Comptes rendus», *ibi*, p. 659.

non si fece attendere: era solo il 10 ottobre quando Lassell annunciò di aver scoperto il primo satellite di Nettuno (Tritone).

Nello stesso tempo John Herschel e Airy misero in evidenza il lavoro compiuto da Adams a Cambridge e sostennero che il nuovo pianeta era stato osservato per la prima volta da Challis, anche se non si era curato di trovare conferme, quasi due mesi prima. La disamina della questione della priorità della scoperta che Arago fece nella seduta dell'Académie del 1° ottobre fu particolarmente recisa. La conclusione, infatti, non ammette dubbi:

> M. Adams non ha alcun diritto di figurare, nella storia della scoperta del pianeta *Le Verrier*, né in una citazione di dettaglio, e neppure in una allusione passeggera. Agli occhi di tutti gli uomini imparziali, questa scoperta resterà come uno dei massimi trionfi delle teorie astronomiche, una delle glorie dell'Accademia, uno dei più bei titoli del nostro Paese ad avere la riconoscenza e l'ammirazione dei posteri.[6]

Vignetta su un giornale francese che accusa l'inglese Adams di plagio nei confronti di Le Verrier.

Si pose anche la questione del nome da dare al nuovo pianeta. Ancora una volta Arago non aveva dubbi. Avendo ricevuto da Le Verrier la delega lusinghiera di dare un nome al nuovo pianeta, aveva deciso di chiamarlo con il nome del suo scopritore. E di fronte alle obiezioni:

> Abbiamo, com'è giusto, la cometa *di Halley*, la cometa *di Encke*; abbiamo le comete *di Gambard* o *di Biéla*, *di Vico*, *di Faye*, ecc., e il nome di colui che, mediante un metodo ammirevole e senza precedenti, ha dimostrato l'esistenza di un nuovo pianeta, ne ha calcolato la posizione e le dimen-

6. *Ibi*, p. 741.

sioni, non si dovrebbe iscrivere nel firmamento? No, no! Questo sarebbe in urto con la ragione e i principi più elementari di giustizia [...]. Ho promesso a me stesso di non chiamare il nuovo pianeta se non con il nome di *Le Verrier*. In questo modo credo di dare un segno del mio amore per la scienza e di seguire ciò che mi è dettato da un legittimo orgoglio nazionale.[7]

Di questo moto d'orgoglio nazionale si rese interprete il Ministro della Pubblica Istruzione che, nella stessa seduta dell'Accademia, annunciava la nomina di Le Verrier a ufficiale della *Légion d'honneur*. Il ministro faceva notare che la nomina era avvenuta in un tempo breve rispetto alla norma; ma che «la scienza, come la guerra, ha le sue imprese eccezionali e le sue azioni clamorose». Anche Galle ebbe la *Legion d'onore*, onde non disgiungere nell'onorificenza i due protagonisti principali.

Riguardo alla questione del nome da attribuire al pianeta, alla fine, Arago dovette piegarsi e accettare il nome di Nettuno, proposto da Encke, discepolo di Gauss, tra i primi a vedere il pianeta.

In realtà, una volta scoperto il nuovo pianeta, fu possibile compiere accurate misure sulle sue caratteristiche orbitali. Ci si accorse così che le orbite calcolate, sia da Adams che da Le Verrier, sono notevolmente diverse da quelle reali. La differenza era tale, tuttavia, che solo nel decennio 1840-1850 la posizione calcolata sarebbe stata vicina a quella reale. Nel resto del tempo della sua rivoluzione (165 anni) il pianeta era ben lontano dalla posizione presunta in base ai calcoli dei due astronomi: nella scoperta aveva giocato un ruolo importante la fortuna.

John Couch Adams in una foto del 1870 (a sinistra).
Urbain Le Verrier in una litografia di Auguste Bry (a destra).

---

7. *Ibi*, p. 662.

Paul Émile Bréton e lo scontro sui porismi

Paul Émile Bréton (1814-1885) si era laureato in ingegneria all'École
Polytechnique nel 1836 e aveva raggiunto il grado di ingegnere capo dei
ponti e delle strade. Era anche direttore aggiunto del Deposito delle carte
e dei progetti del Ministero dei Lavori pubblici negli anni '60. Ma il suo
interesse principale era la matematica, come manifestò con varie decine
di lavori pubblicati sul «Journal des Mathématiques». Bréton era dotato di uno spirito critico molto accentuato, che applicò anche al lavoro di
matematici che godevano della venerazione dei contemporanei. Mattew
Stewart (1719-1785) era un matematico scozzese autore di notevoli teoremi
che aveva raccolto in un volume pubblicato nel 1746.[8] Bréton sottopose ad
accurata analisi questi teoremi arrivando al notevole risultato che molti di
questi erano validi solo in casi particolati e pubblicò i suoi risultati in un
corposo articolo del 1846.[9]

Il suo campo prediletto era la ricerca storica sulla geometria, in cui si
era distinto per notevoli scoperte sul geometra Pappo. È stato appunto su
questo terreno che la sua strada si è incrociata con quella di Michel Chasles
che coltivava gli stessi interessi. Questi doveva la sua fama al ponderoso
Aperçu historique sur la géométrie, all'interno del quale faceva anche più di un
cenno al problema dei porismi di Euclide.[10]

Questo termine indica la raccolta di 171 proposizioni geometriche
che facevano parte dei tre libri di Euclide che sono andati perduti. Ma non
del tutto, perché sono stati raccolti in 29 enunciati che ci sono stati trasmes-
si da Pappo di Alessandria. Su questo particolare tema Chasles pubblicò
nel 1860 un saggio dal titolo: *Les troi livres de Porismes rétablis pour la première fois
d'après la Notice et les Lemmes de Pappus, et conformément au sentiment de R. Simson
sur la forme des énoncés de ces propositions.*[11]

In questo lungo titolo vi sono due indicazioni notevoli. La prima è il
riferimento a Robert Simson, matematico scozzese (1687-1768), professore a Glasgow, che si è per primo occupato del problema della natura dei
porismi di Euclide. La seconda è che Chasles attribuisce implicitamente a
Simson il merito di aver capito che i 29 enunciati di Pappo siano la conclusione comune di molte proposizioni di Euclide, differenti solo per le ipotesi,
e che, di conseguenza, siano il condensato di tutte le 171 proposizioni con-

---

8. Stewart, Mattew, *Some general theorems of considerable use in the higher parts of mathematics*, Edim-
burgh 1746.
9. Bréton, Paul Émile, *De l'ouvrage de Stewart intitulée «Quelques théorèmès généraux d'un gran usa-
ge dans les hautes mathématiques»*, «Journal de Mathématiques pure et appliquées», t. XIII, serie 1, 1848.
10. Chasles, Michel, *Aperçu historique sur l'origine et le développement des méthodes en geométrie*, Hayez,
Bruxelles 1837.
11. Chasles, Michel, *Les troi livres de Porismes rétablis pour la première fois d'après la Notice et les Lemmes
de Pappus, et conformément au sentiment de R. Simson sur la forme des énoncés de ces propositions*, Mallet-
Bachelier, Paris 1860.

tenute nei tre libri perduti. Nel suo saggio, Chasles afferma di aver attribuito queste idee a Simson già al tempo della stesura del suo *Aperçu historique* del 1837 e di averle assunte come base delle sue ricerche. Ciò che urtò la suscettibilità matematica di Bréton fu il fatto che nella sua opera Chasles ignorò completamente l'apporto che egli aveva dato, con diversi lavori, al chiarimento del significato dei porismi. Il 21 maggio 1860 aveva inviato all'Accademia una *Réclamation de priorité au sujet de l'interprétation des énoncés de Porismes que Pappus nous a transmis* in cui affermava:

> Le mie ricerche mi hanno condotto a questo inatteso risultato: che gli enunciati di Pappo sono di per sé completi e non parziali come si riteneva; che non costituiscono, come si immaginava, degli enunciati di proposizioni, che esprimono solo dei fatti geometrici; che ciascuno di essi si trova associato, nell'opera di Euclide, a ipotesi diverse che, non essendo dei porismi in senso proprio, sono state intenzionalmente omesse da Pappo; che questa è la causa per la quale questi enunciati sono in apparenza enunciati di proposizioni sistematicamente tronche; che sono i porismi stessi, e riassumono di conseguenza la sostanza di numerose proposizioni di Euclide, invece di essere solo enunciati di una trentina di proposizioni.[12]

Nel rivendicare come proprie queste scoperte, Bréton rimandava alla collezione dei «Comptes rendus» a partire dal 1849 e al «Journal de Mathématiques pures et appliquées» a partire dal 1855. Nonostante le sue proteste, il matematico ingegnere non ebbe mai soddisfazione: la polemica, anche in toni molto aspri, si trascinò fino al 1867, quando venne sostituita da quella sull'autenticità dei documenti presentati da Chasles. Alla fine, Bréton raccolse tutti i documenti relativi alla vicenda in un libello che pubblicò nel 1872, sotto il titolo *Question des porismes. Notice sur les débats de priorité.*[13] In conclusione, l'autore ricorda che:

> Nel 1869, M. Chasles fece l'imprudenza di provocare da sé una nuova manifestazione dell'opinione pubblica. Sono stato tanto fortunato da scoprire una delle opere dalle quali i famosi documenti astronomici attribuiti a Pascal dovevano, a mio parere, essere stati copiati. Uno dei membri più eminenti dell'Accademia, M. Le Verrier, che è sempre stato esemplare per il rispetto della verità e della scienza, si era impegnato a dimostrare il contrario, cioè che fosse impossibile che l'autore di questi documenti fosse un falsario. M. Chasles credette allora di dover ricorda-

---

12. Bréton, Paul Émile, *Réclamation de priorité au sujet de l'interprétation des énoncés de Porismes que Pappus nous a transmis*, «Comptes rendus», t. 50, janvier-juin 1860, p. 938.
13. Bréton, Paul Émile, *Question des porismes. Notice sur les débats de priorité auxquels a donné lieu l'ouvrage de M. Chasles sur les porismes d'Euclide*, Imprimerie Bouchard-Huzard, 1865-1872.

Una questione di priorità

re le mie proteste relative ai Porismi, allo scopo si dimostrare che ero un avversario molto soggetto a farsi delle illusioni. M. Le Verrier gli rispose allora che un gran numero di membri dell'Accademia erano dell'avviso che, in questo affare dei Porismi, la ragione fosse dalla mia parte. Ciò avvenne alla fine della seduta, e mentre il pubblico cominciava a uscire. Il rumore che si faceva in quel momento fu improvvisamente coperto dalle urla di M. Chasles, alle quali si mescolavano le richieste indirizzate ad alta voce da M. Serret a M. Le Verrier.[14]

Frasi che ben dipingono il clima acceso che caratterizzava i dibattiti in materia di priorità.

---

14. Bréton, Paul Émile, *Préambule de la troisième partie*, in *Question des porismes, etc.*, op. cit, p. 65.

Un toscano contro Chasles

Guglielmo Libri dalla Sommaja

Guglielmo Brutus Icilius Timeleone Libri Carucci dalla Sommaja (Firenze 1803 - Fiesole 1869) fu matematico e appassionato di libri antichi. Le storie patrie sono piuttosto reticenti su questo personaggio, a dispetto dei grandi meriti scientifici, e vedremo i motivi di questa trascuratezza nei suoi confronti. Fortunatamente, un saggio molto ampio sulla vita di Libri e sull'ambiente nel quale ebbe la ventura di vivere,[1] pubblicato in Germania, colma un vuoto quasi totale nella letteratura italiana. Libri si laureò a Pisa nel 1820 e i suoi primi lavori furono notati da matematici illustri come Cauchy, Babbage e Carlo Federico Gauss.

Aveva solo 20 anni quando assunse la cattedra di Fisica matematica a Pisa, ma l'anno seguente, per le cattive condizioni di salute, dovette lasciare l'insegnamento; anche se il Granduca, che l'aveva in grande stima, volle che mantenesse il titolo di professore emerito. Non abbandonò tuttavia i suoi studi di matematica e alcuni di essi, presentati all'Académie des Sciences nel 1824, ricevettero gli elogi del grande Fourier. Nello stesso anno, Libri si recò per la prima volta a Parigi dove vennero apprezzate la profondità della sua cultura scientifica e le vaste conoscenze filosofiche e letterarie. Già in quel tempo si creò la fama di ricercatore instancabile di libri e manoscritti antichi, cosa in quegli anni inaudita per l'ambiente culturale francese. In particolare i matematici gli rimproveravano di perdere tempo a leggere le opere di studiosi medioevali e rinascimentali che, a parer loro, non poteva-

1. Maccioni Ruju, P. Alessandra – Mostert, Marco, *The Life and Times of Guglielmo Libri (1802-1869). Scientist, patriot, scholar, journalist and thief. A niniteenth-century story*, Hilversum, Verloren Publishers, 1995.

no presentare alcun interesse per chi si occupava di scienza.

Il secondo viaggio a Parigi coincise con la Rivoluzione di luglio del 1830. Un moto popolare pose fine al regno di Carlo X di Borbone che era stato messo sul trono di Francia dalla Restaurazione seguita alla caduta di Napoleone. Ebbe così inizio il regno di Luigi Filippo che, preso per sé il titolo di "re dei francesi" – e non "di Francia", quale era stato il predecessore – fece sperare nell'inizio di un periodo di riforme; speranze condivise anche da quegli italiani che operavano nell'ombra per una unificazione del loro Paese. Tra questi vi era il conte Libri, anche se su posizioni politiche diverse da quelle più diffuse e tese a fare dell'Italia una repubblica. Tuttavia, venne in contatto con numerosi e influenti esponenti politici francesi, cosicché quando si ripresentò al confine del Granducato di Toscana, al quale i fermenti di rinnovamento si erano propagati, la polizia lo invitò a non entrarvi. Riparato per qualche tempo a Modena, dove la rivolta era già esplosa, la fama di moderato che si era fatto tra coloro che si atteggiavano a rivoluzionari fin tanto che il rischio era modesto, si mutò in quella di forsennato demagogo presso gli austriaci. Questo spiega perché fu costretto allora a chiedere asilo in Francia. Qui fu accolto dalle manifestazioni di stima degli studiosi che gli offrirono un posto all'Accademia delle Scienze. «Farete più male agli austriaci dall'interno dell'Accademia che nella strada» gli scrisse Poisson che, unitamente ad altri eminenti scienziati, si adoperò per fargli ottenere al più presto la cittadinanza francese. Divenne infatti cittadino francese nel 1833 e, lo stesso anno, membro dell'Istituto (nella votazione segreta, su 53 voti ne riscosse 37). L'anno successivo ottenne, la cattedra di Calcolo delle probabilità presso la facoltà di scienze e, in seguito, al Collège de France, dove successe al grande Lacroix.

Tuttavia, benché circondato dalla stima degli scienziati suoi colleghi, Guglielmo Libri cominciò a suscitare anche delle invidie e qualche inimicizia, a causa del carattere piuttosto altezzoso e dei modi arroganti.

Le prime inimicizie se le creò all'interno della stessa Accademia di cui era membro influente. L'annata del 1839 dei «Comptes rendus» dell'Accademia rende bene il clima che si era creato tra il conte italiano e alcuni dei suoi colleghi francesi. Nella seduta del 16 settembre, Libri prende la parola per informare l'accademia di aver ritrovato i manoscritti di Fermat, che si ritenevano perduti. L'intera collezione, costituita quasi interamente di manoscritti originali, è stata acquisita personalmente da Libri. È questo ritrovamento che fa sorgere la speranza di aver ritrovato la dimostrazione del famoso *teorema di Fermat*, cioè dell'impossibilità di risolvere in numeri interi l'equazione $x^n + y^n = z^n$, con $n > 2$. La breve relazione che Libri fornisce su questo ritrovamento è una conferma sia della fecondità delle sue ricerche di storico della matematica, sia della sua passione per i libri e i documenti. Nella stessa seduta il matematico Chasles si limita a presentare, in poche righe, una pubblicazione di storia della matematica dell'inglese Halliwell; ma compie l'errore di accennare al fatto che lo studioso inglese ha fatto sue alcune tesi già indicate dallo stesso Chasles. Questo basta a provocare una dotta e pungente serie di osservazioni da parte di Libri che innescano una discussione di alto livello culturale, ma anche piuttosto aspra, schermo di uno scontro politico e personale. Non bisogna dimenticare che le sedute dell'Accademia erano pubbliche e che gli interventi venivano verbalizzati dagli stessi partecipanti ai fini della pubblicazione nei «Comptes rendus».

Chasles godeva della stima di François Arago, autorevole Segretario Perpetuo dell'Accademia – in cui era entrato nel 1809 all'età di 23 anni per eccezionali meriti scientifici – e uomo politico. Era infatti *représentant du peuple* alla Camera dei Deputati in cui sedeva sui banchi dei repubblicani.

Di conseguenza, venne coinvolto anche Arago che dichiarò di sentire la necessità di intervenire allo scopo «di difendere la dignità dell'Istituzione di cui facciamo parte» e terminò il suo intervento osservando che «non ho il diritto di stupirmi che M. Libri vada in cerca di armi contro i suoi con- fratelli, mediante scritti i cui tristi pretesti sono perfettamente noti a tutti gli studiosi». A questo punto, la discussione assunse le forme di un aspro scambio di osservazioni tra Libri e Arago, sul tema che nel caso specifico ri- guardava il calendario, ma che, in realtà, nascondeva motivazioni di natura diversa da quella scientifica.

Quindi, Chasles e Libri condividevano due passioni: la storia della matematica e il collezionismo di libri e documenti.

Il 1838 è l'anno in cui comincia a uscire una monumentale *Histoire des Sciences mathématiques en Italie*,[2] a cui viene tuttora riconosciuto un elevato valore scientifico. Questa non poteva non apparire come contrapposta a un saggio di Chasles quasi sullo stesso tema, pubblicato l'anno precedente.[3] All'animosità che divideva i due matematici non era estraneo il fatto che Libri, diventato cittadino francese da pochi anni, faceva parte dell'Acca- demia dal 1833, mentre Chasles, che aveva dieci anni in più, nonostante l'appoggio di Arago, divenne accademico solo nel 1851.

La tensione si manifestò nella seduta del 5 maggio 1839, quando Cha- sles propose una nota che già dal titolo denuncia l'intenzione: *Nota sulla na- tura delle operazioni algebriche (la cui conoscenza è stata attribuita, a torto, a Fibonacci). Dei diritti misconosciuti di Viète.*

L'opera nella quale, a parere di Chasles, sono misconosciuti i diritti di Viète è – *ça va sans dire* – l'*Histoire des Sciences mathématiques en Italie*, del conte Libri, ancora in corso di pubblicazione. Ciò che Chasles contesta a Libri è che non sia affatto corretto affermare che Fibonacci – e insieme a lui, altri geometri italiani – abbia per primo fatto uso delle lettere per indicare le grandezze, dando così inizio al calcolo algebrico. Per contro, secondo Cha-

---

2. Libri, Guillome, *Histoire des Sciences mathématiques en Italie depuis la renaissance des letttres jusq'à la fin du dix-septième siecle*, in 4 voll., Renouard, Paris 1838-1841.
3. Chasles, Michel, *Aperçu historique sur l'origine et le développement des méthodes en géométrie*, impr. Hayez, Bruxelles 1837.

sles, tale merito è da attribuire a Viète e accusa Libri di avere di proposito tolto a un francese la gloria di una tale scoperta:

> [Libri] non si limita ad attribuire al geometra di Pisa [Fibonacci] la conoscenza delle operazioni algebriche; aggiunge che è stata attribuita a torto al geometra francese una notazione di cui i geometri italiani si servivano prima di lui. M. Libri aveva già espresso un pensiero simile nel primo volume, dove afferma: «Dimostreremo nel seguito di quest'opera che, anche i moderni hanno utilizzato le lettere per indicare le incognite molto tempo prima di Viète, al quale bisogna cessare di attribuire questa invenzione».

Nella sostanza, la memoria di Chasles è una sorta di requisitoria contro l'opera storica di Libri i cui due ultimi volumi stanno per essere pubblicati.

A questo attacco di Chasles non segue un'immediata risposta di Libri, poiché questi si riserva di rispondere nell'ultimo volume della sua opera, che non ha ancora completato.

Tuttavia, la situazione si ripresenta aggravata nella seduta del 6 settembre quando Chasles presenta una nuova, lunga memoria, sulle origini dell'algebra, nella quale il nome di Libri viene continuamente citato allo scopo di contestare le conclusioni esposte nella sua *Histoire des Sciences mathématiques* nella quale, in particolare, Chasles rileva «dei giudizi affrettati ed erronei sulla base dei quali si sono sacrificati i nostri geni più belli e le nostre più incontentabili illustrazioni scientifiche [...] nei confronti della gloria di nomi stranieri».

Libri, che non era presente alla seduta e ha letto la memoria di Chasles nei «Comptes rendus», risponde con una breve nota nella seduta del 16 settembre 1841, rifiutando quelle che definisce "insinuazioni" a proposito della sua opera. Nella stessa seduta, Chasles presenta la seconda parte della sua memoria sulle origini dell'algebra dove ribadisce i suoi attacchi a Libri con un linguaggio che, come osserva Libri stesso, sposta la questione dal piano scientifico a quello personale.

Nella seduta del 15 marzo del 1841, Chasles presentò una memoria, catalogata come di "meteorologia", che consiste in un catalogo delle osservazioni di stelle cadenti registrate negli anni che vanno dal 538 al 1123. Si tratta, sostanzialmente, di una ricerca di storia condotta su antichi documenti. Solo in appendice Chasles tenta di ricavare qualche dato statistico sulla frequenza mensile degli sciami meteorici. Occasione propizia per diversi interventi graffianti di Libri, per esempio, a proposito del modo seguito da Chasles per indicare le date degli eventi, riferite a calendari diversi. Naturalmente, la reazione di Chasles, non è meno ruvida di quella, decisamente provocatoria, dell'italiano. La discussione occupa anche per buona parte delle sedute successive, con toni che, scientifici e culturali nella forma, manifestano sempre più un carattere di ripicca personale.

Un altro scontro memorabile all'interno dell'Accademia si verificò nel 1843 e il questo caso l'avversario di Libri fu il grande matematico Joseph Liouville. Questi, commentando un lavoro di matematica di Libri, si espresse in termini molto perentori parlando apertamente di *dimostrazioni false* e di *errori gravi*. Un tema − riguardante la risolubilità delle equazioni di grado superiore al terzo − a proposito del quale Libri esigeva che gli venissero riconosciuti contributi importanti. La discussione fu altrettanto accesa che con Chasles e superò largamente i limiti del confronto scientifico. Fu nell'ambito di questo vivace confronto che Liouville richiamò davanti all'Accademia i meriti di un giovane matematico scomparso a vent'anni nel 1832, Evariste Galois.[4]

In realtà, Chasles e Liouville non agivano di propria iniziativa: dietro di loro operava il Segretario Perpetuo dell'Accademia, il potente François Arago, al ruolo del quale abbiamo accennato.

Guglielmo Libri era anche uno dei collaboratori più importanti della «Revue des deux Mondes», una rivista, fondata e diretta da François Buloz, che perseguiva lo scopo di favorire il confronto delle idee letterarie e politiche fra studiosi di vari paesi. L'alto livello culturale a cui la direzione Buloz manteneva il tono del dibattito non impediva che il confronto si trasformasse in duro scontro. Un caso fu quello provocato da un contributo di Libri dal titolo anodino: *Lettres à un américain sur l'état des sciences en France*[5] che, nelle intenzioni della rivista doveva essere dedicato all'analisi dello stato delle agenzie scientifiche del Paese e, in particolare, dell'Accademia.

L'autore del saggio, che dichiara in una nota iniziale di assumersene totalmente ogni responsabilità, si sente obbligato a scegliere l'anonimato. Ma, per gli argomenti affrontati, per il taglio impresso all'argomentazione e per i nomi citati, risulta evidente che l'autore non può essere che il conte Libri. In realtà, il saggio, più che un'analisi del funzionamento delle strutture scientifiche della Francia di Luigi Filippo, appare più come una requisitoria nei confronti di Arago, accusato di essere responsabile del degrado scientifico dell'Accademia: «molto caldo per gli amici, implacabile e spesso ingiusto verso gli avversari, M. Arago, in una parola, è uno di quegli uomini destinati a fare molto bene o molto male, in qualunque posizione si trovino». Ricorda che gli inizi della carriera scientifica di Arago furono segnati dalla collaborazione con il grande fisico Biot alla quale seguì una rottura clamorosa che diede l'esca a scontri epici nelle riunioni dell'Ac-

---

4. La fine di questo giovane è avvolta nel mistero, poiché si sa solo che morì per una ferita riportata in un duello, ma appare giustificato il sospetto che lo scontro sia stato organizzato ad arte dalla polizia segreta per liberarsi di un fastidioso agitatore politico. Suo padre, sindaco di un sobborgo di Parigi, era morto suicida due anni prima vittima di un intrigo architettato da un gesuita. Conviene tenere conto di questi eventi perché rendono l'idea del clima culturale e dei mezzi con cui si conduceva la battaglia politica in quegli anni.

5. Libri, Guillome, *Lettres à un américain sur l'état des sciences en France*, «Revue des deux mondes», t. XXI, pp. 779-818, t. XXII, quatrième série, Paris 1840.

cademia «che furono spesso turbate dagli scambi dei due rivali che, nella foga del dibattito, si lasciarono trascinare oltre, soprattutto quando erano in gioco delicate questioni di priorità». Il lungo saggio di Libri è insomma in gran parte dedicato al potente Segretario Perpetuo, accusato di «ricercare la popolarità, piuttosto che la gloria». In effetti, tutti erano al corrente delle ambizioni politiche di Arago che riuscì, dopo la rivoluzione del 1848, a ottenere un seggio in parlamento.

Sul piano politico il conte Libri era quello che oggi si direbbe un liberale conservatore. La Francia era, a quel tempo, piena di rifugiati politici tra i quali vi erano personaggi di tutti i generi, che andavano dagli idealisti ai delinquenti comuni che travestivano le loro malefatte sotto nobili intenzioni. Pur essendo per l'emancipazione dell'Italia, Libri pensava che a questa si dovesse arrivare solo attraverso la moderazione e il buon senso e non attraverso le azioni avventate e violente predicate dai mazziniani. Questa la posizione che sostenne con fermezza sul «Journal des débats», di cui fu uno dei collaboratori più assidui, guadagnandosi l'odio sia dei liberali italiani che dei francesi. Ebbe infatti la ventura di essere bruciato in effige in Toscana e ingiuriato sui giornali della propaganda rivoluzionaria. Fu accusato di essere al soldo degli austriaci, e furono messe in circolazione delle voci ingiuriose in relazione all'incarico di segretario della Commissione per il Catalogo generale dei manoscritti delle biblioteche pubbliche francesi. A questo importante incarico non era estraneo il suo rapporto di amicizia con François Guizot, ministro della Pubblica Istruzione e sostenitore di Luigi Filippo.

Con i parametri attuali, si sarebbe portati a credere che un conservatore come il conte Libri fosse anche un acceso clericale; ma niente potrebbe essere più falso. Guglielmo Libri nutrì, ricambiato, un odio profondo per le strutture clericali e, in particolare, per i gesuiti.

La collaborazione del conte Libri con la «Revue des deux Mondes» assunse la forma di corposi contributi che riguardavano la storia della scienza e temi di attualità politica. Particolarmente notevole – nell'ambito di un piano editoriale che voleva pubblicare le biografie di grandi scienziati francesi e non – è il saggio dedicato a *Galileo, la sua vita e i suoi lavori*, che occupa quaranta pagine della «Revue» del 1° luglio 1841.[6]

Un saggio che ci dice poco di Galileo che non si sappia, ma che dice molto sul suo autore. Prima di tutto sul suo forte spirito nazionalistico, che traspare dalla rivendicazione della superiorità di Galileo su Bacone come filosofo e scienziato. Rivelatrice, a questo proposito, è una frase:

> Mi consentirete di citare Hume, storico sottile e filosofico, che dichiarò
> senza esitazione che Galileo era superiore a Bacone, e che la filosofia

6. Libri, Guillome, *Galilée, sa vie et ses travaux*, «Revue des deux mondes», t. XXVII, quatrième serie, Paris 1841.

inglese deve la sua gloria principalmente allo spirito nazionale di questo Paese; poiché, più fortunata dell'Italia, l'Inghilterra può proteggere gli uomini illustri quando sono in vita, e onorarli liberamente dopo la morte.

Ma l'aspetto che emerge più marcatamente, per chi legge questo saggio dopo 150 anni da che fu scritto, è il fortissimo spirito anticlericale che lo spinge a inserire nel saggio elementi che nulla avevano a che vedere con la biografia di Galileo. Significativo è il bisogno che sente di riportare un passo di una lettera che Piero Guicciardini scrisse al granduca Cosimo II nel 1616:

> Ma egli s'infuoca nelle sue openioni, ci ha estrema passione dentro, et poca fortezza et prudenza a saperla vincere: tal che se li rende molto pericoloso questo cielo di Roma, massime in questo secolo, nel quale il Principe di qua aborrisce belle lettere et questi ingegni, non può sentire queste novità né queste sottigliezze, et ogn'uno cerca d'accomodare il cervello et la natura a quella del Signore; sì che anco quelli che sanno qualcosa et son curiosi, quando hanno cervello, mostrano tutto il contrario; per non dare di sé sospetto et ricevere per loro stessi malagevolezze.

Il valore dell'*Histoire des sciences mathematiques en Italie*, in via di pubblicazione nello stesso anno, per gli studiosi di storia delle matematiche consiste soprattutto nelle note, che occupano circa la metà del testo e riportano brani, in larga misura inediti, degli autori studiati. Questo era dovuto al fatto che Libri non era soltanto un eccellente matematico, ma anche un appassionato ed espertissimo bibliofilo, grazie alla sua vasta cultura umanistica. Infatti, mise insieme una sterminata raccolta personale di libri e documenti antichi, che ricercò in tutti i depositi d'Europa, ma preferibilmente in Francia e in Italia. Il suo valore di matematico gli valse, nel 1843, la prestigiosa cattedra di matematica al Collège de France, ambita anche da Cauchy e Duhamel, mentre la fama di espertissimo bibliofilo gli procurò l'incarico di Secrétaire de la Commission du Catalogue général des manuscrits des bibliothèques publiques de France.

In questa veste ebbe la possibilità di esaminare minutamente le dotazioni delle maggiori biblioteche francesi e fu questa attività, unitamente alla costosa passione per le edizioni pregiate, a ingenerare le prime voci malevole al suo riguardo soprattutto per opera della rivista dell'École des Chartes, legata ai Gesuiti, che Libri aveva cercato di mantenere fuori della commissione.

Nel 1846, una denuncia anonima, presentata al Prefetto di Polizia, venne trasmessa al procuratore del re. In questa si accusava Libri di aver sottratto dalle biblioteche del Midi, in particolare a Carpentras, alcuni libri rari, manoscritti e autografi per un valore di 300-400 mila franchi. Si aggiungeva che, per stornare i sospetti, Libri, dopo aver grattato via i timbri dai libri o dai manoscritti, li «aveva di nascosto inviati in Italia per far figurare che provenissero da lì» e che poi li avesse venduti in Inghilterra. Un solo volume era stato acquistato dal Museo di Londra per 6 mila franchi.

Il capo della procura, si informò in segreto, presso i colleghi di Montpellier, Grenoble e Carpentras, sedi di biblioteche assai ricche, se vi fossero state sottrazioni nelle biblioteche di quelle città. Il nome di Libri non era stato fatto; nulla era emerso dalle imputazioni che gli erano state dirette. Ma la natura delle denunce e la posizione del sospettato rendevano le indagini difficili, cosicché non si raggiunse nessun risultato e le ricerche furono sospese. Furono riprese su una nuova denuncia indirizzata, il 13 luglio 1847, al Procuratore Generale presso la corte di Parigi. Questa volta, gli indizi raccolti apparvero degni di attenzione. La biblioteca di Troyes aveva perduto alcune opere preziose. Non potevano essere state rubate, secondo la testimonianza del bibliotecario, che «da un visitatore audace, sicuro di sé, al quale la posizione sociale conferisce una totale sicurezza, munito, se non di ordini, almeno di raccomandazioni superiori». Il principale indiziato era Libri, che aveva accuratamente esaminato i manoscritti due volte. Un *Teocrito*, edizione aldina del 1493, scomparso dalla biblioteca di Carpentras, era stato ritrovato in una partita di volumi venduti dal sospettato nel mese di agosto del 1847. Solo all'inizio di febbraio del 1848 il rapporto arrivò al Ministero della Giustizia e, infine, nelle mani del Presidente del Consiglio François Guizot, amico personale di Libri. Erano giorni di grande incertezza politica; infatti, il 22 febbraio scoppiò quella che è nota come Rivoluzione di febbraio che portò alle dimissioni del governo di Luigi Filippo e all'instaurazione della Repubblica Sociale, liquidata in maniera sanguinosa dopo sei mesi dalla Seconda repubblica e dal governo di Luigi Napoleone.

Nonostante la rivoluzione in corso, l'Istituto teneva regolarmente le sue riunioni. Sappiamo tutto dell'arrivo e dell'allontanamento di Libri dalla seduta del 28 febbraio perché abbiamo la testimonianza di Albert Terrien, cronista scientifico del «National», avversario politico dichiarato. La sera precedente questi aveva avuto un colloquio con un funzionario di alto livello del Ministero degli Affari Esteri, che lo aveva informato dell'esistenza di una denuncia contro Libri per furto di documenti antichi. Al giornalista dobbiamo anche la cronaca della seduta:

> Stavamo ascoltando in silenzio la relazione di M. Babinet circa la misura delle quote mediante il barometro. La porta si aprì e comparve un uomo [...] o, piuttosto, una coccarda, una enorme coccarda tricolore seguita da M. Libri. A giudicare dall'umore, non mostrava alcuna preoccupazione. Una gioia più serena non avrebbe irradiato uno sposo novello; si sarebbe potuto dire che la gioia per la vittoria del popolo si fosse stampata sul volto di solito cupo di M. Libri. Tutti furono colpiti dalla sua apparizione, e io più degli altri. I miei occhi seguirono il nuovo

arrivato, che ostentava strette di mano a tutti da quando era entrato. È difficile dire ciò che provavo, ma quando vidi M. Libri afferrare la mano fiduciosa di M. Thénard, scattai, incapace di sopportare ancora. «Non può stare qui. Se ne vada. Rinunci al suo seggio e le sue dimissioni volontarie risparmino all'Istituto, che lo ha onorato e al Paese che lo ha adottato l'onta di un processo estremamente sgradevole!» Questi erano i miei pensieri. Comunque, allo scopo di evitare una scenata, presi posto, strappai una pagina dalla mia agenda e, appoggiatala sulle ginocchia, scrissi a matita le righe seguenti:

Signore, senza dubbio siete all'oscuro della recente scoperta di una denuncia che riguarda la vostra attività nelle biblioteche pubbliche. Credetemi. Risparmiate al popolo francese uno di quegli atti di vendetta popolare che ripugnano al carattere della nostra nazione. Non venite più all'Istituto; sparite!

Firmai e mi avvicinai a M. Libri: «Per favore leggete questo biglietto». «Merci, monsieur». Lesse immediatamente, si alzò e uscì. Io lo avevo preceduto e sulle scale incontrai il figlio di un accademico che aveva onorato M. Libri di particolare amicizia. Lo presi per mano dicendogli: «Venite con me, la vostra presenza può essere utile». Intendevo così rispondere a qualsiasi domanda che M. Libri potesse farmi. Eravamo soli nell'atrio. M. Libri passò davanti a noi senza alzare lo sguardo, con un atteggiamento completamente diverso da quello che aveva mostrato al suo ingresso. Poche ore dopo si trovava in Gran Bretagna.[7]

Quando, il 20 marzo, il procedimento contro di lui fu ufficialmente aperto, e gli agenti forzarono la porta di casa sua, trovarono l'appartamento deserto e, nel camino, i resti di una gran quantità di carta bruciata. Si assodò che Libri era partito per Londra, portando con sé 18 grandi casse di libri e documenti. Due giorni dopo, Terrien, il cronista del «National» che aveva mandato a Libri il biglietto di avvertimento, descriveva la seduta dell'Accademia del 20 marzo con queste parole:

Non vi era, in effetti, nulla di cambiato nell'Accademia delle Scienze di Parigi. Non vi era che *un italiano di meno*. Questo individuo, due volte rifugiato, è andato a cercare al di là della Manica un nuovo salotto e nuove biblioteche: che i nostri amici dell'altra sponda se lo tengano; questo è tutto ciò che gli auguriamo. Quando all'assente che fa loro visita, il suo nome, grazie a Dio!, non comparirà più nelle nostre colonne.

La Corte d'Assise del dipartimento della Senna il 22 giugno 1850, dichia-

7. Terrien, Albert, *Aux lecteurs du Bullettin Scientifique du National en résponse à plusieurs assertions du M. Libri*, «Le National», 18 mai 1850.

rato l'imputato contumace, emise la sentenza:

> Vista la richiesta del 12 aprile 1850 della Corte d'Appello di Parigi, di incriminazione e rinvio a giudizio davanti alla Corte d'Assise di Gugliel-mo-Bruto-Timoleone-Libri-Carrucci, di anni 46, nato a Firenze, membro dell'Istituto, professore al Collegio di Francia, residente a Parigi (assente) [...] udita la requisitoria dell'Avvocato Generale, tendente a ottenere dalla Corte che l'imputato venga dichiarato colpevole dei fatti ascritti e che venga condannato alle pene previste dalla legge [...] considerando che risulta provato che Libri-Carrucci, in un periodo di almeno dieci anni, ha sottratto fraudolentemente diversi pezzi conservati nei pubblici depositi e consistenti in libri stampati, in autografi e manoscritti [...]. Dichiara Libri-Carrucci colpevole del crimine previsto dagli articoli 254 e 255 del Codice penale [...]. Data lettura dell'Art.21: «Chiunque [...] condannato alla pena della reclusione sarà rinchiuso in una prigione. La durata di questa pena sarà almeno di cinque anni e di dieci anni al massimo». [...] Applicando i dispositivi dei citati articoli, condanna Gugliel-mo-Bruto-Timoleone-Libri-Carrucci a dieci anni di reclusione.

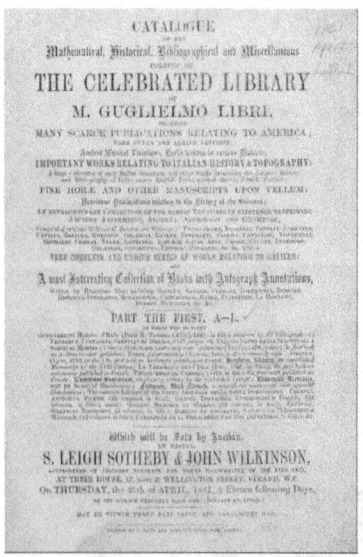

Copertina del catalogo della casa Sotheby di Londra relativo a un'asta della collezione Libri (1861).

In difesa di Guglielmo Libri scesero molti tra i più illustri intellettuali dell'epoca, francesi, italiani e inglesi soprattutto. A Parigi furono particolarmente attivi Paul Lacroix, membro della commissione dei documenti relativi alla storia di Francia che nel 1849 pubblicò una raccolta di *Lettere a M. Hatton* – il giudice istruttore del processo contro Libri – *a proposito dell'incredibile accusa rivolta a M. Libri*[8] in cui si mettevano in evidenza le gravi lacune formali e sostanziali con cui era stata condotta l'istruttoria. In particolare il fatto che le indagini tecniche fossero state condotte da membri dell'École des Chartes al cui interno Libri si era fatto acerrimi nemici quando svolgeva la funzione di segretario della Commissione per il Catalogo dei libri antichi. Ebbe la solidarietà attiva di François Guizot

---

8. Lacroix, Paul, *Lettres à M. Hatton au sujet de l'incroyable accusation intentée contre M. Libri*, Paulin, Paris 1849.

che, ministro al tempo di Luigi Filippo, era stato costretto anche lui a cercare riparo in Inghilterra dopo la Rivoluzione di febbraio che portò al potere
Luigi Napoleone. Molto attivi nella sua difesa furono Antonio Panizzi, un
fuoriuscito italiano che era diventato Direttore della Biblioteca del British
Museum, e il grande matematico inglese Augustus De Morgan, fondatore
della London Mathematical Society. In Francia, il più attivo nella difesa
dell'italiano, tanto da farne una sorta di "caso Dreyfus" *ante litteram*, fu il letterato Prosper Mérimée che prese posizioni molto decise sulla stampa. A tal
punto che, nonostante le protezioni politiche di cui godeva, venne condannato per oltraggio alla corte e dovette scontare alcune settimane di carcere.

Il fuoriuscito Libri visse in Inghilterra agiatamente, grazie ai libri che
si era portato. Da due sole aste bandite nel 1861 ricavò oltre un milione di
franchi, che era una somma enorme. Malato, rientrò in Italia nel 1868, e
morì a Fiesole l'anno dopo, il 28 settembre. Il 9 ottobre, ricevutane notizia,
Mérimée scriveva a Panizzi al di là della Manica:

> Mio caro Panizzi, ecco il povero Libri dall'altra parte dell'Acheronte.
> Qui [a Parigi]quasi tutti pensano che abbia inviato Vrain-Lucas presso
> M. Chasles, allo scopo di vendicarsi di lui […].

Apelles latens post tabulam

Fu nella seduta del 13 settembre 1869 quella in cui, improvvisamente, crollarono le sicurezze di Chasles, che cominciò a riconoscere, seppure non totalmente, la propria sconfitta.

> Allorché, ai primi di luglio del 1867, ebbi l'onore di comunicare all'Accademia certi documenti da cui risulta che Pascal avrebbe avuto conoscenza delle leggi dell'attrazione e sarebbe anche stato in rapporti con il giovane Newton, non agivo con precipitazione; poiché era dal 1861, in novembre, che un individuo, che si dichiarava archivista paleografo e faceva commercio di titoli genealogici, mi portò questi documenti estranei alla specialità del suo commercio, da parte di un possessore che me li faceva esibire. Conoscevo, dunque, l'importanza scientifica di questi documenti; sapevo, inoltre, di non essere in possesso dell'intera raccolta; ho insistito perché me la vendesse interamente; ma mi venne risposto che il possessore, che l'aveva riportata dall'America, dove era stata trasportata nel 1791, voleva esaminare tutti i documenti e non voleva venderli che pochi alla volta. Per questo motivo, quando M. Le Verrier, nella seduta del 19 agosto 1867, mi ha chiesto la provenienza dei documenti, e di esibire tutti quelli che esistevano, ho dovuto rifiutare. Perché rendere pubblico il nome di chi me li forniva, avrebbe significato richiamare altri compratori, alle offerte dei quali il venditore non avrebbe resistito. Avrebbe significato compromettere la sorte di documenti che consideravo preziosi. Tutti mi avrebbero rimproverato per questo [...].
>
> Del resto, il gran numero di documenti, i nomi degli autori, la varietà delle materie scientifiche, letterarie, storiche che vi erano trattate e la perfetta concordanza che vi trovavo, non mi lasciavano alcun dubbio sulla loro autenticità. È stata questa concordanza tra i documenti che mi ha consentito di rispondere sempre a tutte le obiezioni che sono state avanzate: perché non era possibile immaginare un falsario, o persino un'associazione di falsari, capace di realizzarli, e anche all'ultimo mo-

mento, per le necessità della causa […].

Ma posso dire che tutto ciò che è avvenuto nelle nostre sedute induce a scartare l'idea che fossi ricorso a documenti che non fossero ancora nelle mie mani, a motivo del fatto che io rispondevo sempre, nella seduta stessa, a tutte le comunicazioni che arrivavano da fuori. Se ne ero avvertito dal Segretario Perpetuo, all'inizio della seduta, correvo a cercare i pezzi che avrebbero potuto servire alla mia risposta; e se venivo a conoscenza di una comunicazione solo nel momento in cui ne veniva data lettura durante lo spoglio della corrispondenza, ciononostante rispondevo ricorrendo, a memoria, ai documenti inerenti alla questione; e questi documenti non li presentavo il giorno successivo, era sempre di mattina, tra le 7 e le 8, che li mandavo alla tipografia, con il testo della mia risposta. I «Comptes rendus» sono prova di questo fatto.

Dichiaro inoltre che il venditore che mi portava i documenti veniva sempre da me tra le 11 e mezzogiorno, o tra le 5 e mezza e le 6; e che, inoltre, non sono mai andato da lui, né di aver mai mandato qualcuno a chiedergli nessun documento […].

Le osservazioni che sono state fatte a Firenze sulla lettera di Galileo del 5 novembre 1639, di cui avevo mandato una fotografia, hanno risvegliato la mia attenzione, e hanno cominciato a suscitarmi delle inquietudini che mi hanno indotto ad alcune ricerche e richieste d'informazioni, e anche a sollecitare dal Prefetto di Polizia una sorveglianza allo scopo di conoscere infine il vero magazzino dei pezzi che mi erano stati venduti. L'esame che M. Volpicelli ha voluto far fare ai suoi amici Corridi e Guasti, in assenza della Commissione di Firenze, sull'ultima lettera che avevo mandato a M. Carbone, ha accresciuto le mie inquietudini, e ho risolto di indirizzare al Prefetto di Polizia una dichiarazione in cui chiedevo, smesse le ricerche e la sorveglianza già stabilita, che si procedesse all'arresto del venditore, cosa che è avvenuta. Ma presso di lui si sono trovati solo dei fogli bianchi, provenienti da registri, alcune penne, un solo flacone d'inchiostro e qualche facsimile dell'*Isografia*, mentre speravo che vi si trovasse la massa dei documenti di cui mi aveva ceduto solo copie e di cui una parte considerevole mi era ancora dovuta. Si è rifiutato subito di fare il nome di chi tenesse questi documenti e ha dichiarato poi che era lui a fabbricarli […].

Dichiara dunque di aver fabbricato, a partire dal 1861, più dei 20 mila pezzi che ha venduto a me: dichiara di avermi truffato per tutto questo tempo; dal che si deve credere che potrà truffare ancora.

Ha ammesso, contrariamente a quanto aveva dichiarato all'inizio, di aver ricevuto dei documenti dal conte di Menou, morto nel 1862; ma una sua nota, trovata tra le sue carte, registra che ha ricevuto nel 1861, dallo stesso conte di Menou, documenti preziosi, in numero di venti mila, che il proprietario non aveva ancora ben esaminato, e che gli ha ceduto in cambio di qualche titolo genealogico e di lavori che ha fatto per lui. Non è possibile ammettere che un solo individuo abbia potuto comporre una massa tanto grande di documenti su tanti temi, soprattutto se non si trova presso di lui nessuna delle fonti di libri, frammenti, prove che sarebbero stati necessari per una tale fabbrica.

I documenti che ho presentato all'Accademia sono solo una parte di quelli che mi ha venduto; ve ne sono molti altri di cui non ho parlato, poiché dovevo limitarmi a una questione scientifica precisa.

Così, indipendentemente dalle numerose serie di Galileo, Pascal, Luigi XIV, Labruyere, Molière, Montesquieu; dalle serie meno numerose di Boulliau, Mariotte, Rohault, Saint-Evremond, Locke, Mme de Sévigné, Rotrou, Corbeille, Lafontaine, Étienne Pascal, Mme Périer, sua sorella Jacqueline, Maupertuis, Fontanelle, J. Bernoulli, ecc., si trova un gran numero di serie di epoche anteriori: due mila lettere almeno di Rabelais, numerose lettere di Copernico, Cristoforo Colombo, Cardano, Tartaglia, Oronce Finé, Ramus, Budée, Grolier, Michel Nostradamus, Calvino, Zelantone, Lutero, J.-C. Scaliger, Dolet, Machiavelli, Michelangelo, Raffaello, Thomas Moore, Carlo Quinto, ecc. indirizzare a Rabelais; numerose lettere e poesie del suo amico Clément Marot; Misteri inediti e numerose poesie di Margherita d'Angoulème; lettere e numerose quartine in latino di Anna di Pisseleu; numerose lettere, poesie e istruzioni per suo figlio, di Francesco I; lettere e numerose poesie di di Maria Stuarda; alcune centinaia di lettere di Montagne; numerosissime lettere di Shakespeare indirizzate a Larrivay, a Philippe Desportes, a Melle de Gournay; lettere e poesie dello stesso Philippe Desportes, di Rousard, Regnier, Tasso, Michele Cervantes, ecc. Risalendo oltre il XVI secolo, citerò che numerosissime lettere e poesie di Dante, Jean de Meung, Réné d'Anjou, Petrarca, Boccaccio, Laura di Cabrière, amata da Petrarca, di Clémence Isaure, Cristina di Pisan, di Villon, Carlo d'Orléans; numerose lettere di re, di Filippo-Augusto, San Luigi, Filippo il Bello, Carlo V, Carlo VI, Carlo VII; di Agnès Sorel, di Jacques Cœur; di Comenio, Guttemberg, Brantome; lettere e racconti di Giovanna d'Arco, le prime dirette a Jean Sorel, gli altri scritti durante da prigionia, per la fanciulla sua compagna di letto ad Orléans, che aveva il permesso di visitarla. Come avrebbe potuto un solo individuo aver composto, indipendentemente da tutti i documenti scientifici e affini che l'Accademia conosce, tutte le lettere e poesie francesi di Dante e di Petrarca in particolare? Né si può dire che le abbia copiate da libri stampati, che riportano solo brani in italiano. A credere a certe lettere, i pezzi di Petrarca, di Laura e di Clémence Isaure sarebbero stati inviati a Rabelais attraverso il suo amico Nostradamus, cui sarebbero stati consegnati ad Avignone.

La raccolta si estende fino ai primi tempi dell'era cristiana, e anche oltre; poiché vi si trova qualche lettera e numerose note di Giulio Cesare e degli imperatori romani; degli apostoli, principalmente di san Gerolamo; di Boezio, Cassiodoro, Gregorio di Tours, sant'Agostino, di diversi re merovingi; un gran numero di Carlo Magno, come di Alcuino.

Ecco, a credere a questi documenti, l'origine del tesoro. L'Abbazia di Tours era molto ricca di documenti antichi. Alcuino, che ne fu abate, l'arricchì ancor di più, facendo cercare in Italia e nei paesi stranieri tutto ciò che si potesse trovare.

Rabelais, che era un grande estimatore di pezzi di questo genere, e che era anche incoraggiato in queste ricerche da Francesco I e Margherita d'Angoulème, conosceva gli archivi dell'abate di Tours, e ne fece fare copie e traduzioni in considerevole numero. Tutto ciò si trovava nel suo ritiro di Langey, all'interno della proprietà dei Du Belley, e sarebbe passato nella collezione dell'intendente Foucault, morto nei primi tempi del secolo scorso, membro dell'Accademia delle Iscrizioni.

Non fornisco garanzie su questi documenti. Sia come sia, è certo che la loro composizione, se non sono originali, ha richiesto un lungo lavoro, molti materiali; e se si considera che a questi se ne aggiungono molti altri, di tutti i tempi, fino al secolo scorso, e che trattano di tante materie diverse, non si può credere che siano opera di un solo individuo, di un solo fabbricatore, che del resto con conosce né il latino, né l'italiano, né alcuna parte della matematica o delle altre scienze sulle quali si estende una parte considerevole dei documenti. Vi è dunque un mistero da penetrare, e fino ad allora con si può trarre alcuna conclusione con certezza.[1]

Parole che non costituiscono un'ammissione di dolo, ma di ingenuità, motivata a sua volta dal desiderio di rendere un servizio alla patria.

Il 9 settembre 1869 venne arrestato Denis Vrain-Lucas, di anni 53, che da circa otto anni forniva i pezzi della collezione di Chasles. Interrogato nella sede del commissariato di polizia, si riconobbe colpevole di truffa e, di conseguenza, associato alle carceri in attesa di processo.

Questo enigmatico personaggio, Denis-*Vrin* Lucas, era nato a Lanneray, nella regione dell'Eure-et-Loir, il 1° dicembre 1816 (nell'atto di nascita il nome *Vrain* è storpiato in *Vrin*) da François Lucas, giornaliero, e Marie-Madeleine Bret. Era stato sposato con Clémentine Luxereau, da cui aveva avuto una figlia di nome Marie, defunta da molti anni.

Suo padre era quello che oggi si chiamerebbe un bracciante, ovvero un salariato agricolo, e il giovane Lucas aveva iniziato nello stesso modo. Almeno questo è ciò che testifica un vecchio documento d'identità di cui era in possesso e che lo qualificava come "domestico". Infatti, appena lasciata la scuola, era entrato al servizio del generale Pron, titolare di una vasta proprietà, che già dava lavoro al padre come bracciante e cocchiere. Tuttavia, sembra che si fosse rapidamente tratto fuori dalle umili condizioni iniziali. Infatti, dalle tracce che ha lasciato nel paese natale si ricava che è

---

1. Chasles, Michel, *Question des Manuscrits de Pascal, Galilée, etc.*, «Comptes rendus», t. 69, juillet-décembre 1869, p. 646.

stato scrivano presso un avvocato e poi impiegato di tribunale.

Dal 1847 al 1852 Vrain-Lucas era stato impiegato all'ufficio ipoteche di Châteaudun con l'incarico di stendere i numerosi atti che si accumulano in un tale ufficio. Frequentava la biblioteca municipale e il registro dei prestiti tenuto dal buon abate Souazay ci informa delle impegnative letture del giovane tra il 4 ottobre del 1848 e il 27 febbraio del 1852: i numerosi volumi di una *Histoire de l'Académie, Rapport de l'Académie des Inscritions, Réqueil du procès de M. de Chevreuse, Religion des Gaulois, Charlemagne*.

Nello stesso registro è conservata una lettera del 29 ottobre 1848, con la quale Vrain-Lucas chiede al sindaco di Châteaudun di autorizzare i responsabili della biblioteca di consentirgli di portare fuori, per un periodo di otto giorni, il secondo volume della *Storia dell'Accademia delle iscrizioni*. Aveva preso in prestito anche una *Défense de M. Libri*, che raccoglieva l'apologia del famoso matematico, riparato in Inghilterra nel 1848. La *Défense* del conte Libri arricchisce l'interesse per le letture del giovane Lucas e potrebbe indicare una relazione con un'altra storia affascinante e misteriosa, di cui parleremo più avanti.

In fondo alla pagina del registro dei prestiti, uno dei bibliotecari, l'abate Sonazay scrisse questa nota: «Il laborioso M. Lucas va a vivere a Parigi. Merita di riuscire. Un giovane di Lanneray che si è fatto da solo. 18 febbraio 1852». Lucas aveva anche un certo estro poetico. A casa sua è stato anche trovato un quaderno con una quindicina di brani in versi, la maggior parte scritti tra il 1848 e il 1850, ognuno regolarmente autografato. I titoli: *La ghirlande de Flore* ovvero *Les Mélodies de la nature*; *la Marine*; *Ce que j'aime à voir*; *la Divinité*; un'ode patriottica; due epigrammi. Nella *Ghirlanda di Flora*, l'autore traccia un proprio profilo:

> Tu vorresti dunque su Petaso
> Tu, povero e senz'appoggi,
> Scalare perfino il Parnaso?
> Mi disse un giorno un amico.
> Io, no; sono più modesto:
> E per dimostrarvelo coi fatti,
> Voglio avvertirvi,
> (salvo che debba pentirmene)
> Che non ho studiato;
> Faccio rime per abitudine,
> Per il piacere e per passatempo.
> Vi giuro sui miei grandi dèi,
> Lettore, che nella mia infanzia
> Non mi è stato insegnato, grazie al destino,
> Né il greco né il latino,
> Oggetti di grande importanza
> Per chiunque voglia fare rime

E poi farle stampare!
Ne do il mio cuore in pegno,
Alla scuola di un villaggio,
Ho studiato la mia lezione,
Il mio maestro fu Apollo…

[…]

Dunque, come tanti altri, Lucas nel 1852 se n'era andato a Parigi, con la speranza di trovare un lavoro. Aveva tentato dapprima presso una grande biblioteca di via Richelieu, in forza di raccomandazioni che aveva presso l'amministratore generale di questo istituto, ma non ebbe successo, privo com'era di una laurea in lettere. Un professore del collegio di Chartres, collezionista di autografi, M. Roux, che l'aveva preso a benvolere, aveva cercato di trovargli un posto presso una libreria di Parigi, la Maison Auguste Durand; ma Durand, nonostante la stretta amicizia con Roux, rifiutò di assumerlo, con la scusa che non conosceva il latino.

Nel frattempo Vrain-Lucas aveva stretto rapporti con il proprietario di un gabinetto genealogico, il Gabinetto Letellier. Si trattava, per il giovane Lucas, di una cattiva compagnia e di una scuola funesta. Questi "gabinetti genealogici" avevano per ragione commerciale, non solo di rivendere alle famiglie gli originali o le copie di titoli che facevano trascrivere, ma anche di redigere dei testamenti e delle genealogie. Un'attività nella quale, anche allora, non era sempre facile tener separato il falso dal vero.

Nel 1843, il re Luigi Filippo aveva preso la decisione di dedicare una delle gallerie di Versailles al ricordo delle Crociate, e di farvi dipingere il nome e il blasone delle famiglie in grado di provare mediante titoli autentici che uno dei loro antenati era stato crociato. L'iniziativa aveva scatenato una caccia generale ai titoli nobiliari. Documenti in gran numero furono prodotti da un certo Courtois che li faceva realizzare da un copista di nome Letellier. Questi aveva inizialmente svolto la funzione di "piazzista" di Courtois, ma poi si era messo in proprio, aveva assunto il nome di conte di Tellier d'Irville, spacciandosi per archivista della Biblioteca Nazionale, al fine di dare credibilità al suo studio di genealogia e autografi. Arrivò a ereditare ciò che restava del famoso studio Hozier, cosa che aumentò la fiducia dei clienti e gli permise di vendere i suoi falsi titoli nel corso di aste pubbliche. Tutto ciò negli anni 1844-1847.

Lucas aveva trovato impiego in questa azienda come rappresentante o commissionario, cioè andava presso le famiglie a offrire i servizi della casa, con una percentuale sui lavori che riusciva a procacciare. Secondo ciò che si dice, la sua attività aveva procurato entrate per 50 o 60 mila franchi al *gabinetto*. Non c'è dubbio che, nello stesso tempo, lavorava per conto suo, nello stesso campo di attività. Per quanto riguarda le attitudini letterarie del nostro, è da ricordare che, su segnalazione di Roux, nel 1856 Lucas era stato nominato membro corrispondente della Società Archeologica del dipartimento di Eure-et-Loire. Nel 1865 si era offerto di redigere l'inventario degli archivi dell'ospizio di Châteaudun, che sono molto ricchi, e la sua proposta era stata accettata dall'amministrazione; ma, di mese in mese, aveva procrastinato l'inizio di questo lavoro che sicuramente andava oltre le sue forze, dato che la maggior parte dei documenti sono redatti in latino. Alla fine, dopo diciotto mesi, gli amministratori dell'ospizio, stanchi della lunga attesa, avevano affidato il lavoro all'archivista del dipartimento, Merlet.

La storia dei documenti che Lucas aveva raccontato a Chasles era suppergiù la seguente. Il grosso dei materiali sarebbe arrivato dalla raccolta del cav. Blondeau de Charnage, ufficiale di fanteria e collezionista di genealogie, che avrebbe raccolto, verso la metà del XVIII secolo, un'importante collezione di titoli di cui aveva fatto stampare l'inventario in 5 volumi a partire dal 1764. Ma questa non poteva aver molto a che fare con le lettere cedute a Chasles, perché si trattava di documenti redatti in gran parte su pergamena. Insieme alla raccolta Charnage vi era quella delle carte di Pierre Desmaizeaux, un ugonotto francese vissuto esule a Londra, traduttore e biografo di Pierre Bayle.

Al tempo della Rivoluzione, questa mole di documenti sarebbe venuta in possesso del conte di Boisjourdain, che l'avrebbe portata con sé in America nel 1791. Al tempo in cui una parte dei documenti venne ceduta a Chasles, il grosso sarebbe stato ancora nelle mani della stessa famiglia, o meglio dell'ultimo discendente, ormai avanti negli anni e molto attaccato ai documenti ricevuti in eredità, tanto che se ne separava solo con grande pena, e sotto la condizione di vedere di persona ogni documento che era costretto ad alienare. La raccolta era allora dispersa, senza alcun ordine, nelle soffitte di un palazzo di Parigi e comprendeva, oltre alle lettere, un gran numero di libri a stampa, mescolati con i documenti più diversi. Vrain-Lucas aveva dichiarato di svolgere solo il ruolo di rappresentante del "vecchio signore", come lo chiamava, di cui gli era stato vietato di svelare il nome, e che il suo compito era solo quello di andare a cercare i documenti secondo le indicazioni del vecchio e per ogni vendita riceveva il 25% dell'incasso.

Ritratto di Denis Vrain-Lucas
che assiste al processo.

Vrain-Lucas non uscì mai dal modesto ruolo di commissionario che si era scelto; non cercava in alcun modo di elevare la sua importanza. Era talmente sicuro della fiducia del suo compratore che arrivò a parlargli diverse volte degli scrupoli che tormentavano il vecchio signore: gli restava un parente, pressappoco della sua età, un vecchio militare. L'aveva consultato sull'opportunità delle cessioni a Chasles, e il vecchio si era dichiarato del tutto contrario e indispettito, tanto da indurre Boisjourdain a chiedergli di restituire i documenti in cambio dei soldi versati: proposta che l'acquirente aveva rifiutato con sdegno, come si aspettava l'astuto venditore. La testimonianza più evidente dell'entusiasmo che caratterizzava Chasles è la dichiarazione, più volte ripetuta, che se aveva fatto arrestare il suo uomo, non era per punirlo della frode ai suoi danni, ma per impedirgli di vendere all'estero i fondi della collezione Boisjourdain, privandone così la Francia. Nella stesura delle lettere che vertevano su argomenti scientifici e che sono state al centro delle discussioni dell'Accademia per più di due anni, le ispirazioni erano principalmente due: 1) quella di vellicare il falso patriottismo ispirato all'idea di una gloria francese usurpata e fraudolentemente sottratta dallo straniero; 2) una certa avvedutezza nella scelta dei brani. Un esempio è fornito dalla seguente lettera (falsa) di Pascal:

LETTERA DI PASCAL [L16.1]

Il 23 novembre

Signore, come vi ho già detto, *Galileo che ci ha date le vere leggi della pesantezza, combatté dapprima l'errore di Aristotele che credeva che i diversi corpi cadessero nello stesso mezzo con velocità proporzionali alle loro masse. Galileo osò sostenere contro l'autorità di Aristotele che la resistenza dei mezzi nei quali cadono i corpi era la sola causa delle differenze che si trovano nei tempi della loro caduta verso la Terra [...]. *Ho trovato* che le differenze delle loro cadute nei diversi mezzi rispondevano all'incirca alle densità di questi mezzi e non alle masse dei corpi. Dunque, *ne ho concluso con Galileo,* che la resistenza dei mezzi e l'estensione e l'asperità della superficie dei diversi corpi sono le sole cause che rendono le cadute di certi corpi più rapide di quelle di altri.* Ripetendo queste stesse esperienze ve ne potrete assicurare da voi stesso. Sono, Signore, il vostro um.mo e aff.mo servitore, Pascal.

Basta confrontare la parte centrale di questa lettera (*tra asterischi*), tratta da un articolo dell'*Encyclopédie* di Diderot,[2] per rendersi conto di quale fosse la tecnica di realizzazione dei falsi. L'avvedutezza si manifesta anche nella parsimonia con cui il falsario ha attinto frasi da autori del XVIII secolo per attribuirle ad autori del XVII. In effetti, prendere da Savérien i valori delle masse della Terra, di Giove e Saturno (in unità di massa solare), che li aveva tratti dai *Principia* di Newton, per attribuirli a Pascal, fu l'errore principale del falsario, perché lo stesso Newton, nella prima edizione dei *Principia,* pubblicata molto dopo la morte di Pascal, aveva fornito valori diversi. Se avesse avuto una cultura scientifica il falsario non avrebbe mai osato parlare di Newton e contro Newton, né citare la sua opera senza conoscerla e si

---

2. Dalla voce «Pésanteur» (scritta da M. de Jaucourt) nella *Encyclopédie ou Dictionnaire raisonné des sciences, des arts et des métiers»,* dirigée par Diderot & d'Alembert (1751-1772).

sarebbe tenuto lontano da una materia troppo elevata per lui. Vale la pena di ricordare che uno degli scienziati francesi più illustri, Jean-Baptiste Biot, nella sua biografia, ha scritto di Newton che

> Tra i contemporanei di Newton solamente tre o quattro erano in grado di comprendere i *Principia*: Huygens ne adottò le idee solo in parte; Leibniz e Jean Bernoulli lo combatterono; e anche Fontanelle, pur essendo un giudice così raffinato, non credette di compromettersi esprimendo sull'attrazione gravitazionale qualcosa di più di un dubbio; dovettero passare più di cinquant'anni prima che la grande verità dimostrata da Newton fosse, non dico seguita e sviluppata, ma solo compresa dalla comunità degli scienziati.

Nonostante le contestazioni che venivano avanzate da ogni parte, Vrain-Lucas non perse mai la speranza di poter continuare la sua attività e mantenere normali rapporti con Chasles. Anche dopo l'esplicita presa di posizione di Le Verrier, che esprimeva quella dell'Accademia, e perfino dopo la diffusione dell'esito della perizia compiuta dalla Commissione di Firenze, continuò ad andare ogni giorno alla Biblioteca Imperiale per studiare la *Chroagénésie ou Génération des coleurs contre le système de M. Newton* di Gautier (1749), il *Dizionario* di Chauffepié, la *Corrispondenza di Galileo* e la raccolta di autografi pubblicata sotto il nome di *Isographie*.[3]

Tra le carte di Chasles venne trovata una testimonianza degli sforzi compiuti dal falsario, fino all'ultimo, per sostenere la sua truffa e portare a termine la rovina scientifica di Newton. L'ultima lettera risulta particolarmente interessante:

> Signore, ho letto tempo fa qualche brano del vostro libro dei *Principi matematici della filosofia naturale* con tutta l'attenzione possibile; e l'ho riletto ancora nei giorni scorsi, per dirvene il mio giudizio, in conformità al desiderio che mi avete espresso. Secondo me è un'opera perfetta: avete saputo perfettamente combinare e utilizzare i materiali che vi ha fornito il sig. Pascal, aggiungendovi molto del vostro, ben inteso. Del resto questo si vede, ma io mi rammarico di una cosa, tuttavia, e consentitemi di farvi questo rimprovero, cioè perdonate la mia franchezza nel farvelo, è che avete troppo cercato di dissimulare. Non potete ignorare che sono rimaste delle tracce di scritti di P[ascal] e di G[alileo]. Vi voglio avvertire che alcuni di questi scritti sono venuti a mia conoscenza; li ho confrontati con la vostra opera e ho avuto la prova certa che anche voi dovete averne di simili. Su questo non c'è alcun dubbio, e questo mi fa rammaricare di una cosa, ed è che nel tentativo di dissimulare avete utilizzato certi

---

3. Bérard, A.S. – Châteaugiron, H. de, *Isographie des hommes célèbres ou Collection de fac-simile de lettres autographes et de signatures*, Mesnier, Paris 1828-1830.

calcoli e introdotto certe cifre che, secondo me, non sono esatte come quelle che si trovano negli scritti in questione. È per questo, signore, se mai faceste ripubblicare quest'opera, vi avverto di fare attenzione a quei calcoli, che riguardano le distanze dei pianeti tra loro, ecc., ecc. Vi dico

La lettera è incompiuta. Il falsario si è fermato qui nella sua redazione imbarazzata che aveva lo scopo di controbattere le argomentazioni di Le Verrier. Non si sa chi fosse il destinatario, ma fu trovata nelle carte di Chasles.

Il processo

Il 9 settembre 1869, come abbiamo detto, Vrain-Lucas, arrestato e interrogato, aveva ammesso la truffa. Nell'intervallo di tempo che seguì all'arresto e precedette il processo, l'opinione pubblica mantenne un atteggiamento di divertita curiosità per la faccenda e quasi di simpatia per l'imputato, come testimonia un anonimo cronista di «Le Figaro»:

> Lucas è un ometto dal colorito olivastro, rugoso, che cammina a testa bassa e col passo rapido. I suoi atteggiamenti dovevano essere stati sempre strani se da anni era stato segnalato dagli impiegati delle biblioteche come individuo da tenere d'occhio; ma niente poteva far prevedere a quali altezze avrebbe elevato la mistificazione [...] Lucas, che non trascurava l'attualità, al momento dell'arresto si occupava di una memoria *autentica* che attribuiva al regno di Luigi XIV il merito dell'invenzione del velocipede.[1]

Il processo ebbe inizio il 16 febbraio dell'anno dopo. Il tribunale aveva dato incarico a due periti di esaminare la mole dei documenti che Vrain-Lucas aveva venduto a Chasles. Si trattava di Henri Bordier ed Émile Mabille, universalmente riconosciuti tra i massimi esperti di paleografia. Del processo abbiamo una accurata descrizione che dobbiamo a Charavay.[2]

Tra il numeroso pubblico che vi assisteva, oltre al *venerable* M. Chasles e a Mabille e Bordier, periti nominati dal tribunale, vi erano numerosi rappresentanti dell'Accademia e del mondo artistico e intellettuale di Parigi. Scrive Thierry, quarant'anni dopo, ricordando l'aula del tribunale:

> Il pretorio della 6° camera correzionale quel giorno, 16 febbraio 1870,

1. Anonimo, «Le Figaro», vendredi 1ᵉʳ octobre 1869.
2. Charavay, Étienne, *Affaire Vrain-Lucas. Étude critique sur la collection vendue a M. Michel Chasles et observations sur les moyens de reconnaitre les faux autographes*, Librairie J. Charavay Ainé, Paris 1870.

offriva un aspetto brillante e inconsueto. Dovunque, sui banchi del pubblico o nell'area riservata al pubblico in piedi, era pieno di notabili del mondo delle scienze, delle lettere e delle arti: Prévost-Paradol, Faugère, Ludovic Lalanne, Servois, Emile Chasles, Etienne Chavaray, Wilfrid de Fonvielle fino ad Anatole France, ancora giovanile, venuto senza dubbio per raccogliere *in anima vili* una buona lezione di scetticismo sociale.[3]

La corte era presieduta dal giudice Brunet, calvo e di bassa statura, dallo sguardo intelligente e scrutatore, che diresse il dibattito con sicurezza e perspicacia. Il Pubblico Ministero era l'avvocato imperiale Fourchy, il quale diede lettura di una lettera a lui indirizzata da Vrain-Lucas (si veda capitolo *Un'ipotesi à la Dumas*). Il presidente pose a Bordier, il quesito fondamentale: se l'imputato avesse la capacità di realizzare i falsi documenti e se fosse possibile che avesse fatto tutto da solo. La risposta di Bordier fu molto chiara:

> Rispondo affermativamente ad ambedue le domande. I suoi studi iniziali non si erano spinti molto avanti, ma li ha completati mediante la lettura e grande assiduità nel lavoro; non credo che abbia avuto dei complici, avrebbe avuto difficoltà a trovarne di tanto abili da associare all'opera che ha portato avanti per tanto tempo e con tanta sicurezza. La sua finzione principale era di lasciar supporre una collezione immaginaria, raccolta da un grande personaggio, a sua volta ricco e colto. Grazie alla calma e al sangue freddo che gli vengono riconosciuti, raccontava semplicemente la sua favola e lasciava che il compratore si infiammasse da sé: la conseguenza era che il valore del tesoro che diceva di essere in suo possesso, aumentava. Dopo la scoperta di un inchiostro particolare, pensiamo che il suo procedimento principale consistesse nello strinare la carta con una lampada per conferirle un'aria di vetustà. Abbiamo provato il metodo, ma siamo tenuti a dichiarare che non abbiamo ottenuto risultati buoni quanto i suoi.[4]

La difesa era sostenuta da Horace Helbronner, valente avvocato della corte di Parigi e padre di Paul, famoso alpinista e topografo. A difesa dell'imputato ricorda un episodio che si verificò in anni precedenti, quando lavorava per lo studio Letellier. Su richiesta di un anziano marchese infatuato per la nobiltà, Vrain-Lucas aveva fabbricato due lettere di Montaigne che erano state inserite nelle *Causeries d'un Curieux* di Feuillet de Conches,[5] il quale si era limitato a osservare che Montaigne era un po' trascurato in queste lette-

---

3. Auguste Thierry, *Vrain Lucas ou les candeurs d'un géomètre*, «Le Figaro», *Supplément littéraire*, sam. 1er oct. 1910.

4. Charavay, *Affaire Vrain-Lucas*, op. cit., p. 18.

5. Feuillet de Conches, F., *Causeries d'un curieux. Varietés d'histoire et d'art tirée d'un cabinet d'autographes et de dessins*, vol. III, Henri Plon, Paris 1864.

re inedite. Il difensore puntò tutto sul fatto che fosse stato Chasles a offrirsi come vittima della truffa:

> Il tribunale comprenderà quale sia stato lo stupore di Vrain-Lucas, davanti a un successo che andava oltre le più folli speranze; un orizzonte nuovo gli si era aperto, vide in questa attività il mezzo per far trionfare la sua idea dominante; perché, come faceva notare il sig. Presidente, anche Vrain-Lucas ha una propria mania, una passione: restituire alla Francia le glorie che le sono state sottratte.
>
> Questa non si rivela solo nei documenti del dibattito Pascal-Newton, ma anche negli altri: Talete dà ad Ambigat, re dei Galli, consigli su come governare il suo popolo; Alessandro tesse ad Aristotele l'elogio della Gallia e dei Galli; Cleopatra manda Cesarione a Marsiglia per ricevere un'istruzione, tanto a motivo dell'aria buona che vi si respira che delle belle cose che vi si insegnano. Lazzaro, dopo la resurrezione, e Maria Maddalena nelle loro lettere a S. Pietro, non trovano argomenti più interessanti che Druidi e Galli.
>
> È stato solo per caso che uno di questi documenti cadde sotto gli occhi di Chasles, Lucas forse non ha saputo resistere alle sue preghiere e alle sue offerte, e in questo modo è iniziata l'operazione che ha trasferito nell'ufficio di Chasles la raccolta che l'avvocato imperiale vi ha illustrato in maniera tanto brillante. Mi sembra impossibile che Chasles abbia attribuito un qualsiasi valore a documenti con date anteriori all'era cristiana; comprava tutto nella speranza di trovare, come il poeta latino, *qualche perla nel letamaio di Ennio*.[6]

Nella sua deposizione, Chasles descrisse con la cura del matematico com'erano andate le cose:

> Nel 1861, Vrain-Lucas si presentò a me asserendo di essere originario di Châteaudun e poiché io sono di Chartres eravamo pressoché dello stesso paese. Fu per questo che lo ricevetti. Mi disse di aver ricevuto l'incarico, da parte di un collezionista, di vendere una quantità considerevole di manoscritti e di libri di grande valore e, specialmente, delle lettere autografe. Il primo pezzo che mi portò fu una lettera di Molière che mi fece pagare a caro prezzo, 500 franchi, poi una lettera di Rabelais e una di Racine, che pagai 200 franchi l'una. Questa collezione, mi disse, è stata raccolta dal conte di Boisjourdain, che nel 1791, nel tentativo di fuggire in America, aveva fatto naufragio ed era morto; tuttavia la sua collezione si era salvata; solo una parte era stata danneggiata dall'acqua, ma era ancora leggibile.
>
> Dopo i primi acquisti, non ho più rifiutato nulla di ciò che mi ha

---

6. Charavay, *Affaire Vrain-Lucas*, op. cit., p. 25.

portato, e l'ho sempre pagato. Quando non l'ho fatto è perché abbiamo fatto degli scambi in cui ho sempre perso perché, in compenso di documenti autentici, egli mi ha sempre fornito carte che sono risultate false. In otto anni gli ho dato più di 140 mila franchi, sui quali – egli mi diceva – il venditore gli lasciava una provvigione del 25%. Oltre ai 140 mila franchi gli ho dato delle mance, gli ho fatto dei regali e anche dei prestiti. Spesso mi portava dei fasci di lettere autografe dove ce n'erano di doppie, di triple di quadruple; e mi diceva che erano copie di quella originale che mi vendeva come l'originale. Non mi importava molto avere delle copie, dal momento che avevo tra le mani l'originale. Per questo possedevo diverse copie di una lettera di Maria de' Medici all'intervento della quale, a dar credito al documento, si deve la grazia accordata a Galileo dal papa. Tra queste lettere vi era una grande concordanza. Con la più grande buona fede, ho invitato i miei confratelli dell'Accademia delle Scienze a prendere conoscenza di un gran numero di queste lettere, come anche le ho mostrate a tutti gli studiosi che ho avuto occasione di incontrare.

Vrain-Lucas mi raccontò un giorno che Luigi XVI, che era anche lui un grande collezionista, non avendo più il tempo di occuparsi della sua collezione, aveva mandato al grande collezionista conte di Boisjourdain cinque o seimila pezzi molto interessanti. Sapete che cosa è accaduto a causa delle due lettere di Pascal che ho presentato all'Accademia. Dopo l'inganno di cui sono rimasto vittima da parte di Lucas, mi sono adoperato con tutto me stesso, e ho scritto dovunque della mistificazione di cui sono stato vittima, affinché altri non venissero truffati come me; ho fatto di più: ho inviato un gran numero di copie fotografiche di queste lettere; e tuttavia, l'idea di denunciare Lucas non mi era ancora venuta. E ciò a causa del fatto che egli mi doveva ancora tremila pezzi che non mi aveva ancora fornito, pur essendo stato pagato, e temevo li cedesse a uno straniero. Per questo l'avevo minacciato, ma le sue risposte non erano state soddisfacenti; e allora l'ho fatto sorvegliare, scoprendo così che mi aveva ignobilmente ingannato.[7]

In un periodo di 16 anni Vrain-Lucas aveva confezionato più di 27 mila lettere, documenti e manoscritti vari che andavano dall'antichità classica ai secolo dei lumi, per le quali Chasles gli aveva versato 140 mila franchi, corrispondenti a circa 50 mila euro attuali.

Il verbale dell'udienza del Tribunale Correzionale della Senna del 16 febbraio 1870 è molto accurato:

Il Presidente interroga l'accusato:
– Dite il vostro nome e cognome.

---

7. *Ibi*, p. 16.

– Vrain-Lucas.

– Il vostro nome di famiglia è Lucas?

– Sì signore.

– La vostra età?

– Cinquant'anni.

– Siete accusato di frode e abuso di fiducia. Avete avvicinato M. Chasles, dell'Istituto; avete abusato delle sua fiducia, del suo ardore per la scienza, della sua passione per le collezioni e anche dei suoi sentimenti patriottici, facendovi pagare 140 mila franchi che asserite di avere follemente sperperato. La frode che vi viene imputata consisterebbe nelle azioni seguenti: gli fornivate degli autografi di personaggi celebri, di Giulio Cesare, degli imperatori romani, degli Apostoli, di Lazzaro il risuscitato, gli fornivate delle lettere che hanno prodotto molto scalpore nel mondo degli studiosi: lettere che avevano come scopo quello di far attribuire a Pascal il merito della scoperta delle leggi dell'attrazione dei corpi attribuita a Newton. Per far credere all'autenticità dei documenti vi siete fatto passare presso M. Chasles per procuratore dell'ultimo discendente della famiglia Boisjourdain che, tra il 1790 e il 1791 era emigrata in America con una importante collezione di autografi.

Avete raccontato che questo Boisjourdain, che non è mai esistito, avesse fatto naufragio e avete preparato i documenti forniti a M. Chasles in modo tale che credesse che tali pezzi fossero stati rovinati dall'acqua di mare. Poiché la scrittura di questi pezzi era cancellata, egli aveva cercato di farla rivivere mediante una soluzione d'acido gallico e aveva osservato che di conseguenza una tinta nerastra si era stesa su tutto il foglio, cosa che dimostrava che questi documenti erano stati immersi nell'acqua di mare.

Avete avuto cura di avvolgere i pezzi che gli fornivate in buste, secondo l'uso dei collezionisti, e su queste ponevate delle annotazioni che si potevano credere di mano del proprietario della raccolta. Mettevate simili annotazioni su libri senza valore: in questo modo vi siete fatto pagare 900 franchi per un volumetto intitolato: *Cento favole bellissime da Mario Verdezetti, Venetia 1613* che vale uno o due franchi; sul titolo di questo libro avevate scritto: *Ex libris La Fontaine*, e sul verso della copertina avevate messo una annotazione spacciata per mano di M. de Boisjourdain, che diceva che il libro era molto raro e che era appartenuto al vero La Fontaine e gli avrebbe ispirato le sue belle favole. «Così ho pagato molto caro questo libro in un'asta, proseguiva Boisjourdain nella nota. Il sig. Duca della Vallière l'aveva fatto salire a 900 franchi, fu d'uopo pagarlo di più».

Ecco l'insieme delle manovre che vi sono imputate. Riconoscete che gli autografi che avete fornito a M. Chasles sono falsi?

– Una parte soltanto, non sempre M. Chasles ha riconosciuto quelli che sono veri.

– Vale a dire che sui ventisettemila pezzi che avete fornito a M. Chasles ve ne sono al massimo cento autentici; cento su ventisettemila che avete venduta a 140 mila franchi. Questi cento pezzi valgono al massimo 500 franchi. La vostra condotta nei confronti di M. Chasles è stata indegna, avete spogliato questo vegliardo; sarebbe più indegna ancora se vi rifiutaste ora di invertire i ruoli, e questo sembra che cerchiate di fare affermando che M. Chasles ha trattenuto gli autografi autentici; non ci devono essere reticenze nelle vostre spiegazioni. Questi ventisettemila pezzi, riconoscere di averli fabbricati?

– Riconosco di averli fatti.

– Siete un uomo molto laborioso nel fare il male; non avete avuto complici, e quando si consideri che avete avuto un'istruzione solo elementare, ci si rammarica che abbiate impiegato solo a fin di male le notevoli facoltà di cui siete dotato. Così, riconoscete di aver fabbricato da solo tutti questi pezzi?

– Sì, signore.

– Avevate cura, allo scopo di stornare i sospetti, di scegliere la carta e l'inchiostro da utilizzare. Per valutare l'autenticità dei pezzi, si è fatto ricorso a un procedimento che si riteneva infallibile per riconoscere se una scrittura sia recente o antica; i vostri pezzi vi furono sottoposti e si credette di aver avuto la prova della loro antichità; siete molto abile. Riconoscete anche di essere stato voi a scrivere sui libri venduti a M. Chasles le note che avevano come scopo di far credere che fossero appartenuti al Conte di Boisjourdain?

– Sì, signor Presidente; se permettete, vorrei dare lettura di fronte al Tribunale, di ciò che ho scritto in mia difesa.

– Non è ammesso che leggiate le vostre memorie al tribunale. Veniamo ai fatti. Accanto alla truffa di cui siete accusato, vi viene contestato anche un abuso di fiducia. Dietro vostra richiesta, M. Chasles vi avrebbe prestato dei volumi da mostrare al vecchio signore di cui vi dicevate mandatario; questi volumi, M. Chasles non li ha mai rivisti e non li rivedrà mai più senza dubbio.

– Ho sempre pensato che quei volumi mi fossero stati dati da M. Chasles in cambio di altri libri che io gli avevo portato.

– No, non equivochiamo: M. Chasles ve li aveva solo prestati perché li esaminaste.

– Se gli avevo detto di darmeli in cambio di manoscritti, è sicuro che me li ha regalati.

– Non dobbiamo fare supposizioni.

– M. Chasles non mi dava sempre denaro.

– Ve ne ha dato troppo, sfortunatamente.

– Se mi permettete di leggere…

– Come volete; ma sarebbe meglio attendere il consenso del vostro difensore: solo allora potrete decidere se questa lettura è necessaria; ma

fate come credete.
– Rinuncio a farlo per il momento.[8]

La sentenza venne emessa il 24 febbraio dalla 6° Camera Correzionale della Senna: due anni di carcere e 500 franchi di ammenda.

L'uomo che aveva tenuto in scacco l'Académie per due anni fece una triste fine. Qualche mese dopo l'uscita di prigione, realizzò una nuova truffa ai danni di un abate a cui sottrasse tutti i suoi risparmi. Il 18 febbraio del 1873 fu condannato a tre anni di prigione. Il 7 settembre del 1876 venne condannato per la terza volta, per essersi impossessato di libri rari e disegni preziosi che gli erano stati affidati da una libreria. Questa volta la condanna fu pesante: quattro anni di carcere e 500 franchi di ammenda, a cui si aggiungevano dieci anni di controllo da parte della polizia. Quest'ultima pena (che venne soppressa da una legge del 1885) impediva il reinserimento del condannato e gli rendeva pressoché impossibile trovare lavoro. Lucas, confinato a Châteaudun e obbligato a presentarsi alla gendarmeria in giorni fissi della settimana, non poteva trovare lavoro. Pare che abbia condotto per qualche tempo una vita nomade, vendendo vecchi ombrelli che lui raccomodava, e vecchi libri e almanacchi che riusciva a raccogliere, nelle fiere dei dintorni. Sofferente al fegato e affetto da idropisia, finì per essere ricoverato nell'ospedale di Châteaudun. Quando le condizioni di salute glielo consentivano, si recava in qualche biblioteca pubblica, ma doveva accontentarsi di guardare gli scaffali, poiché non gli era permesso avvicinarsi ai libri. Morì nell'ospizio di Châteaudun l'11 aprile 1881, che aveva 65 anni. Anche l'atto di morte porta il nome Denis-*Vrin*.

---

8. Aubry-Faucault, Louis, «La Gazette de France», 17 février 1870.

Un'ipotesi à la Dumas

L'aspetto umano

Se il falsario avesse avuto una cultura scientifica non avrebbe commesso gli errori che sono stati indicati da Grant, Brewster, Duhamel ed elencati da Le Verrier nella sua memoria conclusiva. Ma, nonostante ciò, è riuscito a tener testa, servendosi di Chasles, ai più illustri scienziati e letterati d'Europa per due anni, con i «Comptes rendus» dell'Accademia che hanno dedicato al dibattito più di 400 pagine; oltre a pubblicare 381 documenti. Come si può spiegare tutto questo?

Innanzitutto, il prestigio di cui godeva chi produceva i documenti – Michel Chasles – rappresentava, di per sé, una garanzia di autenticità che faceva superare i dubbi su affermazioni che erano con ogni evidenza incredibili. Anche se non mancarono gli scienziati che, nonostante le rivelazioni a cui non erano preparati, manifestarono le loro perplessità e avanzarono proteste anche vivaci per la grossolanità che caratterizzava rivelazioni tanto importanti. In altre parole, i falsi confezionati da Vrain-Lucas facevano acqua da molte falle, ma ebbero la possibilità di restare a galla tanto a lungo proprio perché adottati e sostenuti da una personalità illustre come Chasles. Questi ha svolto la funzione di filtro nei confronti dell'Accademia, selezionando i documenti da presentare, per cui avrà sicuramente scartato quelli che sarebbero stati veicolo delle rivelazioni più incredibili. Egli, tutto preso dalla passione di dimostrare una tesi, selezionava i documenti che più convenivano al suo scopo. Di Pascal ha presentato 80 lettere, di Newton 29 e di Galileo 20; ma nella sua collezione ne aveva più di 1700 di Pascal, più di 600 di Newton e 3000 di Galileo.

Alcuni oppositori di Chasles hanno messo in evidenza il sospetto tempismo delle risposte. Altri hanno parlato di "falsario dalle lunghe orecchie", suscitando la reazione indignata del matematico. Ma è innegabile che, dopo ogni contestazione, nella seduta successiva tornava munito di documenti che apparivano fabbricati *ad hoc* per rispondere alle obiezioni avanzate sette giorni prima. Il fatto è che Vrain-Lucas si recava a casa di Chasles molto spesso di lunedì, quando questi era ancora all'Accademia, e attendeva il suo ritorno. Chasles tornava dalla seduta ancora tutto agitato e preoccupato per le obiezioni che gli erano state fatte e alle quali aveva necessità di rispondere. Ne parlava anche a Lucas e gli chiedeva se non fosse possibile trovare nella collezione del conte Boisjourdain una lettera che provasse i rapporti del giovane Newton con Pascal o che Galileo non fosse completamente cieco dopo il 1639 o che lo stesso Galileo avesse trasmesso a Huygens dei dati sul satellite di Saturno. Il "ritrovamento" di un tale documento restituiva al vecchio matematico la sicurezza di poter dare una risposta ai suoi oppositori e assicurava al falsario una sostanziosa ricompensa. La buona fede di Chasles era tale che arrivò persino a fare degli elenchi scritti di documenti che Lucas avrebbe dovuto cercare nella collezione Boisjourdain: l'equivalente di programmi di falsi da realizzare. Ma alla metà di settembre del 1869 la vicenda si avviava al naturale epilogo:

> Pare che la celebre storia degli autografi di Michel Chasles stia per giungere alla conclusione. La *Presse* dà notizia infatti dell'arresto dell'autore di questa audace mistificazione. Era infatti un povero *bohème de lettres* che fabbricava questi autografi; si sostiene anche che non fosse solo. In ogni caso, non aveva domicilio; abitava, si dice, presso una donna che veniva con lui a lavorare presso la Biblioteca Imperiale. Sono già tre mesi che alcuni agenti di polizia in borghese lo sorvegliavano, arrivando a fingersi lavoratori della Biblioteca di Rue Richelieu, per meglio accertare i fatti.
>
> Ora che la cosa è scoperta, si può affermare senza inconvenienti che molti ritengono che il troppo famoso Libri non sia del tutto estraneo a questa vicenda. D'altra parte, perché Michel Chasles teneva tanto a dimostrare che Newton avesse depredato Pascal e che fosse stato questi a scoprire il sistema della gravitazione? Si dice che sperava di essere ricompensato con un seggio al senato, per aver restituito alla Francia l'onore di una scoperta tanto importante.[1]

Questo era anche il pensiero di Vrain-Lucas che, dalla prigione, scrisse una lettera a Chasles – era il 7 ottobre 1869 – che valeva una sorta di chiamata di correità:

> Ma non siete stato voi a farmi conoscere la scrittura di Newton? Che mi avete indicato e mostrato in che modo faceva le *e*, le *h*, le *t* e le *l* e soprattutto com'era la sua firma? Per Galileo, non è stato lo stesso? Non siete stato voi a indicarmi come faceva sempre la *G* del suo nome, che non dimenticava mai i puntini sulle *i* e molte altre cose? E quella lettera del 5 novembre del 1639, corretta tante volte, non è stata realizzata sulla base delle vostre indicazioni? Non siete stato voi a dirmi che la prima parola di quella lettera, che fino ad allora avevo scritto *aurei*, si doveva scrivere

---

1. «Le Figaro», mercoledì 15 sett. 1869.

haurei; e in seguito, non mi avete detto, dopo le osservazioni ricevute dall'Italia, che la parola si doveva scrivere *hauerei*? Non siete stato ancora voi a farmi notare come si faceva la firma di padre Boulliau, come si facevano le sue *y*, le sue *p*, le sue *q*? Non siete stato voi a segnalarmi che Maupertuis non barrava mai le sue *t*? Non siete stato ancora voi a mostrarmi una lettera del cardinale Gerdil, e mi avete passato un facsimile della sua scrittura? E infine, un'infinità di altre indicazioni e osservazioni che mi avete fatto.[2]

Vrain-Lucas scriveva questa lettera con lo scopo evidente di mettere la sua responsabilità al riparo del prestigio dell'uomo troppo ingenuo che aveva truffato; ma i dettagli che contiene, a prescindere dall'interpretazione che voleva se ne traesse, hanno l'impronta della verità. A processo iniziato, scriveva al Pubblico Ministero una lettera altrettanto rivelatrice del suo modo di vedere la vicenda in cui recitava nel ruolo di protagonista:

Qualunque cosa si dica o si faccia, la mia coscienza è tranquilla! Ho la convinzione di non aver fatto torto a nessuno. Se, per raggiungere il fine che mi ero proposto, non ho agito con tutta la saggezza possibile, se ho utilizzato un mezzo indiretto, se ho utilizzato uno *strattagemma* [italiano] per attirare l'attenzione e stimolare la curiosità pubblica, è stato al fine di riportare alla memoria alcuni fatti storici dimenticati e perfino ignorati dalla maggior parte degli studiosi; sempre nell'ambito delle buone intenzioni, allo scopo di estendere la conoscenza umana.

Insegnavo e divertivo nello stesso tempo. Prova ne sia che per tutto il tempo che è durata la discussione all'Accademia delle Scienze, molti parteciparono alle sedute e si sono interessati a ciò che vi veniva letto. Ciò è testimonianza del fatto che la lettura di quei documenti interessava tutto il pubblico e forse più di tutto ciò che vi è stato letto per la maggior parte del tempo. E infine, si può dire, che mai (il prof.) Chasles è stato ascoltato con tanta attenzione. Convengo di aver combattuto il male mediante il male, ma era per combattere il male. Questo metodo è messo in pratica da un gran numero di medici, e questo non fa di loro dei criminali. Sì, checché se ne dica, mi rimarrà la coscienza di aver agito, se non con saggezza, almeno con rettitudine e patriottismo![3]

Una romanzesca ipotesi

Thomas Henri Martin (1813-1884), decano della facoltà di lettere di

---

2. Bordier, Henri – Mabille, Emile, *Une fabrique de faux autographes ou récit de l'affaire Vran Lucas*, Leon Techner Libraire, Paris 1870, p. 49.
3. Georges Frossard, *Les autographes de M. Chasles*, «Le Gaulois», ven. 25 feb. 1870.

Rennes, era già intervenuto nel dicembre del 1867 in Accademia per sostenere che, anche a una semplice lettura, i documenti presentati da Chasles si
rivelavano falsi. Di più: falsi grossolani. Ma nel suo discorso all'Accademia,
Martin aveva sostenuto una tesi nuova: che l'autore dei falsi conoscesse
male, oltre alla biografia di Galileo, anche il francese. Anzi, che l'autore
materiale dei falsi fosse, con ogni probabilità, un inglese. A conclusione di
un suo pamphlet, Martin aveva avanzato anche una precisa congettura:

> Se il nostro falsario avesse voluto meravigliare il pubblico unicamente per
> il suo piacere, avrebbe voluto gioire della pubblicità e del successo della
> sua opera e quindi non l'avrebbe lasciata inedita. D'altra parte, un fal-
> sario inglese, verso la fine del XVIII secolo, non avrebbe potuto agire in
> odio a Newton. Ma gli industriali che fabbricano per esportare all'estero
> procurano di servire ogni paese secondo il suo gusto. Il nostro falsario,
> proponendosi senza dubbio di vendere a dei francesi, verso la fine del
> secolo scorso, la sua collezione di pezzi apocrifi, ha scritto in francese le
> sue lettere di Galileo, Viviani, Boyle, Newton, Huygens, ecc. e ha prestato
> a Pascal delle frasi che erano nell'uso del 1770; ha esaltato i meriti di De-
> scartes ed ha abbassato l'inglese Newton a vantaggio di Pascal.[4]

La frase con cui Martin conclude il suo libello riflette in modo icastico il suo
intendimento: «Mi stimo felice di aver dimostrato che il falsario calunnia-
tore di Newton non è un francese». Il sospetto che l'intera faccenda fosse il
risultato di un complotto ordito oltremanica trovò in Francia molto credito.
A pochi giorni dall'arresto di Vrain-Lucas, diverse ipotesi venivano discusse
sui giornali ma, fra queste, quella avanzata da Martin appariva la più probabile e diede esca a nuove polemiche, basate anche sul fatto, non ancora
dimenticato, che Michel Chasles era stato chiamato, nel 1851, a occupare,
in seno all'Accademia delle Scienze, la vacanza conseguente all'esclusione
di Libri. Il primo di ottobre, il prestigioso «Le Figaro» uscì con un articolo
in prima pagina che già nel titolo negava la voce circolante:

> LIBRI È INNOCENTE […] Qualcuno ha pensato immediatamente e, anche
> prima dell'arresto di Lucas si diceva che Libri era, almeno per la metà,
> coinvolto nel gigantesco raggiro. Ciò li autorizzava a credere a ciò che
> Libri aveva gridato prima di essere scorticato. È di tre anni fa una prote-
> sta da lui firmata, stampata su carta di pregio, inviata da Londra e distri-
> buita dai suoi sostenitori. «Mi si sospetta – diceva, in sostanza – di avere
> venduto segretamente a Chasles gli autografi che ha presentato. Ora,
> questi autografi sono semplicemente ridicoli e non ho esitato a giudicarli
> falsi alla prima occhiata».[5]

---

4. Martin, Th. Henri, *Newton défendu contre un faussaire anglais*, Didier, Paris 1868.
5. «Le Figaro», 1 ottobre 1869.

L'articolo, che era firmato con una X, ricevette in breve, una risposta molto estesa da parte di un altro giornalista, Paschal Grousset:

> Al Signor X [...] redattore di «Le Figaro». Signore, siete sicuro che M. Libri sia completamente estraneo all'*affaire* Chasles? Vi sembra verosimile che l'ex domestico Vrain-Lucas, del tutto digiuno di ortografia, sia l'autore dei primi documenti venduti a M. Chasles, di quelli cioè che sono stati il punto di partenza della mistificazione? Non è possibile. Se bisogna ammettere che «l'archivista paleografo» di cui tracciate un ritratto tanto curioso abbia avuto una parte nella preparazione degli *ultimi* pezzi, prodotti quasi su ordinazione (e da un giorno all'altro) per le necessità del dibattito, sembra difficile credere che un'intelligenza più coltivata e una mano più abile non abbiano dato inizio alla faccenda.
>
> Si noti che se M. Libri è stato l'anima dell'impresa, come è mia convinzione, e se la voluttà della vendetta è stato il suo fine, quasi quanto la cupidigia, [...] si spiega molto bene il fatto che, dopo avere completamente messo nei guai la propria vittima, e svuotata la sua borsa, abbia lasciato a un copista in sottordine il compito di continuare a menarla per il naso e renderla vergognosamente ridicola. [...] Per questo credo di dover apportare al quadro un nuovo elemento; cioè un'altra grande mistificazione, sicuramente ordita e firmata dal signor Libri e attualmente *bevuta* da tutti gli storici e dai critici.[6]

Grousset fu personaggio importante nella Francia di fine secolo. Acquistò notorietà nazionale due mesi dopo la pubblicazione di questa lettera, per un fatto di sangue causato dal carattere irruento di Pierre Napoleon, nipote dell'Imperatore Napoleone III. Il 10 gennaio seguente il discendente di Bonaparte ucciderà con una revolverata il giornalista Victor Noir che era stato inviato, con un collega, a casa dell'illustre e controverso personaggio per recargli, come allora usava, un cartello di sfida al duello proprio per conto di Paschal Grousset, al tempo corrispondente parigino del giornale corso «La Revanche». La lettera che Grousset indirizzò al redattore di «Le Figaro» tendeva a dimostrare che Guglielmo Libri non era nuovo a operazioni di falsificazione. Allo scopo ricordava una raccolta di *Quaderni giovanili di Napoleone* di cui Libri aveva parlato in un esteso saggio storico pubblicato dalla «Revue des deux mondes»[7] e che si erano rivelati apocrifi.

Prospèr Merimée (1803-1870) era uno scrittore di primo piano nella Francia del secondo impero. All'epoca della rivoluzione del 1848 era su posizioni che oggi potremmo definire "garantiste" e si batté con vigore nella difesa di Guglielmo Libri che, inseguito da un mandato di cattura, aveva cercato rifugio in Inghilterra. Fatto sta che, sottrattosi con la fuga nel 1848

---

6. Grousset, Paschal, *Le connessioni dell'affaire Chasles*, «Le Figaro», 6 ottobre 1869.

7. Libri, Guglielmo, *Souvenirs de la jeunesse de Napoleon*, «Revue des deux mondes», 1 marzo 1842.

a una condanna a dieci anni di carcere, Libri ebbe in Francia la solidarietà degli ambienti intellettuali e, come dicevamo, di Prospèr Merimée. Questi era, come Libri, membro dell'Accademia di Francia e godeva anche del favore della corte di Napoleone III.

In due lettere indirizzate ad Antonio Panizzi – altro fuoriuscito italiano che aveva fatto fortuna in Inghilterra, tanto da essere fatto baronetto e direttore della British Museum Library – Merimée descrive gli avvenimenti finali di questa storia, come erano raccontati dai giornali e riferisce, da scettico, dell'ipotesi di un coinvolgimento di Guglielmo Libri.

> Parigi 15 sett. 1869
>
> Mon chèr Sir Antony, avete visto la rivelazione della storia di M. Chasles e dei suoi autografi? Tra quelli che ha donato all'Istituto c'erano dei fogli che sembrano avere il timbro della biblioteca imperiale. Se n'è dedotto che si era servito di un foglio di guardia sul quale il timbro della biblioteca aveva lasciato un'impronta. Sulla base di questo Taschereau ha messo in campo i suoi agenti e, quando ha creduto di sapere chi fosse il ladro, l'ha fatto arrestare sulla pubblica via. Portava una grossa cartella dentro la quale si è trovata una lettera incompiuta di Galileo, e un foglio di guardia con diversi autografi. Questo galantuomo si chiama Vrain-Lucas. M. Chasles gli ha pagato 140 mila franchi per la sua collezione: *una bagattella* [in italiano]. Si è giustificato dicendo che ha un'amante e che questi sono lussi che costano molto. Chasles non sa dove nascondersi, è un abisso di vergogna, benché dica ancora ai suoi amici di essere convinto che questo miserabile Vrain-Lucas non può essersi inventato tutto. L'uomo è in prigione in attesa di giudizio. Si tratta di una questione delicata; che venga condannato per truffa è fuor di dubbio; ma si parla di trattarlo come falsario e non so che cosa deciderà la giuria. Si trattano da falsari quelli che mettono sui tappi delle bottiglie di Champagne etichette che non sono le loro. Avete avuto in Inghilterra un caso di questo genere? E com'è stato giudicato il colpevole?[8]

Ma Guglielmo Libri, posto che avesse avuto una parte nella faccenda, non era più in grado di gioire della sua vendetta nei confronti dell'Accademia. Gravemente ammalato, era tornato nella natia Fiesole, dove vi aveva trovato la morte il 28 settembre. Lo ricorda Merimée in una lettera di qualche giorno dopo che abbiamo già ricordato:

> Parigi, 9 ott. 1869
>
> Mio caro Panizzi, ecco il povero Libri dall'altra parte dell'Acheronte. Qui, quasi tutti pensano che sia stato lui a inviare Vrain-Lucas a Chasles

8. Merimée, Prospèr, *Lettres a M. Panizzi 1850-1870*, publiées par M. Louis Fagan, Calmann Lévy Éditeur, Paris, 1881.

per vendicarsi di lui. Io non lo credo. Il detto Vrain-Lucas si difende dall'accusa di aver venduto falsi autografi a M. Chasles. Gli vendeva, dice, delle copie, che eseguiva in facsimile. «Un autografo di Molière – dice – la sua firma in fondo alla ricevuta di un fornitore, si vende a più di mille franchi. Io gli ho venduto per meno di duemila franchi venti copie esatte di lettere di Molière». Dubito che questa difesa gli eviterà di andare a fabbricare calzoni in qualche penitenziario.[9]

Il collegamento – che Merimée giudica poco probabile – tra Guglielmo Libri e Vrain-Lucas è romanzesco, ma non immotivato.

Tra i due personaggi vi era infatti la ruggine che risaliva a vent'anni prima e di cui abbiamo parlato (*Un toscano contro Chasles*), radicata nel fatto che due passioni accomunavano e, nello stesso tempo, dividevano Libri e Chasles: la storia della matematica e la collezione di libri e documenti. L'ipotesi del complotto è stata di recente ripresa dallo scrittore e bibliofilo argentino Alberto Manguel che in un saggio di grande successo[10] afferma esplicitamente che Vrain-Lucas era stato inviato a Chasles dallo stesso Guglielmo Libri.

Per maturare un giudizio sulla fondatezza di tale ipotesi, è necessario riferirla ai tempi della vicenda. Il tema della vendetta è un *topos* letterario molto diffuso nei romanzi popolari francesi dell'epoca, e ciò indica che rappresentava una forma di interpretazione dei rapporti umani della società di quell'epoca. Ora, il 1844, anno della nomina di Merimée all'Accademia di Francia, è anche l'anno in cui comincia a essere pubblicato, in appendice a un quotidiano, un romanzo che ebbe un successo popolare mai più eguagliato anche fuori di Francia.[11]

Il Conte di Montecristo di A. Dumas narra la storia di un giovane ingiustamente condannato per colpa di un complotto, che trova il modo di sfuggire al suo destino per merito di un uomo sapiente che incontra nella sua stessa prigione. Grazie a lui il protagonista viene in possesso di una immensa ricchezza e può dedicarsi, sotto falso nome e alla distanza di vent'anni dalla condanna, a una implacabile vendetta. Il confronto con questa vicenda rende l'ipotesi suggerita da Merimée – di Vrain-Lucas manovrato da Libri allo scopo di screditare Chasles e il prestigio dell'intera Accademia – meno romanzesca di quanto possa apparire a prima vista. Il fatto che si sia giunti a pensare che Vrain-Lucas abbia agito per conto o su mandato di Guglielmo Libri (molto ricco e con amici potenti) non è sicuramente dimostrabile ma potrebbe essere confermata dalla stessa opinione, più volte confermata nonostante le dichiarazioni contrarie del falsario, di Michel Chasles che ha

---

9. *Ibidem.*
10. Manguel, Alberto, *Una storia della lettura*, Feltrinelli, Milano 2009.
11. Dumas, Alexandre, *Le comte de Monte-Christo*, «Feuilleton du Journal des Débats politiques et littéraires», 28 aout 1844.

sempre sostenuto non fosse possibile che una tale mole di falsi fosse prodotta da un solo uomo, di scarse lettere per giunta.

Certo, l'ipotesi che Libri fosse il diabolico manovratore nell'ombra, appariva a qualcuno troppo romanzesca:

> Una tale altezza di mistificazione, una tale potenza di disprezzo nella furberia, una tale ironia nello sgozzare un uomo onesto, vanno oltre la misura. Qualcuno ha creduto di riconoscere nella vicenda una vendetta freddamente calcolata, amaramente distillata dalla mano crudele di un qualche Borgia scientifico [...]. Ma se le voci pubbliche non si acquietano, se Libri è il serpente che ha tentato l'Eva-Chasles con i falsi manoscritti che l'avrebbero reso simile agli dèi, bisogna ammettere che un uomo capace di tessere per vent'anni una simile tela sia buon compatriota di colui che usava dire che la vendetta è un piatto che va consumato freddo. Ma almeno, sarà venuto in possesso dei 150 mila franchi versati da Chasles?[12]

---

12. Auguste Vitu, *Causeries*, «Le Figaro», martedì 21 settembre 1869.

Appendice

Blaise Pascal

*Ritratto di Pascal di J. Domat
(Art Gallery Nizza)*

Blaise Pascal nacque a Clermont-Ferrand nel 1623 (vent'anni prima di Newton e quasi trenta dopo Descartes). Perduta la madre all'età di tre anni, venne educato dal padre che era un magistrato con forti interessi per la matematica. Il giovane Blaise si rivelò assai precoce nello studio della geometria, tanto che fu ammesso alle riunioni scientifiche del circolo che si era formato intorno a Marin Mersenne, multiforme personalità in corrispondenza con i più grandi scienziati del tempo, tra cui Galileo, Pierre de Fermat, Descartes e Torricelli. Per inciso, anche Fermat era uomo di legge, come il padre di Pascal, che si interessava alla matematica come dilettante.

Dall'età di 16 anni fino a 24 visse a Rouen, dove il padre esercitava la sua professione di magistrato, su incarico del cardinale Richelieu. Nel 1640 Pascal compose la sua prima opera scientifica *Sulle sezioni coniche*[13] e alcuni anni dopo costruì la sua prima macchina calcolatrice, che da lui prese il nome di *pascalina*.

Nel 1646 ebbe occasione di venire in contatto con alcuni membri della setta religiosa dei giansenisti che lo convinsero ad aderirvi. La dottrina giansenista, pur nell'ambito del cattolicesimo, sosteneva posizioni teologiche pericolosamente vicine al protestantesimo, in quanto basate sull'idea di una salvezza predestinata e non determinata dal libero arbitrio dell'uomo di fronte alla grazia divina. Alla fine, in effetti, il giansenismo fu condannato come eresia dalla Chiesa cattolica.

---

13. Pascal, Blaise, *Essai pour les comique*, Paris 1640.

Nel 1653, dopo che aveva abbandonato gli studi per alcuni anni per motivi di salute, ideò il "triangolo aritmetico" che, in Francia, porta il suo nome, e in Italia è noto come "di Tartaglia", ma la scoperta venne pubblicata solo dopo la sua morte.

A 31 anni, in seguito a una crisi mistica, abbandonò lo studio della matematica e della fisica per dedicarsi completamente alla filosofia e alla teologia; entrò così nell'abbazia di Port-Royal des Champs, come affiliato alla setta dei giansenisti. Nel 1657, raccolse le sue idee in materia di religione in un volume, fondamentale anche per la teologia, che porta il titolo di *Lettere provinciali* di cui, nel 1660, re Luigi XIV ordinò la distruzione. Pascal morì due anni dopo, all'età di soli 38 anni.

Per quanto riguarda i contributi di Pascal alla fisica, preferiamo affidarci alle parole di Savérien che ne parlò nella sua monumentale *Histoire des philosophes modernes* del 1773:[14]

Ciò che gli diede motivo per la ripresa delle meditazioni scientifiche fu la congettura di Toricelli [*sic*] sulla pesantezza dell'aria. M. Petit, Intendente delle Fortificazioni, discusse con lui sulle esperienze compiute da questo matematico; e Pascal gli propose di ripeterle: ne concepì in seguito molte di nuove, tra le quali degna di nota è la seguente. Prese un tubo di vetro di 46 piedi di altezza, aperto a un'estremità e chiuso ermeticamente dall'altra, che riempì di vino rosso, affinché si vedesse chiaramente; e avendolo fatto raddrizzare in questo stato, tappandone l'apertura e avendolo disposto verticalmente, ne immerse l'apertura in un recipiente pieno d'acqua, affondandovelo per circa un piede. Stappò infine l'altra estremità del tubo. Il vino contenuto nel tubo scese fino all'altezza di circa 32 piedi al di sopra del livello dell'acqua nel recipiente; lasciando vuoto nella parte alta del tubo uno spazio di 13 pollici. Inclinò poi il tubo e osservò che il vino risaliva di nuovo. E inclinandolo fino a 32 piedi d'abbassamento o di inclinazione, e facendone così uscire del vino, notò che si riempiva interamente d'acqua, pompando tanta acqua quanto era il vino che ne era uscito; cosicché che lo si vedeva pieno di vino fino a un'altezza di 13 piedi, dall'alto, e pieno d'acqua nei 13 piedi inferiori, dato che l'acqua è più pesante del vino.

Pascal fece ancora un gran numero di esperienze con sifoni, siringhe, pompe e ogni sorta di tubi, servendosi di liquidi diversi, come argento vivo, acqua, vino, olio, aria, ecc. Le descrisse in un libretto, che fece stampare nel 1647, che mandò in tutta la Francia e all'estero. Tutte queste esperienze constatavano degli effetti, senza indicarne la causa. Il nostro filosofo sapeva che Toricelli aveva fatto l'ipotesi che la causa potesse essere il peso dell'aria. Per verificare questa congettura, fece un'esperienza in vetta e alla base di una montagna dell'Auvergne, chiamata

---

14. Savérien, Alexandre J., *Histoire des philosophes modernes*, t. III, Paris 1773.

Puy de Domme, allo scopo di determinare il peso della colonna d'aria a due quote diverse; da cui trasse la conclusione che l'aria è pesante. Pubblicò questa esperienza e mandò la stampa a tutti gli scienziati d'Europa. La ripeté ancora in cima e alla base di molte torri, come quelle di Notre-Dame de Paris, di S. Giacomo de la Boucherie, ecc., e trovò sempre le stesse proporzioni tra i pesi dell'aria e le diverse quote. Tutto ciò rafforzò il convincimento che l'aria fosse pesante. Dedusse da questa scoperta molte verità molto belle e molto utili e ne ricavò un grande trattato, in cui illustrò a fondo tutte queste questioni; e rispose a tutte le obiezioni che gli erano state avanzate. Quest'opera gli parve troppo prolissa; e poiché amava la precisione e la brevità, ne trasse due piccoli Trattati che intitolò, uno *Dell'equilibrio dei liquidi*; e l'altro *Della pesantezza della massa dell'aria.*

Il *Traitez de l'équilibre del liqueurs*[15] è il testo scientifico più famoso di Pascal, teso a dimostrare la fallacia della teoria aristotelica dell'*horror vacui.*

Come ci racconta Savérien, il punto di partenza è la famosa esperienza che Torricelli eseguì nel 1646 utilizzando il mercurio e che Pascal volle ripetere con l'acqua, trovando per la sua altezza 31 piedi. Poiché un *piede parigino* corrispondeva a 32,5 cm, i 31 piedi indicati da Pascal corrispondono a 10,12 cm circa, un valore leggermente inferiore a quello attualmente accettato (a livello del mare).

Pascal fu il primo a concepire il concetto di *pressione atmosferica* come dovuta al fatto che l'aria ha un peso che, al livello del mare corrisponde a uno strato d'acqua di circa 32 piedi parigini. Intuì di conseguenza che, salendo di quota, la pressione dovrebbe diminuire e con lei l'altezza del barometro nel tubo di Torricelli. Pascal non fece personalmente l'esperienza per sottoporre a verifica sperimentale la sua previsione, ma ne incaricò suo cognato, M. Périer. Questi la compì, con l'aiuto di alcuni amici, il 22 settembre 1648 sul Puy-de-Dôme. È descritto dallo stesso Périer in una lettera a Pascal che fu allegata al *Traitez*, pubblicato due anni dopo la sua morte:

> Signore, ho finalmente fatto l'esperimento che così da lungo tempo aspettavate [...]. Ci trovammo dunque, quel giorno, tutti riuniti, verso le otto del mattino, nel giardino dei Padri Minimi, che è situato nella parte quasi più bassa della città, e dove ebbe inizio l'esperimento nel seguente modo.
>
> Prima di tutto, versai in un recipiente sedici libbre di mercurio, che avevo rettificato durante i tre giorni precedenti, quindi presi due tubi di vetro della stessa sezione, e alti quattro piedi ciascuno, chiusi ermeticamente a un estremo e aperti dall'altro. Feci, per ognuno di essi il solito

---

15. Pascal, Blaise, *Traitez de l'equilibre des liqueurs, et de la pésanteur de la masse de l'air*, Paris 1663, cap. IX.

esperimento del vuoto in quello stesso recipiente; dopo di che avvicinai e feci toccare i due tubi l'uno con l'altro, senza però estrarli dal loro recipiente, e osservai che il mercurio rimasto in ognuno di essi raggiungeva lo stesso livello, e che in ciascuno dei tubi, al di sopra del livello del mercurio contenuto nella vaschetta, ce n'era ventisei pollici e tre linee e mezzo. Ho ripetuto quest'esperimento in questo stesso luogo, con i due medesimi tubi, con il medesimo mercurio, e con la stessa bacinella, ed ho riscontrato sempre che il mercurio raggiungeva nei due tubi, alla medesima quota, la stessa altezza della prima volta.

La prima edizione del «Traitez» di Pascal (1663)

Una volta fatto ciò, fissai uno dei due tubi sulla bacinella in esperimento continuo, segnai sul vetro l'altezza del mercurio e, lasciato questo tubo sul posto, pregai il R.P. Chastin, uno dei religiosi della Casa, uomo tanto pio quanto valente, e molto esperto in questa materia, di osservare, istante per istante, durante tutta la giornata, se avvenissero mutamenti; io con l'altro tubo e una parte di quello stesso mercurio, andai con tutti quei signori sulla cima del Puy-de-Dôme, che si trova 500 tese al di sopra del giardino dei Minimi, e ripetei gli stessi esperimenti nello stesso modo in cui li avevo eseguiti dai Minimi. Si vide che nel tubo non rimanevano più di 23 pollici e due linee di mercurio, mentre dai Minimi in quello stesso tubo il mercurio raggiungeva un livello di 26 pollici e 3 linee e mezzo, quindi fra i due livelli esisteva una differenza di tre pollici e una linea e mezzo. Ciò suscitò in tutti noi meraviglia e ci sorprese a tal punto che, per soddisfazione personale, volemmo riprovarlo. Questo è il motivo per cui eseguii l'esperimento ancora cinque volte con molta cura in diversi punti della cima, sia al coperto nella piccola cappella che vi si trova, sia all'aperto, sia con il vento, sia con il bel tempo, sia con la pioggia e la nebbia, che di volta in volta trovammo, dopo avere, ogni volta, vuotato il tubo dell'aria con grandissima cura. In tutti questi esperimenti ho sempre trovato che il mercurio raggiungeva la stessa altezza di 23 pollici e 2 linee, cioè tre pollici e una linea e mezzo di differenza dai 26 pollici e tre linee e mezzo che si erano misurati dai Minimi. Ciò ci soddisfece pienamente [...].

L'indomani il M.R.P. de la Mare, Prete dell'Oratorio e Teologo della Cattedrale, che aveva assistito a ciò che avevamo fatto durante la mattinata del giorno prima, nel giardino dei Minimi, e al quale avevo riferito ciò che avevamo fatto sul Puy-de-Dôme, mi propose di ripetere lo stesso esperimento ai piedi e sulla cima della più alta torre di Notre-Dame di Clermont, per vedere se vi fosse una differenza. Per soddisfare la curiosità di un uomo di tanto valore, che ha dato prove dei proprii meriti a tutta la Francia, ripetei, lo stesso giorno, il solito esperimento del vuoto, in una casa situata nella parte più elevata della città, più alta di 6 o 7 tese rispetto al giardino dei Minimi, e al livello della base della torre, e constatai che il mercurio raggiungeva il livello di circa 26 pollici e tre linee, inferiore di circa mezza linea di quello raggiunto dai Minimi.

In seguito, l'ho ripetuto sulla cima della torre, la cui altezza, dalla base, è di 20 tese, ed è più alta del giardino dei Minimi di 26 o 27 tese, e trovai che il mercurio vi raggiungeva il livello di 26 pollici e una linea, inferiore di circa due linee a quello raggiunto ai piedi della torre, e di circa 2 linee e mezza a quello raggiunto nel giardino dei Minimi.

Il capitolo IX del *Traitez* è dedicato al calcolo della massa dell'atmosfera che circonda la Terra, basato sul fatto che la pressione è uguale a quella che eserciterebbe uno strato d'acqua distribuito uniformemente sull'intera superficie, con uno spessore di 31 piedi.

Vediamo anche che se tutta la sfera dell'aria venisse pressata e compressa contro la terra da una forza che spingendo dall'alto la riducesse in basso allo spazio minimo che possa occupare, e la riducesse per così dire in acqua, essa avrebbe allora l'altezza di 31 piedi solamente. E pertanto è necessario considerare tutta la massa dell'aria allo stato libero là dove si trova, come se non fosse altro che uno strato d'acqua di 31 piedi di altezza intorno a tutta la terra, che fosse stata rarefatta e dilatata estremamente, e convertita in quello stato nel quale noi la chiamiamo *aria*, nel quale occupa in

Effetti della pressione atmosferica. Dal «Traitez» di Pascal (1663)

verità uno spazio maggiore, ma nel quale conserva esattamente lo stesso peso dell'acqua di 31 piedi di altezza. E poiché non ci sarebbe niente di più facile che calcolare quante libbre peserebbe uno strato d'acqua che circondasse tutta la Terra con uno spessore di 31 piedi; e lo potrebbe fare un bambino che sappia fare l'addizione e la sottrazione; si troverà nello stesso modo quale sia il peso in libbre di tutta l'aria della natura, dato che è la stessa cosa; e se si farà la prova, si troverà che pesa all'incirca otto milioni di milioni di milioni di libbre.

Ho voluto concedermi questo piacere e ho fatto il conto in questo modo: ho supposto che il diametro di un cerchio stia alla circonferenza come 7 a 22 [$^{22}/_7$ è un'approssimazione per π].

Ho supposto che il diametro di una sfera moltiplicato per il suo cerchio massimo dia il contenuto della superficie sferica [oggi diremo che l'area della sfera è $4\pi R^2$]. Sappiamo che il giro della Terra è stato diviso in 360 gradi. Questa divisione è arbitraria; poiché avremmo potuto dividerla in un numero maggiore o minore di parti se avessimo voluto, in modo analogo ai cerchi celesti. Si è trovato che ognuno di questi gradi contiene 50 000 tese [una tesa è circa 2 m].

Le leghe del territorio di Parigi equivalgono a 2500 tese: e di conseguenza vi sono 20 leghe per ogni grado [una lega equivale a circa 5 km]. Di altre [leghe non parigine] se ne contano 25 ma anche così vengono 2000 tese per lega; che è la stessa cosa.

Ogni tesa ha 6 piedi. Un piede cubo d'acqua pesa 72 libbre. Ciò posto, è molto facile fare il calcolo che cerchiamo. Poiché la Terra ha per cerchio massimo 360 gradi. Ha di conseguenza una circonferenza di 7200 leghe.

E per la proporzione della circonferenza con il diametro, il suo diametro sarà di 2291 leghe. Dunque, moltiplicando il diametro della Terra per la circonferenza del suo cerchio massimo, si troverà che ha una superficie sferica totale di 16 495 200 leghe quadrate.

Vale a dire 103 095 000 000 000 tese quadrate.

Cioè 3 711 420 000 000 000 piedi quadrati.

E poiché un piede cubo d'acqua pesa 72 libbre, ne segue che un prisma d'acqua di un piede quadrato di base, e di 31 piedi di altezza, pesa 2232 libbre. Dunque se la Terra fosse coperta d'acqua fino all'altezza di 31 piedi, vi sarebbero tanti prismi d'acqua di 31 piedi di altezza, quanta è tutta la superficie in piedi quadri. (So bene che questi non sarebbero dei prismi, ma dei settori di sfera; e trascuro volutamente questa precisazione). E pertanto essa sosterrebbe tante 2232 libbre d'acqua quanti sono i piedi quadrati della sua superficie. Dunque, questa massa d'acqua intera peserebbe 8 283 889 440 000 000 000 libbre.

Vale a dire, otto milioni di milioni di milioni, duecento ottantatremila ottocento ottantanove milioni di milioni, quattrocento quaranta mila milioni di libbre.

Il calcolo, non è così facile come dice, con una punta di civetteria, lo stesso Pascal, ma richiede solo di conoscere il raggio della Terra e la densità dell'acqua, oltre alla geometria euclidea. Come abbiamo visto, il risultato che trova è 8 283 889 440 000 000 000 libbre, che corrispondono a $4,2 \times 10^{18}$ kg.

Isaac Newton

Considerazioni generali sull'opera scientifica

Non cercheremo di dare qui una, seppur breve, biografia di Newton, per tre motivi. Il primo, è che negli ultimi decenni è stato pubblicato un numero enorme di biografie, con finalità e livelli di approfondimento molto diversi. Il secondo, e più importante, è che è realmente molto difficile trasporre l'opera di Newton in linguaggio moderno e accessibile per una persona anche di buona formazione scientifica. Troppo diverse le impostazioni di fondo, le finalità e il linguaggio, troppo complessa la personalità del grande scienziato inglese. Infine, lo scopo di questo lavoro è mostrare come, il significato stesso di rigore storico-scientifico possa, legittimamente, avere declinazioni diverse e contrastanti, in relazione a motivazioni e aspirazioni profonde, che nulla hanno a che fare con il distacco e l'assenza di pregiudizi che siamo soliti attribuire agli scienziati.

Tuttavia, crediamo di rendere un servizio al lettore segnalando un saggio che ha spalancato una nuova finestra sulla storia della scienza, che ci auguriamo sia seguito da altri dello stesso valore.[1] A questo possiamo associare un bel lavoro di uno studioso italiano che ha suscitato grande interesse anche all'estero.[2]

Fra le tante incongruenze che la storia del pensiero scientifico presenta, ve n'è una che, pur macroscopica, di solito viene trascurata. L'opera scientifica di Newton, a prescindere dal contributo matematico, si può dividere in due parti: la meccanica e l'ottica.

La prima è esposta nei famosi *Principia*,[3] nella quale un lettore non adeguatamente preparato faticherebbe molto a riconoscere ciò che, nei moderni manuali, viene indicato come "meccanica newtoniana".

Ma, ai suoi tempi, Newton era celebrato soprattutto per il trattato

1. Higgitt, Rebekah, *Recreating Newton: Newtonian Biography and the Making of Nineteenth-Century History of Science*, Pickering & Chatto, London 2007.
2. Guicciardini, Niccolò, *Newton*, Carocci, Roma 2011.
3. Newton, Isaac, *Philosophiæ Naturalis Principia Mathematica*, Londini 1687.

sulla luce,[4] importante per due aspetti: da una parte la descrizione di una quantità di nuovi esperimenti di ottica; dall'altra la costruzione di un vero e proprio modello fisico della luce, basato sull'ipotesi che la luce sia costituita da minutissimi corpuscoli per i quali valgono le leggi della meccanica che regolano i moti dei corpi macroscopici.

La teoria di Newton prevalse su quella dell'olandese Huygens – secondo la quale la luce era un fenomeno ondulatorio analogo al suono – e tale prevalenza durò fino ai primi decenni del XIX secolo, quando, principalmente per opera dell'inglese Thomas Young e del francese Augustin-Jean Fresnel, venne dimostrata la natura ondulatoria della luce.

A partire dall'800 la fama di Newton restò quasi esclusivamente legata al fatto di aver costruito una meccanica dei moti planetari, ovvero di aver dimostrato che le leggi empiriche di Keplero sono deducibili da alcuni assiomi del moto e da una ipotesi rivoluzionaria: che tutti i corpi si attraggono con una forza proporzionale alle loro masse e inversamente proporzionale al quadrato della loro distanza: la famosa *legge di gravitazione universale*.

Il fatto che la seconda edizione dei *Principia*, con notevoli correzioni e aggiunte, sia uscita solo nel 1713, cioè 26 anni dopo la prima, dimostra che vi era una certa resistenza ad accettarla anche da parte del mondo scientifico del tempo. Molto più breve l'intervallo di tempo che separa la seconda dalla terza edizione (1726) che, per così dire, sancì definitivamente la sua fama.

Non si creda, tuttavia, di poter trovare nell'opera la legge di gravitazione universale formulata nei termini algebrici a cui siamo avvezzi. Il trattato è strutturato in maniera analoga a quello che per Newton era il *trattato* per antonomasia: gli *Elementi di geometria* di Euclide. In altre parole, Newton espone una formulazione matematica della meccanica, ma il linguaggio adottato è quello della geometria. Egli segue, per così dire, un percorso opposto a quello di Descartes che ha tradotto la geometria in linguaggio algebrico: traduce la meccanica in linguaggio geometrico. D'altra parte, la legge di gravitazione universale così come l'abbiamo enunciata servirebbe a poco in quanto sarebbe valida solo per corpi per i quali sia possibile definire una *distanza*. I corpi reali (ad esempio i pianeti) sono corpi estesi e ci troveremmo in difficoltà a definire quale sia la distanza di un oggetto da un corpo grande come, ad esempio, la Terra o il Sole. Dalla questione si esce se si dimostra che, un corpo a simmetria sferica agisce come se l'intera sua massa fosse concentrata nel suo centro. Questa straordinaria (e fortunata) proprietà della forza di gravità fu provata da Newton ed è il contenuto di un teorema che fu definito "superbo" da uno dei maggiori astrofisici moderni.[5]

---

4. Newton, Isaac, *Opticks: or a Treatise of the Reflections, Refractions, Inflections and Colours of Light*, London 1704.
5. Chandrasekhar, Subrahmanyan, *Newton's Principia for the common Reader*, Clarendon Press, Oxford 1995.

La cosa interessante è che, per arrivare alla dimostrazione, Newton dovette fare uso dei metodi del calcolo infinitesimale, ma nella sua esposizione utilizzò rigorosamente quelli della geometria classica. E così è per l'intero trattato, il che ne rende la lettura estremamente ardua anche per chi abbia una moderna formazione in meccanica.

Abbiamo accennato al fatto che si deve anche agli scienziati francesi la produzione di evidenze sperimentali inconciliabili con il modello corpuscolare della luce di Newton. Per contro, si deve ad alcuni grandi matematici francesi (Lagrange, Laplace) anche la riformulazione matematica della meccanica newtoniana che la trasformò in un potentissimo strumento di indagine. Due sono stati gli eventi che hanno segnato, nello stesso tempo, il trionfo dei metodi elaborati dai matematici francesi e la conferma clamorosa della teoria della gravitazione di Newton. Il primo è la previsione del ritorno della cometa di Halley, che avvenne il 25 dicembre 1758; il secondo la scoperta di un nuovo pianeta nel 1846 per merito di un francese (Le Verrier) e di un inglese (Adams). Naturalmente, anche questa scoperta diede origine a una disputa di priorità: il nome del pianeta Nettuno, in Francia e per molti anni, rimase *Planète Le Verrier*.

La teoria della gravitazione universale di Newton trovò, in Europa continentale, vivaci oppositori che ne rallentarono la diffusione. La situazione è ben documentata da una delle *Lettere inglesi* (la XIV) scritta da Voltaire nel 1728:

> Un francese che arrivi a Londra trova le cose assai mutate in filosofia, come in tutto il resto. Ha lasciato il mondo pieno; lo trova vuoto. A Parigi, si vede l'universo composto da vortici di materia sottile; a Londra, non si vede nulla di tutto questo. Da noi è la pressione della Luna che causa il flusso del mare; presso gli Inglesi è il mare che gravita verso la Luna, in modo che quando credete che la Luna dovrebbe darci l'alta marea, questi signori ritengono che si debba avere bassa marea: il che, disgraziatamente, non può controllarsi, perché sarebbe stato necessario – per chiarire la cosa – esaminare la Luna e le maree nel primo istante della creazione.
>
> Noterete inoltre che il Sole, il quale in Francia non c'entra per nulla in questa faccenda, vi contribuisce in Inghilterra per circa un quarto. Secondo i vostri cartesiani tutto avviene per un impulso assolutamente incomprensibile; secondo Newton, tutto avviene per un'attrazione di cui non si conosce meglio la causa. A Parigi, vi figurate la Terra fatta come un melone; a Londra, essa è appiattita ai due poli. Per un cartesiano la luce esiste nell'aria; per un newtoniano, giunge dal Sole in sei minuti e mezzo. La chimica francese effettua tutte le sue operazioni con acidi, alcali e materia sottile; in Inghilterra, l'attrazione domina perfino nella chimica.[6]

---

6. Voltaire, *Lettres écrites de Londres sur les Anglois*, Basle 1734.

I «*Principia*» di *Newton*

In un altro saggio sull'opera di Newton, Niccolò Guicciardini ricorda la ben nota leggenda di uno studente di Cambridge che, vedendo passare Newton, avrebbe commentato: «Ecco l'uomo che ha scritto un libro che né lui né nessun altro ha mai capito».[7] E in effetti, i *Principia*, come ricordò Fontanelle nel suo *Éloge*, presentava enormi difficoltà alla comprensione, anche per il linguaggio matematico adottato. Abbiamo già detto che Newton scelse di esporre la sua teoria della meccanica in linguaggio rigorosamente geometrico, senza ricorrere né all'algebra, né al *calcolo delle flussioni* (oggi diremmo *differenziale*) scaturito anch'esso dalla sua mente.

Il sistema solare, nell'ambito dei *Principia*, rappresenta per Newton il grande laboratorio a cui applicare i principi della sua meccanica e ad esso dedica il Terzo Libro del suo trattato, dal titolo *Il Sistema del Mondo*. Questo è diviso in tre grandi capitoli che riguardano, rispettivamente, *I fenomeni*, *Le proposizioni* e *Il moto dei nodi della Luna*. A questi è premesso un capitolo sulle *Regole del filosofare* ovvero sui criteri a cui attenersi nella ricerca fisica e in cui cerca di dare forma teorica universale al metodo induttivo.

Il capitolo sui *Fenomeni* è essenzialmente dedicato alla descrizione quantitativa del sistema solare e dei sistemi di Giove, Saturno e della Terra, ciascuno descritto nel riferimento centrale, con i dati osservativi e le loro sintesi nelle tre leggi di Keplero.

Qui riporteremo e illustreremo i passi che hanno relazione con i temi affrontati nelle lettere di Chasles. Non potremo evitare alcuni tecnicismi, ma li esporremo nel linguaggio matematico dell'algebra e dell'analisi di base al quale siamo abituati.

> Fenomeno I. I pianeti che ruotano intorno a Giove descrivono, con i raggi condotti verso il centro di Giove, aree proporzionali ai tempi, e i loro tempi periodici, supposte le stelle fisse in quiete, sono in ragione della potenza $3/2$ delle distanze dal centro dello stesso.

A illustrare la proposizione, Newton riporta i periodi e le distanze dei quattro satelliti medicei, espresse in unità di raggio del pianeta. Aggiunge anche che «il diametro di Giove è stato più volte misurato con un micrometro posto nel fuoco di un telescopio da 123 piedi e, ridotto alla distanza media dal Sole, risultò sempre minore di 40", e mai minore di 38"».

> Fenomeno II. I pianeti che ruotano intorno a Saturno descrivono, con i raggi condotti verso Saturno, aree proporzionali ai tempi, e i loro tempi periodici, supposte le stelle fisse in quiete, sono in ragione della potenza $3/2$ delle distanze dal centro dello stesso.

---

7. Guicciardini, Niccolò, *Reading Newton's Principia*, Cambridge University Press, 1999.

Come commento all'enunciato riporta i dati osservativi ricavati da Cassini e conclude che il diametro di Saturno sarà non più grande di 16".

FENOMENO III. I cinque pianeti primari, Mercurio, Venere, Marte, Giove e Saturno cingono il Sole con le proprie orbite.

FENOMENO IV. I tempi periodici dei cinque pianeti principali, e quelli del Sole intorno alla Terra, oppure della Terra intorno al Sole, supposte le stelle fisse in quiete, sono in ragione della potenza $3/2$ delle distanze medie dal Sole.

A commento di questa proposizione, Newton osserva che «questa relazione, scoperta da Keplero, è accettata da tutti. Infatti, sia che il Sole ruoti intorno alla Terra, sia che la Terra ruoti intorno al Sole, i tempi periodici e le dimensioni delle orbite sono gli stessi».

In una tabella riporta anche i periodi di rivoluzione dei pianeti espressi in giorni:

Saturno	Giove	Marte	Terra	Venere	Mercurio
10 759,275	4332,514	686,9785	365,2565	224,6176	87,9692

In un'altra riporta le distanze medie dal Sole, determinate con metodi diversi:

	Saturno	Giove	Marte	Terra	Venere	Mercurio
Keplero	951 000	519 650	152 350	100 000	72 400	38 806
Boulliau	954 198	522 520	152 350	100 000	72 398	38 585
Periodi	954 006	520 096	152 369	100 000	72 333	38 710

Le «*Proposizioni*»

Nel capitolo dedicato alle *Proposizioni* Newton vuole dimostrare che le leggi di Keplero, che descrivono i moti dei pianeti e dei satelliti, sono deducibili dai principi della sua meccanica e dall'ipotesi della gravitazione. Questa afferma che due corpi si attraggono in ragione diretta alle loro masse e in ragione inversa al quadrato della loro distanza

Nei moderni manuali la legge di gravitazione universale viene scritta nella forma

$$F = G \frac{m_1 m_2}{d^2} \quad (1)$$

dove le m indicano le masse e d la distanza tra i corpi. L'introduzione del simbolo di eguaglianza trascina con sé una costante (la *G*) nota come *costante di Cavendish*. Richiede insomma una misura diretta della forza di attrazione tra due masse note poste a una distanza misurata. Tale difficile misura venne effettivamente compiuta dall'inglese Cavendish, ma quando Newton era morto da settant'anni. Pertanto, Newton non poteva utilizzare la legge di gravitazione nella forma odierna. Di conseguenza, tutte le misure di massa che Newton ricava per i pianeti, il Sole e la Terra, non possono essere che relative dell'uno all'altro, cioè delle proporzioni.

PROPOSIZIONE I (TEOREMA I). Le forze per effetto delle quali i satelliti che ruotano intorno a Giove sono continuamente ritratti dai moti rettilinei, e sono trattenuti nelle proprie orbite, tendono al centro di Giove e sono inversamente proporzionali ai quadrati delle distanze dal medesimo centro.

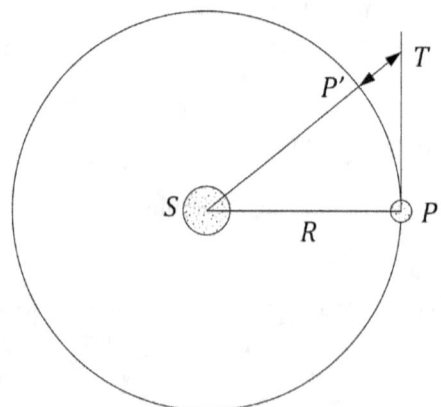

Accelerazione di gravità della Luna.

Le proposizioni II e III affermano la stessa cosa per i pianeti e la Luna. La visione che espone Newton è la seguente. Se il pianeta non fosse soggetto a una forza diretta verso il Sole proseguirebbe di moto rettilineo uniforme. Immaginiamo allora di spegnere questa forza per un tempo *t*, breve rispetto al periodo di rivoluzione e poi di fermare il pianeta per riportarlo, applicandovi la forza, sulla sua orbita, che supponiamo circolare. Se *V* è la velocità del pianeta sulla sua orbita, soppressa la forza centrale, nel tempo *t*, percorrerebbe il tratto *PT* = *Vt*. Ma, giunto in *T*, si fa agire la forza che lo porta, nello stesso tempo, in *P'*. È ovvio che

$$TP' = \sqrt{R^2 + (Vt)^2} - R = R\left[\sqrt{1 + \left(\frac{Vt}{R}\right)^2} - 1\right] \qquad (2)$$

poiché $Vt \ll R$, si può mettere nella forma

$$TP' = R \left[1 + \frac{1}{2} \left(\frac{Vt}{R} \right)^2 - 1 \right] = \frac{1}{2} \left(\frac{V^2}{R} \right) t^2 \qquad (3)$$

Si riconosce in questa l'equazione della caduta con accelerazione

$$a = \frac{V^2}{R} \qquad (4)$$

Ora, la terza legge di Keplero si scrive solitamente nella forma

$$\frac{R^3}{T^2} = cost \qquad (5)$$

ma, si potrebbe, più utilmente trasformare nel seguente modo:

$$\frac{R^3}{T^2} = \frac{1}{4\pi^2} \frac{(2\pi R)^2}{T^2} R \rightarrow V^2 R = cost \qquad (6)$$

o anche

$$\frac{V^2}{R} = \frac{cost}{R^2} \qquad (7)$$

dove $V^2/_R$ è appunto l'accelerazione di caduta dei pianeti del sistema. Quindi la terza legge di Keplero afferma che l'accelerazione di caduta è inversamente proporzionale al quadrato della distanza dal corpo centrale. E poiché la forza è proporzionale all'accelerazione, ne segue che la forza centrale deve essere inversamente proporzionale al quadrato della distanza; cioè la legge di gravitazione. Tutto ciò viene confermato nella quarta proposizione.

PROPOSIZIONE IV (TEOREMA IV). La Luna gravita verso la Terra, ed è continuamente ritratta dal moto rettilineo e trattenuta nella sua orbita dalla forza di gravità.

Assumiamo, con Newton, che la distanza media della Luna dalla Terra sia di 60 semidiametri; che il periodo della Luna, rispetto alle stelle fisse, venga completato in 27 giorni, 7 ore, 43 minuti primi, come è stato stabilito dagli astronomi; e che la circonferenza della Terra sia 123 249 600 piedi parigini, com'è stato stabilito dai misuratori francesi. Ora, se si suppone che la Luna venga privata del tutto del suo moto e venga lasciata cadere, nel modo che abbiamo detto, in un minuto percorrerà $15^1/_{12}$ piedi parigini.

Poiché dai dati indicati si ricava che il raggio della Terra è

$$R = \frac{circ}{2\pi} = 19{,}616 \times 10^6 \, piedi$$

e la distanza Terra-Luna

$$d_{TL} = 60R = 1{,}177 \times 10^9 \, piedi$$

con un periodo di rivoluzione

$$T = 27 \, giorni \; 7 \, ore \; 43 \, min = 39\,343 \, min$$

se ne ricava una velocità

$$V = 1{,}88 \times 10^5 \, \frac{piedi}{min}$$

L'accelerazione di caduta sarebbe quindi

$$a = \frac{V^2}{d} = 30 \, \frac{piedi}{min^2}$$

Se la distanza della Luna dalla Terra fosse un solo raggio terrestre, invece che 60, l'accelerazione di caduta sarebbe, per quanto abbiamo visto, 60×60 volte maggiore, cioè

$$g = 3{,}6 \times 10^3 \times 30 \, \frac{piedi}{min^2} = 30 \, \frac{piedi}{s^2}$$

«E di fatto – scrive Newton – i gravi cadono sulla Terra proprio con quella forza [l'accelerazione]. Infatti, la lunghezza di un pendolo che oscilla con la frequenza di un minuto secondo alla latitudine di Parigi è di 3,06 piedi parigini, secondo Huygens».

Oggi diremmo che l'accelerazione di gravità si ricava dal periodo del pendolo secondo la

$$g = 4\pi^2 \, \frac{l}{T^2} \qquad (8)$$

sapendo che un pendolo lungo 3,06 piedi (99,4 cm) ha un periodo di 2,0 secondi. «Pertanto – conclude Newton – la forza per effetto della quale la Luna viene trattenuta nella propria orbita, se fosse vicina alla superficie della Terra, diventerebbe uguale alla forza di gravità presso di noi; pertanto è quella stessa forza che siamo soliti chiamare peso».

PROPOSIZIONE VIII. Se la materia di due sfere in regioni egualmente distanti dai centri e che gravitano l'una verso l'altra da ogni parte, è omogenea, il peso di una sfera verso l'altra è inversamente proporzionale al quadrato della distanza fra i centri.

Si tratta di un risultato essenziale su cui poggia l'intera teoria. Enunciato in linguaggio moderno, afferma che:

Una distribuzione di massa a simmetria sferica (cioè in cui la densità dipende solo dalla distanza dal centro) esercita un'attrazione gravitazionale su un corpo puntiforme come se l'intera massa fosse concentrata nel centro.[8]

È questo che consente, ai fini del calcolo dell'attrazione gravitazionale di un pianeta (sferico) su un corpo esterno, di considerare l'intera massa concentrata nel centro. Dice Newton:

> Dopo aver trovato che la gravità dell'intero pianeta nasce ed è composta dalla gravità delle sue parti, ed è nelle sue parti inversamente proporzionale al quadrato delle distanze dalle parti, dubitavo che tale proporzione del quadrato si ottenesse esattamente per l'intera forza costituita da numerose forze e che, forse, fosse solo approssimata. Potrebbe, infatti, avvenire che la proporzione, che alle maggiori distanze viene ottenuta con sufficiente esattezza, in vicinanza della superficie del pianeta, a causa delle distanze diverse delle particelle e delle diverse densità, si alterasse notevolmente.

In altre parole, anche se la legge dell'inverso del quadrato vale per masse puntiformi, può non valere per distribuzioni estese. Ma Newton dimostra che, se la distribuzione è a simmetria sferica, allora la legge continua a valere come se la massa fosse un punto collocato nel centro.

Questa proposizione consente di calcolare l'accelerazione di gravità g (oggi diremmo l'intensità del campo gravitazionale) sulla superficie del pianeta, purché dotato di satelliti.

Se, infatti, l'accelerazione di gravità è in proporzione inversa al quadrato della distanza dal centro del pianeta,

$$\frac{g(R)}{g(d)} = \left(\frac{d}{R}\right)^2 \quad (9)$$

dove R indica il raggio del pianeta e d la distanza del satellite.

> Così – scrive Newton – dai tempi periodici di Venere intorno al Sole, effettuati in 224 giorni e 16 ore e ¾, del satellite esterno di Giove che ruota intorno a Giove in 16 giorni e 16 ore e ⁸/₁₅, del satellite di Huygens [scoperto da Huygens] intorno a Saturno in 15 giorni e 22 ore e ⅔, e della Luna intorno alla Terra, in 27 giorni, 7 ore e 43 minuti, confrontati con la distanza media di Venere dal Sole e con le massime elongazioni eliocentriche del satellite esterno di Giove dal centro di Giove, 8' 16", del satellite di Huygens dal centro di Saturno, 3' 4", e della Luna dal

---

8. Abbiamo già accennato all'aggettivo "superbo" con cui il teorema è stato qualificato dall'insigne astrofisico americano Chandrasekhar in un libro divulgativo dedicato ai *Principia*.

centro della Terra, 10' 33", trovai, avendo effettuato il calcolo, che il peso di corpi uguali ed egualmente distanti dal centro del Sole, di Giove, di Saturno e della Terra, stanno al Sole, a Giove, a Saturno, alla Terra, rispettivamente, come 1, $^1/_{1067}$, $^1/_{3021}$ e $^1/_{169\,282}$; e aumentate o diminuite le distanze, i pesi vengono diminuiti o aumentati in ragione del quadrato; e i pesi di corpi uguali verso il Sole, Giove, Saturno e la Terra, distanti 10 000, 997, 791 e 109 dai loro centri, e perciò sulle loro superfici, staranno come 10 000, 943, 529 e 435 rispettivamente. Quanto grandi siano i pesi dei corpi sulla superficie della Luna, verrà detto in seguito.

Se poi si considera che la costante che compare nella (6) sia proporzionale alla massa del corpo centrale, dalla misura dell'accelerazione centripeta dei pianeti e dei satelliti si può ricavare la massa del Sole, Giove, Saturno e della Terra. Cosa che Newton espone nel secondo corollario.

COROLLARIO II. Si può calcolare anche la quantità di materia di ciascun pianeta. Infatti, le quantità di materia nei pianeti stanno come le loro forze a uguali distanze dal loro centro; ossia, sul Sole, Giove, Saturno e la Terra, stanno come 1, $^1/_{1967}$, $^1/_{3021}$, $^1/_{169\,282}$ rispettivamente. Se si scoprisse che la parallasse del Sole è maggiore o minore di 10" 30''', la quantità di materia della Terra dovrà aumentare o diminuire in proporzione al cubo.

LIBRO TERZO – PROPOSIZIONE XIX – PROBLEMA III

Trovare la proporzione dell'asse di un pianeta ai diametri ad esso perpendicolari.

Il nostro Norwood, intorno all'anno 1635, allorché misurava la distanza di 905 751 piedi londinesi tra Londra e York, trovando una differenza tra le latitudini di 2° 28', ne ricavò che la misura di un grado fosse di 367 196 piedi di Londra, ossia di 57 300 tese parigine. Picard, misurando un arco di un grado e 22' 55" del meridiano tra Amiens e Malvoisine, trovò che un arco di un grado corrisponde a 57 060 tese parigine. Cassini il vecchio misurò sul meridiano la distanza tra la città di Collioure nel Roussillon all'osservatorio di Parigi e il figlio aggiunse la distanza dall'osservatorio alla torre della città di Dunkerque. Per cui l'arco di un grado risulta 57 061 tese parigine. Da queste misure si ricava che la circonferenza della Terra è di 123 249 600 piedi parigini e il suo semidiametro di 19 615 800 piedi, nell'ipotesi che la Terra sia sferica.

Consideriamo, seguendo Newton, un cilindro di Terra, di sezione 1 m², che partendo dal centro arrivi al polo (*tunnel polare*). Vogliamo calcolarne il peso. Conviene allora considerarne un tratto a distanza x dal centro, di spessore dx. Il suo volume è dx e la sua massa $\rho\, dx$, se ρ è la densità della Terra, che supponiamo costante. Posto che su questo elemento agisca solo l'attrazione gravitazionale della materia contenuta nella sfera di raggio x, questa si può calcolare come se fosse concentrata nel centro. Poiché la massa è $4/3\pi x^3\rho$, l'attrazione gravitazionale sarà

$$G\,\frac{\left(\dfrac{4}{3}\,\pi x^3\rho\right)\times\rho\,dx}{x^2}\;=\;\frac{4}{3}\,\pi\rho^2\,Gx\,dx\quad(10)$$

e per avere il peso dell'intera colonna basterà integrare sull'intera lunghezza. Si ottiene così

$$\frac{1}{2}\frac{4}{3}\,\pi\rho^2\,GR^2\qquad(11)$$

Ripetiamo ora il calcolo per una colonna di Terra di eguale sezione che va dal centro all'equatore (*tunnel equatoriale*). In questo caso bisogna tener conto del fatto che la Terra ruota per cui i suoi elementi che non si trovano, come prima, sull'asse polare, sono soggetti a una certa forza centrifuga.

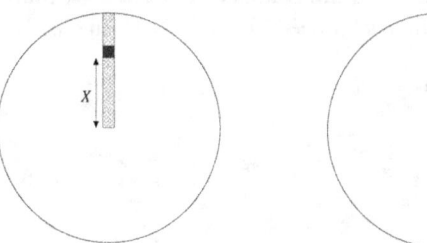

Tunnel polare. *Tunnel equatoriale.*

La velocità angolare della Terra è

$$\Omega=\frac{2\pi}{T}=7{,}27\times10^{-5}\,\frac{rad}{s}$$

Pertanto, l'accelerazione centrifuga sul piano equatoriale sarà

$$a_c=\Omega^2\,x\qquad(12)$$

Il calcolo sarà identico a prima, con l'avvertenza di scalare l'effetto della forza centrifuga. Se indichiamo con R_e il raggio equatoriale, avremo allora per il peso della colonna

$$\frac{1}{2}\frac{4}{3}\,\pi\rho^2\,GR_e^2-\frac{1}{2}\,\rho\Omega^2\,R_e^2\qquad(13)$$

Per l'equilibrio è necessario che i due pesi siano uguali

$$\frac{4}{3}\,\pi\rho^2\,GR^2=\frac{4}{3}\,\pi\rho^2\,GR_e^2-\rho\Omega^2\,R_e^2\qquad(14)$$

per cui

$$\left(\frac{R_e}{R}\right)^2 = \frac{\frac{4}{3}\pi\rho G}{\frac{4}{3}\pi\rho G - \Omega^2} = \frac{1}{1 - \frac{\Omega^2}{\frac{4}{3}\pi\rho G}} \qquad (15)$$

Si ottiene alla fine

$$\frac{R_e}{R} = 1{,}004$$

che Newton esprime come

$$\frac{R_e}{R} = \frac{230}{229}$$

Si tratta di un risultato di enorme valore: Newton scopre quello che va sotto il nome di *schiacciamento della Terra ai poli*. Inutile dire che il percorso seguito è la traduzione in linguaggio analitico del procedimento di Newton che era rigorosamente geometrico.

Robert Boyle

Una biografia di Boyle che, per vivacità e stringatezza, merita di essere conosciuta è dovuta alla penna di un contemporaneo, Anthony à Wood, e fu pubblicata nei *Fasti Oxonienses* del 1692. Ci limitiamo a riportarla, con alcune piccole correzioni.

Ritratto di Robert Boyle (1627-1691) con la sua pompa a vuoto sullo sfondo
(William Faithorne,1664, Ashmolean Museum, Oxford).

Questa onorevole persona, che fu figlio di Richard, conte di Cork, nacque a Linsmore in Irlanda, da dove, dopo aver ricevuto l'istruzione che si conviene a un giovane, andò all'Università di Leyda [in realtà all'Eton College] per dedicarsi agli studi letterari. In seguito viaggiò per la Francia, la Svizzera e l'Italia, fermandosi qualche tempo a Roma, le cui bellezze singolari lo colpirono tanto che, in seguito, non ebbe più desiderio di conoscere altre vestigia del passato. Divenuto un perfetto gentiluomo, al suo ritorno in Inghilterra, si stabilì a Oxford nel 1657 dove si dedicò con passione allo studio e, in particolare, alla filosofia sperimentale e alla chimica, investendovi molto denaro e assumendo molti tecnici per il laboratorio personale che aveva realizzato. [...] Dopo la restaurazione della monarchia e la nascita della Royal Society, ne divenne uno dei primi membri e fu il maggior promotore della scienza in tale associazione. Lasciato Oxford per Londra, si stabilì in casa di sua sorella Cathrine,

Lady Ranelagh, dove realizzò un laboratorio, assunse tecnici e continuò gli studi di chimica. Scrisse molti libri, alcuni dei quali pubblicati oltremare e molto apprezzati: in tutto ciò che ha fatto ha mostrato di aver lavorato per il benessere dell'umanità e per il progresso della scienza. Nessuno lo ha eguagliato, tutti sono stati inferiori a lui. Nelle sue opere si trova il maggior vigore e la più serena pacatezza, la cultura più generosa e la più sincera modestia, le più nobili scoperte e i resoconti più onesti, la maggiore umiltà e la più generosa filantropia, la più profonda penetrazione della natura e il più devoto e ardente senso del divino. Questa mirabile persona morì il 30 dicembre del 1691, a 64 anni, o pressappoco, e fu seppellita il 7 di gennaio dell'anno seguente [...] vicino alla tomba della sorella, la menzionata Lady Ranelagh che era morta una settimana prima di lui, il che gli aveva provocato un tale dolore da causargli convulsioni mortali.[1]

Robert Boyle è ricordato nelle scuole quasi esclusivamente per la legge dei gas. Il fatto che tale legge sia associata al suo nome e a quello del contemporaneo francese Edme Mariotte (1620-1684) ci dice quanto le questioni di priorità, specialmente tra inglesi e francesi, siano sempre state molto sentite nel mondo scientifico. L'enunciazione della legge a cui è legata la sua fama scolastica si trova in un trattato nel quale descrive le numerose esperienze compiute con una pompa pneumatica e un essenziale barometro a mercurio.[2] A proposito della "legge dei gas" è necessario fare qualche osservazione. Intanto, per Boyle, il termine *gas* non aveva significato: la relazione che egli stabilì tra pressione e temperatura valeva solo per l'aria atmosferica. Né avrebbe avuto significato per Boyle l'espressione della legge in termini matematici attualmente in uso: $PV = costante$. In effetti, la formazione matematica di Boyle era piuttosto carente, come riconosce egli stesso in un saggio dedicato proprio a questo soggetto:[3]

> Avrei voluto dedicare alla parte speculativa della geometria e dell'algebra tutto quel tempo che ho profuso nello studio delle fortificazioni (sulle quali ricordo di aver scritto un intero trattato) e degli aspetti pratici della matematica.

1. Wood, Antony à – Bliss, Philip, *Athenae Oxoniensis, an Exact History of all the Writers and Bishops who have had their Education in the University of Oxford to which are added The Fasti, or annals of the said University*, Lackington *et al.*, London 1820, vol. 4, part 2, *Fasti*, p. 286.
2. Boyle, Robert, *A defence of the doctrine touching the spring and weight of the air propos'd by Mr. R. Boyle in his new physico-mechanical experiments, against the objections of Franciscus Linus; wherewith the objector's funicular hypothesis is also examin'd, by the author of those experiments*, printed by F.G. for Thomas Robinson, London 1662.
3. Boyle, Robert, *On the usefulness of Mathematicks to Natural Philosophie* [1671], *The works of the Honourable Robert Boyle*, ed. by Thomas Birch, London 1744, vol. III, pp. 425-434.

Questa sua debolezza in matematica ne fa una figura a parte rispetto agli altri protagonisti della nostra storia: Pascal, Galileo, Descartes e Newton, ciascuno dei quali è nello stesso tempo matematico e filosofo naturale.

Una pagina della «Defence of the doctrine» in cui si può riconoscere l'enunciazione della legge di Boyle.

Analogamente a Galileo, Boyle viene considerato una figura di primo piano nella storia della scienza per i suoi contributi sperimentali, ma soprattutto per la rivoluzionaria concezione della libertà della ricerca che sostenne e difese con grande vigore. Particolarmente significativo in questo senso è un libello che pubblicò nel 1690 dal titolo curioso di *The Christian virtuoso*, in cui si trovano esposte idee molto vicine a quelle del grande fiorentino. Per esempio il problema della caduta dei gravi:

> Poiché la gravità è il principio che spinge i corpi che cadono a muoversi verso il centro della Terra, sembra assai ragionevole credere, con la maggior parte dei filosofi che in ciò seguono Aristotele, che, a misura in cui un corpo è più pesante di un altro, cadrà più celermente dell'altro. Di qui è stato dedotto, in particolare nell'ambito della scuola peripatetica, che, fra due corpi omogenei, uno dei quali pesa, ad esempio dieci libbre e l'altro una sola, se il primo è lasciato cadere dalla stessa altezza e nello stesso momento dell'altro, raggiungerà il terreno dieci volte più celermente. Ma nonostante tale plausibile ragionamento, l'esperienza ci dimostra (ed io stesso l'ho constatato) che (almeno per altezze modeste, come quelle delle torri e di altri edifici elevati) corpi di peso assai diffe-

rente, lasciati cadere assieme, raggiungono il terreno nello stesso momento o in modo così prossimo all'istantaneità che non è facile percepire alcuna differenza nella velocità della loro caduta.[4]

Sembra di leggere un passo del galileiano *Discorsi e dimostrazioni sopra due nuove scienze* (1638):

> Aristotele dice: «Una palla di ferro di cento libbre, cadendo dall'altezza di cento braccia, arriva in terra prima che una di una libbra sia scesa di un sol braccio»; io dico ch'ell'arrivano nell'istesso tempo; voi trovate, nel farne l'esperienza, che la maggiore anticipa due dita la minore, cioè che quando la grande percuote in terra, l'altra ne è lontana due dita: ora vorreste dopo queste due dita appiattare le novantanove braccia di Aristotele, e parlando solo del suo minimo errore, metter sotto silenzio l'altro massimo.[5]

Un altro aspetto che Boyle ha in comune con Galileo è il rispetto per le conoscenze pratiche. In un altro passaggio del *Christian virtuoso* scrive:

> Un filosofo sperimentale spesso accresce tanto la sua conoscenza delle cose naturali mediante ciò che impara dalle osservazioni e dalle esperienze anche umili e magari incolte (come pastori, contadini, fabbri, uccellatori, ecc.) per la familiarità che hanno con le opere della natura.

Un passo che richiama quello di apertura dei *Discorsi*:

> Largo campo di filosofare a gl'intelletti speculativi parmi che porga la frequente pratica del famoso arsenale di voi, Signori Veneziani, e in particolare in quella parte che meccanica si domanda; atteso che quivi ogni sorte di strumento e di machina vien continuamente posta in opera da numero grande d'artefici [...] e io, come per natura curioso, frequento per mio diporto la visita di questo luogo e la pratica di questi che noi, per certa preminenza che tengono sopra il resto della maestranza, domandiamo proti; la conferenza de i quali mi ha più volte aiutato nell'investigazione della ragione di effetti non solo maravigliosi, ma reconditi ancora e quasi inopinabili.[6]

L'opera alla quale è maggiormente legata la fama di Boyle è *The Sceptical*

---

4. Boyle, Robert, *The Christian virtuoso, shewing, that by being addicted to experimental philosophy, a man is rather assisted, than indisposed, to be a good Christian*, printed in the Savoy, London 1690.
5. Galilei, Galileo, *Discorsi e dimostrazioni matematiche intorno a due nuove scienze attenenti alla Mecanica & i Movimenti Locali*, Appresso gli Elzeviri, Leyda, 1638, Giornata Prima.
6. *Ibidem.*

Chymist,[7] del 1661, che segna forse il passaggio dall'alchimia alla chimica scientifica, ma non è certo quella che può rappresentare un punto di contatto con Pascal, che non coltivò mai gli studi in questo campo.

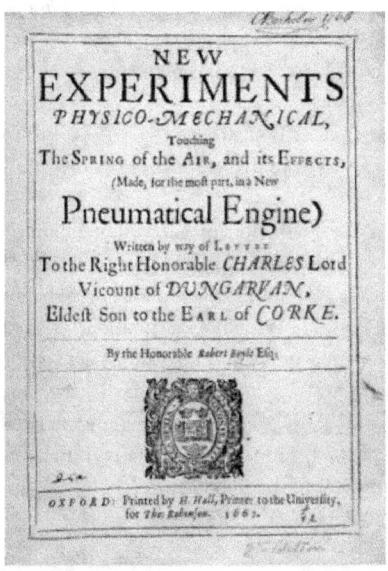

Frontespizio dell'opera di Boyle dedicata alla meccanica dei gas.

Riguardo alla meccanica dei gas, fondamentale è un'opera attualmente dimenticata ma che godette, nella seconda metà del Seicento, di larga fama: *New Experiments Physico-Mechanical touching the Spring of the Air and its effects,* pubblicata a Oxford nel 1660. Dedicata agli esperimenti pneumatici, è la prima memoria scientifica di Boyle ed è inspiegabile come il suo nome non venga mai ricordato accanto a quelli di Torricelli e Pascal, nonostante questo sia indubbiamente il trattato di pneumatica più completo che il Seicento abbia prodotto. Del fatto che Boyle fosse a conoscenza degli esperimenti condotti da Torricelli in Italia e da Pascal in Francia è lui stesso a informare il lettore in una delle prime pagine:

> Infatti quell'illustre sperimentatore, monsieur Pascal (figlio) ha avuto la
> lodevole curiosità di far eseguire l'esperimento di Torricelli ai piedi, a
> metà e sulla cima di quell'alta montagna (in Auvergne, se non sbaglio)
> comunemente detta Puys de Domme. Si è visto con questo che il mer-
> curio nel tubo si abbassava di tre pollici in più in cima alla montagna

7. Boyle, Robert, *The Sceptical Chymist or Chymico-Physical Doubts & Paradoxes, Touching the Spagyrist's Principles Commonly call'd Hypostatical; As they are wont to be Propos'd and Defended by the Generality of Alchymists,* London 1661.

rispetto alla base […]. Sembra abbastanza chiaro che il motivo di tutto ciò sia che sulla cima delle alte montagne l'aria, che comprime il mercurio, subisce una pressione minore da parte dell'aria sovrastante meno pesante e, di conseguenza, non è in grado di impedire completamente la discesa di un cilindro pesante di mercurio quale quello che, ai piedi della montagna, si manteneva in equilibrio con l'aria sovrastante.[8]

L'interpretazione che Boyle fornisce dell'elasticità dell'aria è molto diversa da quella attualmente corrente. Scrive infatti nei *Nuovi esperimenti*:

> Questa proprietà può essere ulteriormente spiegata immaginando che l'aria, in prossimità della terra, sia costituita da una quantità di corpuscoli, posti l'uno sopra l'altro, come un vello di lana. Questo infatti consiste di molti peli sottili e flessibili, ciascuno dei quali può essere piegato e arrotolato facilmente, come una minuscola molla, ma, proprio come una molla, cercherà sempre di estendersi di nuovo. Infatti, benché sia questi peli sia i corpuscoli dell'aria a cui li paragoniamo cedano facilmente alle pressioni esterne, […] fino a che dura la compressione si mantiene nel vello che compongono una tendenza a espandersi, con la quale premono contro la mano che produce la compressione.

Per onestà, Boyle ricorda che

> C'è un altro modo per spiegare l'elasticità dell'aria, e cioè supponendo, con quel gentiluomo di sommo ingegno, M. Des Cartes, che l'aria non sia altro che una congerie ovvero insieme di particelle piccole e (per la maggior parte) flessibili, di diverse dimensioni e di ogni sorta di forme che sono sollevate dal calore (specie quello del sole) andando a formare quel corpo etereo, fluido e sottile che circonda la terra. L'incessante agitarsi di quella materia celeste in cui nuotano tali particelle le fa turbinare a tal punto che ogni corpuscolo cerca di impedire agli altri di invadere la piccola sfera di cui ha bisogno per ruotare intorno al proprio centro e, qualora qualcuno di questi corpuscoli, invadendo quella sfera, ostacolasse la sua libera rotazione, per espellerlo e cacciarlo. Secondo questa ipotesi, perciò ha pochissima importanza che le particelle dell'aria abbiano la struttura propria delle molle, o abbiano qualsiasi altra forma, poiché il loro potere di elasticità non dipende dalla loro forma o struttura, bensì dalla violenta agitazione e, per così dire, dal movimento veemente che è loro impresso dall'etere fluido che si insinua velocemente tra loro e, turbinando intorno a ciascuno di essi (indipendentemente dagli altri) non

---

8. Boyle, Robert, *New Experiments Physico-Mechanicall, Touching the Spring of the Air, and its Effects (Made, for the Most Part, in a New Pneumatical Engine) Written by Way of Letter to the Right Honorable Charles Lord Vicount of Dungarvan*, Eldest Son to the Earl of Corke. Oxford: H. Hall, 1660.

solo mantiene separati ed espansi quei sottili corpi aerei […] ma fa sì che si colpiscano e si respingano l'uno con l'altro e quindi necessitino di uno spazio maggiore di quello che occuperebbero se fossero compressi.

Ciò che hanno in comune Boyle e Pascal è il campo di indagine; cioè la natura dell'aria. Ambedue gli scienziati hanno sviluppato le indagini sperimentali iniziate da Galileo e Torricelli, ma con finalità diverse. Quella di Boyle è prevalentemente di comprendere il rapporto tra l'aria e la fisiologia della respirazione; quella di Pascal di comprendere la struttura fisica dell'atmosfera. Ciò che li unisce veramente è la profondissima sensibilità ai temi della religione, con la differenza che Pascal a un certo punto della sua vita abbandona completamente la ricerca scientifica per dedicarsi totalmente alla riflessione religiosa, mente in Boyle i due temi, quello scientifico e quello religioso, sono rimasti strettamente intrecciati per tutta la vita.

Galileo Galilei

Galileo Galilei in un disegno di Ottavio Lioni (Firenze, Biblioteca Marucelliana).

Galileo Galilei nacque a Pisa il 15 febbraio 1564 da Giulia Ammannati e Vincenzio Galilei, commerciante e musicista. Nel 1581 entrò all'Università di Pisa, come allievo di medicina, ma il giovane Galileo non manifestò alcun interesse per questo genere di studi e li abbandonò quattro anni dopo senza averli portati a conclusione. Nel frattempo ebbe occasione di avvicinarsi allo studio della matematica a cui, nel seguito, si dedicò completamente. Al 1586 risale il primo lavoro scientifico di Galileo, dal titolo *La bilancetta*, nella quale presenta un'ipotesi circa il metodo adottato da Archimede per la misura del contenuto in oro della corona di Gerone. A questo proposito descrive anche una bilancia di alta sensibilità di sua invenzione, da cui deriva il titolo del lavoro. Nel 1592 passò a insegnare matematica all'Università di Padova, dove rimase fino al 1610. Trascorse gran parte del 1609 a studiare e perfezionare di persona telescopi e solo alla fine dell'anno ebbe a disposizione uno strumento abbastanza potente da consentirgli di studiare la superficie della Luna. Fu in questo modo che compì le scoperte osservative più importanti: l'orografia della superficie lunare, i satelliti di Giove, la struttura della Via Lattea e della Nebulosa di Orione. Volle dare subito la notizia di queste scoperte e lo fece con un libretto in latino, uscito il 12 marzo del 1610, che portava il titolo *Sidereus Nuncius*.[1]

Il clamore suscitato da queste scoperte fu enorme e la sua fama si diffuse in tutta Europa. In conseguenza di ciò, il granduca Cosimo II lo richiamò a Firenze dove assunse il titolo di "Matematico primario dello

---

1. *Sidereus Nuncius, magna, longeque ad mirabilia spectacula padens ... à Galileo Galileo Patritio Florentino, Venetiis,* apud Thomam Baglionum, 1610.

Studio di Pisa e Filosofo del Ser.mo Granduca". Tuttavia, la pubblicazione del *Sidereus Nuncius* non suscitò solo plauso e ammirazione presso i dotti, ma anche diffidenze e aspre critiche. Dovette quindi sottrarre tempo alla ricerca scientifica per difendere le scoperte compiute e le sue opinioni astronomiche.

L'opera che suscitò le più vivaci controversie fu il *Dialogo sopra i due massimi sistemi* che venne pubblicata nel 1632.[2] È congegnata come una discussione, ripartita in quattro giornate, fra tre amici che mettono a confronto i due massimi modelli di sistema solare: il modello geocentrico (o di Tolomeo) e il modello eliocentrico (o di Copernico). Nella discussione quello che ha la meglio è il sistema copernicano e fu questo che mise nei guai lo scienziato fiorentino. Nell'aprile dell'anno successivo alla pubblicazione del *Dialogo*, Galileo dovette presentarsi al tribunale del Sant'Uffizio che lo giudicò gravemente sospetto di eresia e, nonostante una completa ritrattazione delle sue convinzioni scientifiche e teologiche, lo condannò agli arresti domiciliari. Nonostante la condizione di isolamento – aveva scelto di vivere in una villa nelle campagne di Arcetri – e l'età avanzata, riuscì a mantenere una fitta corrispondenza con altri grandi scienziati e discepoli. Nella sua condizione di prigionia scrisse un trattato fondamentale dal titolo: *Discorsi e dimostrazioni matematiche intorno a due nuove scienze* che pubblicò nel 1638 in Olanda.[3]

Le "due nuove scienze" di cui si parla nel titolo sono quelle che oggi chiameremmo meccanica e resistenza dei materiali. Negli anni che gli restavano, le sue condizioni di salute – in particolare il fatto di aver perduto la vista – non gli consentirono più di coltivare attivamente i suoi interessi scientifici e gli resero anche più difficile mantenere contati con gli altri scienziati. Morì nel gennaio del 1642. La produzione scientifica che ha maggiormente contribuito alla fama di Galileo è quella che ha riguardato le scoperte astronomiche. E tra queste la scoperta dei satelliti di Giove che, in onore del suo potente protettore, chiamò Pianeti Medicei. Di ciascuno di essi misurò il periodo e stimò, grossolanamente, il raggio dell'orbita in unità del raggio del pianeta. Una scoperta fondamentale per l'affermazione del modello copernicano fu quella delle fasi di Venere, vale a dire che Venere, a somiglianza della Luna, presenta aree illuminate diverse. Ne diede notizia a Giuliano de' Medici nel 1612 sotto forma di anagramma:

HAEC IMMATURA A ME IAM FRUSTRA LEGUNTUR O Y

che sciolse qualche mese dopo in

CYNTHIÆ FIGURAS ÆMULATUR MATER AMORUM

---

2. Galilei, Galileo, *Dialogo sopra i due massimi sistemi del mondo, tolemaico e copernicano*, Firenze 1632.
3. Galilei, Galileo, *Discorsi e dimostrazioni matematiche intorno a due nuove scienze attenenti alla Mecanica & i Movimenti Locali*, Appresso gli Elzeviri, Leyda 1638.

ovvero che "La madre degli amori [Venere] imita le fasi della Luna".

Nello stesso periodo, sempre a Giuliano de' Medici, inviò un altro anagramma, ma relativo a Saturno. Keplero fu incaricato di decifrarlo e, dopo mesi di sforzi, lo interpretò in questo modo:

SALVE UMBISTINEUM GEMINATUM MARTIA PROLES.

In realtà, l'anagramma avrebbe dovuto avere questa soluzione:

ALTISSIMUM PLANETAM TERGEMINUM OBSERVAVI

cioè "Ho osservato che il pianeta più lontano [Saturno] è costituito da tre teste".

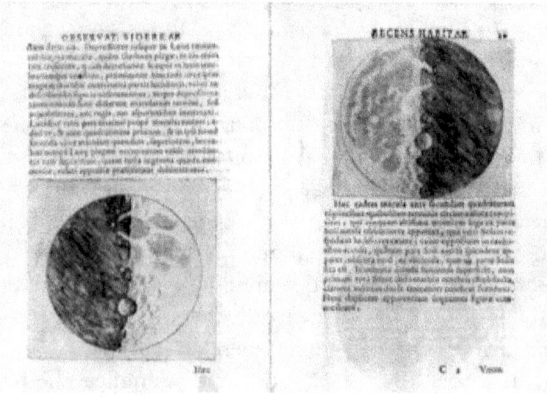

Una pagina del «Sidereus Nuncius» (1610).

Certo, con lo strumento di cui disponeva, Galileo non avrebbe mai potuto distinguere né l'anello che circonda Saturno, né nessuno dei suoi satelliti. Nonostante le sue scoperte osservative, Galileo non cercò mai di costruire quello che oggi si chiamerebbe un modello meccanico del sistema solare. Nella sua opera in sostegno del sistema eliocentrico non cita mai le leggi di Keplero, che pure erano di origine puramente osservativa, anche se presupponevano un sistema di riferimento centrato nel Sole. Non avrebbe potuto edificare un modello meccanico del sistema solare perché questo avrebbe richiesto sia una nuova meccanica (diversa da quella aristotelica) e anche nuovi strumenti matematici; strumenti che furono creati dal genio di Newton. La differenza tra i due approcci, di Galileo e di Newton, salta agli occhi anche solo mettendo a confronto le opere dei due autori il *Dialogo* è scritto in *volgare*, sotto forma di dialogo fra tre gentiluomini, nel quale la matematica gioca un ruolo marginale. I *Principia* sono redatti in latino e hanno una struttura assiomatico-deduttiva analoga a quella degli *Elementi* di Euclide, con un carattere strettamente quantitativo che si regge su un linguaggio rigorosamente matematico, accessibile solo agli esperti.

Per quanto riguarda la grande idea di Newton, dell'attrazione gravitazionale, che cosa ne pensasse Galileo lo dice egli stesso nella *Giornata Quarta* del *Dialogo*, a proposito del ruolo che la Luna avrebbe nel fenomeno delle maree. Infatti, alle parole di Simplicio che ricorda la teoria che la marea sia da attribuire all'attrazione lunare, risponde Sagredo (cioè Galileo stesso) con parole sprezzanti:

> Di grazia, signor Simplicio, non ce ne riferite più, ché non mi pare che metta conto di consumare il tempo nel referirle, né meno le parole per confutarle; e voi, quando ad alcuna di queste o simili leggerezze presta-ste l'assenso, fareste torto al vostro giudizio, che pur lo conosciamo per molto purgato.

Pertanto era estranea a Galileo l'idea che i pianeti si muovessero su orbite circolari in quanto attratti dal corpo centrale, che queste orbite fossero in realtà ellissi perché tale forza è in ragione inversa al quadrato della distanza dal corpo centrale, che l'armonia nel moto dei pianeti, sintetizzata nella terza legge di Keplero fosse dovuta al fatto che il corpo centrale è lo stesso per tutti i pianeti: il Sole.

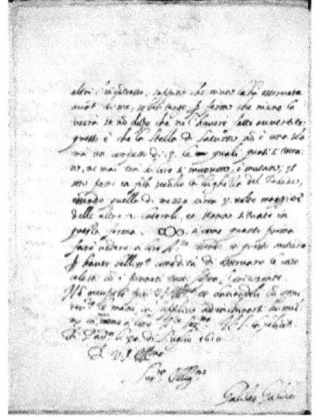
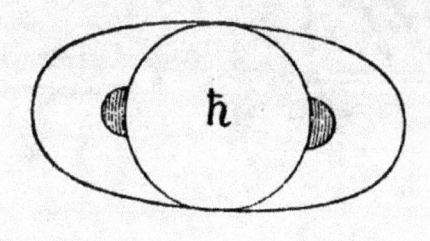

Lettera di Galileo a Belisario Vinta del 30 luglio 1610 in cui annuncia le sue scoperte su Saturno (sinistra). Disegno di Saturno per mano di Galileo tratto dal «Saggiatore» (destra).

René Descartes

René Descartes vide la luce nel 1596 in una cittadina della Touraine e perse la madre in tenerissima età. Si presero cura del bambino la nonna materna e una balia a cui fu affezionato per tutta la vita. A causa della salute malferma, iniziò studi regolari solo all'età di 11 anni. L'insegnamento ricevuto fu una delusione per il giovane Cartesio:

Sono stato allevato nello studio delle lettere fin dalla fanciullezza, e poiché mi si faceva credere che con esse si poteva conseguire una conoscenza chiara e sicura di tutto ciò che è utile nella vita, avevo un estremo desiderio di apprendere.

Frans Hals (1649), ritratto di René Descartes esposto al Museo del Louvre.

Ma non appena ebbi concluso questo intero corso di studi, al termine del quale si è di solito annoverati tra i dotti, cambiai completamente opinione: mi trovavo infatti in un tale groviglio di dubbi e di errori da avere l'impressione di non aver ricavato alcun profitto, mentre cercavo di istruirmi, se non scoprire sempre più la mia ignoranza.

In compenso, nel periodo trascorso in collegio, la sua salute si ristabilì cosicché poté iscriversi all'Università di Poitiers dove conseguì la laurea in giurisprudenza nel 1616. Due anni dopo si arruolò in un reggimento francese che prestava servizio in Olanda al comando del principe d'Orange. Nello svolgimento del servizio di ufficiale fece conoscenza con il medico olandese, Isaac Beeckman, che ebbe una profonda influenza sul suo impegno di ricerca in ambito matematico.

Uscito dall'esercito, si diede totalmente agli sudi di filosofia e matematica. Per quel che ci riguarda, l'anno più importante è il 1637, quando diede alle stampe le opere più importanti: il *Discorso sul metodo*, la *Diottrica*, la *Geometria* e le *Meteore*.[1] Il *Discorso sul metodo*, pubblicato in forma anonima, vorrebbe essere la prefazione agli altri tre saggi scientifici che abbiamo ricordato che, come dice il titolo completo, «sono saggi di questo metodo».

Abbiamo già fatto cenno all'insoddisfazione di Descartes per l'educazione ricevuta nel collegio gesuitico: una cultura del tutto avulsa dalla realtà. Decise allora, similmente a Galileo, di viaggiare unicamente «nel gran libro del mondo», costruendosi la cultura solo attraverso la propria esperienza. Da qui la necessità di un metodo a cui attenersi nella distinzione del vero dal falso, applicabile alle scienze della natura.

La grande scoperta di Descartes è che i problemi di geometria e di fisica possono tradursi in linguaggio matematico. L'*inventum mirabile* consiste proprio in questo: che il linguaggio matematico ha il potere di unificare questioni a prima vista del tutto estranee tra loro.

Nella *Diottrica* Descartes fornisce un saggio di applicazione del suo *metodo* ai fenomeni luminosi, enunciando le leggi della rifrazione che spesso vengono attribuite a Snell.

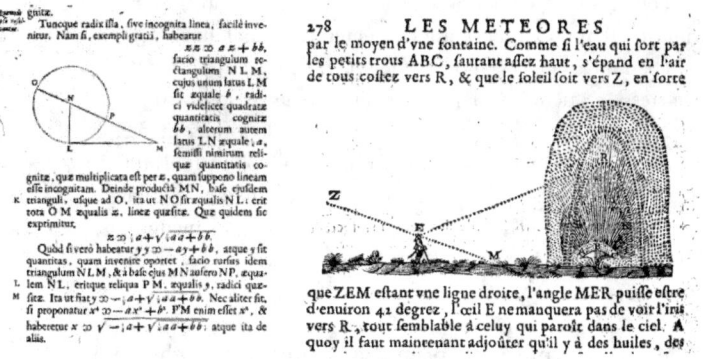

Esempio di applicazione della geometria di Descartes (a sinistra).
Formazione dell'arcobaleno da «Les meteores», 1637 (a destra).

Una pagina fondamentale delle *Meteore* è quella in cui fornisce una spiegazione delle caratteristiche del fenomeno dell'arcobaleno sulla base delle leggi della rifrazione e della riflessione. Naturalmente, nella storia delle matematiche il nome di Descartes sarà perennemente legato alla scoperta della *geometria analitica*, cioè al fatto che ad ogni curva geometrica è possibile associare un'equazione matematica; il che rende possibile applicare il calcolo alla geometria e alla meccanica.

---

1. Descartes, René, *Discours sur la Methode, pour bien conduire sa raison, & chercher la verité dans les sciences, plus la Dioptrique, les Meteores et la Geometrie, qui sont essais de cette Methode*, Leyde, de l'Imprimerie de Jean Marie, 1637.

Nel 1643, nonostante la filosofia cartesiana fosse stata condannata dall'Università di Utrecht, Cartesio diede inizio a una corrispondenza con la principessa di Boemia, Elisabetta, che durò molti anni. Solo nel 1647 il re di Francia gli riconobbe il diritto a una pensione; ma, rientrato nel suo paese, alla fine il beneficio gli venne negato. Nel 1649, su invito della regina Cristina di Svezia, che si considerava sua allieva e voleva approfondire i contenuti della sua filosofia, si trasferì a Stoccolma dove si spense nel 1650, sembra a causa di una polmonite.

Analogamente a Newton, Cartesio espose nei suoi *Principia* (1644) una sua teoria dei fenomeni meccanici, basata anch'essa su tre *leggi*. La prima è formulata nei termini: «Che ogni cosa rimane nello stato in cui si trova fino a che niente lo cambia». Non può sfuggire la similitudine con l'enunciato newtoniano del primo principio della dinamica: «Ciascun corpo si mantiene nel proprio stato di quiete o di moto rettilineo uniforme, a meno che sia costretto a mutare quello stato da una forza impressa». La giustificazione che Descartes fornisce alla sua legge è ancora più vaga:

> Ma, poiché abitiamo una Terra la cui costituzione è tale che tutti i moti che si producono intorno a noi, dopo qualche tempo, cessano, e spesso per motivi nascosti ai nostri sensi, abbiamo giudicato, dall'inizio della nostra vita, che i moti che cessano per motivi che non conosciamo, lo fanno da sé stessi, e ancora oggi siamo inclini a pensare lo stesso per tutti gli altri, e cioè che cessino naturalmente e tendano alla quiete, poiché ci sembra di averne fatto esperienza innumerevoli volte. E tuttavia questo è solo un falso pregiudizio, che manifestamente ripugna alle leggi della natura; poiché la quiete è contraria al movimento, e nulla tende per istinto della sua natura al suo contrario o alla distruzione di sé stesso.

La seconda legge del moto precisa la prima: «Che tutti i corpi che si muovono tendono a continuare il loro moto in linea retta». Il che rende le due *leggi* di Descartes equivalenti al *primo principio* di Newton. Va detto subito che i due enunciati hanno in comune soprattutto il carattere tautologico, seppure in misura diversa, poiché Newton introduce, seppure oscuramente, il concetto di *forza*. La giustificazione che Descartes fornisce alla seconda legge è di carattere teologico:

> Questa regola, come la precedente, discende dal fatto che Dio è immobile e conserva il moto della materia attraverso un'operazione molto semplice; non lo conserva nello stesso modo in cui era qualche tempo prima, ma com'è precisamente nel medesimo istante in cui lo conserva.

Nella terza legge («Che se un corpo in moto ne urta un altro più forte, non perde nulla del suo moto; e se ne urta un altro più debole che possa muoverlo, ne perde tanto quanto gliene dà»), si potrebbe vedere un'ombra delle leggi di conservazione dell'impulso e dell'energia.

Un altro aspetto notevole è il linguaggio, molto più antropomorfico rispetto a quello di Newton: qui, i termini *forte* e *debole* stanno a indicare la grandezza che per Newton è la *massa*. La teoria dei vortici di Cartesio fu uno degli aspetti più noti della fisica cartesiana. Il vortice di Cartesio è un grande fiume di particelle materiali che ruota su se stesso. Sulla base dei vortici Cartesio cerca di spiegare il moto dei pianeti e delle comete, trattando i corpi celesti come se venissero trascinato da questi vortici.

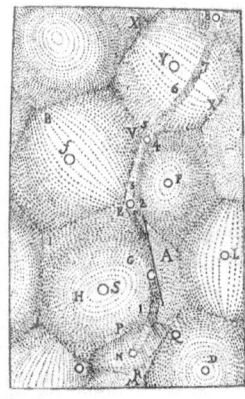

Per esempio, i pianeti del sistema solare si comportano come se galleggiassero su strati di materia che ruotano intorno al Sole con velocità diverse. I vortici sono costituiti da un materiale estremamente sottile che qualcuno ha chiamato *etere*.

La teoria dei vortici forniva un modello molto intuitivo dei fenomeni celesti che non richiedeva il ricorso a una misteriosa *attrazione gravitazionale*, e quindi appariva superiore alla teoria di Newton proprio perché non richiedeva, per la spiegazione del moto dei pianeti e delle comete, il ricorso a una *qualità occulta* quale appariva l'ipotesi avanzata dall'inglese. Forniva anche una spiegazione immediata del fatto per cui i pianeti si muovono tutti nella stessa direzione intorno al

La struttura dei vortici di Cartesio dai «Principia Philosophiæ», 1644.

Sole. Il modello cartesiano consentiva inoltre di superare in qualche modo quello eliocentrico, per aver sostenuto il quale Galileo era stato condannato dalla Chiesa. In effetti, le obiezioni di carattere scientifico che venivano opposte al moto della Terra, nel modello di Cartesio venivano superate, poiché, rispetto alla materia del suo vortice, la Terra sarebbe immobile. In questo modo Cartesio riusciva a conciliare il modello copernicano dei pianeti in moto intorno al Sole, con le obiezioni della fisica scolastica. «La Terra, propriamente parlando, non è in moto, come non lo sono i pianeti, quantunque si muovano nel cielo». Alla fine, tuttavia, la teoria dei vortici fu sconfitta dalla teoria della gravità sostanzialmente perché non si ebbe, da parte di Cartesio – ma neppure dei suoi seguaci – una formulazione matematica della teoria, che consentisse di fare previsioni; diversamente dalla teoria di Newton.

Alcune pagine dai «Principia Philosophiæ» (1644)

148. *Perché (i pianeti) più vicini al Sole si muovono più velocemente di quelli più lontani anche se gli strati di cui fanno parte si muovono meno velocemente di tutti i pianeti.*

Vedendo che i pianeti che sono più vicini al Sole si muovono più velocemente di quelli che ne sono più lontani, penseremo che ciò avviene a causa del fatto che la materia del primo elemento che costituisce il Sole, girando estremamente velocemente sul suo asse, aumenti maggiormente il moto delle parti del Cielo che gli sono vicine rispetto a quelle che gli sono lontane: E pertanto non troveremo per niente strano che gli strati che si trovano sulla superficie si muovano più lentamente di tutti i Pianeti, dato che impiegano circa ventisei giorni a fare il loro giro che è molto breve, mentre Mercurio impiega meno di tre mesi a fare il suo, che è più di sessanta volte maggiore e che Saturno compia il suo in trent'anni, che non potrebbe fare in cento, se non andando più veloce del suo strato, poiché il percorso che compie è circa due mila volte maggiore del suo. Poiché si può pensare che ciò che li ritarda è il fatto che sono legati all'aria che ho detto deve trovarsi intorno al Sole, poiché quest'aria si estende fino alla sfera di Mercurio, o anche più lontano e che le parti di cui è composta avendo forme molto irregolari si attaccano le une alle altre e non possono muoversi che tutte insieme, cosicché quelle che sono sulla superficie del Sole non possono fare più giri intorno a lui, di quelle che sono verso la sfera di Mercurio e di conseguenza debbono andare molto più lentamente. Così come si vede su una ruota che gira, che le parti prossime del suo centro vanno molto meno veloci di quelle del bordo.

149. *Perché la Luna gira intorno alla Terra.*

Poi vedendo che la Luna gira non solo intorno al Sole, ma anche intorno alla Terra, giudicheremo che ciò può essere dovuto al fatto che è scesa nel vortice che ha la Terra al centro; così come la Terra è discesa verso il Sole, come i quattro Pianeti sono scesi verso Giove. O piuttosto che non essendo meno solida della Terra e tuttavia più piccola, la sua solidità è motivo per cui dovrebbe trovarsi alla stessa distanza dal Sole e la sua piccolezza del fatto che dovrebbe muoversi più rapidamente, cosa che può fare solo ruotando anche intorno alla Terra.

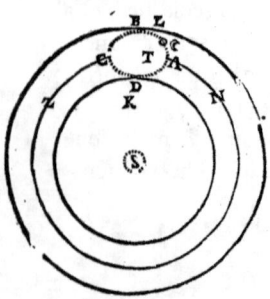

Illustrazione dell'argomentazione di Cartesio da «Les principes de la philosophie» terza parte.

Siano per esempio S il Sole e NTZ il cerchio seguente il quale la Terra e la Luna girano intorno a lui. In qualsiasi punto di questo cerchio si sia trovata all'inizio la Luna, ha dovuto presto venire verso A, vicino alla Terra T, poiché andava più veloce di lei; e trovandosi nel punto A, e poiché la Terra con l'aria e la parte di Cielo che la circonda le facevano resistenza, essa dovette spostarsi verso B, e dico verso B piuttosto che verso D, perché in questo modo il corso che ha preso è quello meno lontano dalla linea retta.

E mentre la Luna è andata così da *A* verso *B*, ha costretto la materia del cielo contenuta nel cerchio *ABCD* a girare con l'aria e la Terra intorno al centro *T* e a fare una specie di piccolo vortice che è poi continuato il suo corso con la Luna e la Terra, seguendo il cerchio *TZN*, intorno al Sole.

150. *Perché la Terra gira intorno al suo centro.*
Tuttavia, ciò non è l'unica causa che fa sì che la Terra giri sul suo asse. Poiché la consideriamo come se sia stata in passato una stella fissa che occupava il centro di un vortice particolare nel Cielo, dobbiamo pensare che essa girava allora in questo modo e che la materia del primo elemento che è rimasto nel suo centro continua a muoversi nello stesso modo.

151. *Perché la Luna si muove più rapidamente della Terra.*
E non c'è motivo di trovare strano che la Terra faccia circa trenta giri sul suo asse, nel tempo che la Luna ne fa uno, seguendo il cerchio *ABCD*, poiché la circonferenza di questo cerchio essendo circa sessanta volte maggiore della circonferenza terrestre, ciò fa sì che il movimento della Luna sia ancora due volte più veloce di quello della Terra. E poiché è la materia celeste che le trasporta ambedue e che verosimilmente si muove con la stessa velocità contro la Terra e contro la Luna, non penso occorrano altre ragioni per giustificare il fatto che la Luna ha velocità maggiore della Terra, oltre al fatto che è più piccola.

152. *Perché è sempre lo stesso lato della Luna che è rivolto verso la Terra.*
Non c'è motivo di trovare strano il fatto che sia pressappoco la stessa faccia della Luna rivolta verso la Terra. Poiché ci si può facilmente persuadere che ciò deriva dal fatto che l'altro lato è un poco più solido, e di conseguenza deve descrivere un cerchio più grande, secondo a quanto abbiamo prima stabilito riguardo alle Comete. E certamente tutte queste ineguaglianze sotto forma di montagne e vallate che i cannocchiali fanno vedere su quella delle due facce che è rivolta verso di noi, mostrano che non è così compatta quanto possa essere l'altra. E si può attribuire la causa di questa differenza all'azione della Luna, poiché quella delle due facce della Luna che ci guarda non riceve solamente la luce che viene dal Sole, come l'altra, ma anche quella che le viene inviata per riflessione dalla Terra, al tempo della Luna nuova.

Descartes secondo Voltaire

Vale la pena di leggere la seconda parte della XIV delle *Lettres anglaises* (1734) in cui Voltaire parla di Descartes allo scopo di evidenziarne le diversità rispetto a Newton:

È stato letto con avidità e tradotto in inglese l'*Éloge di M. Newton* che M. de Fontenelle ha pronunciato davanti all'Accademia delle Scienze. Si aspettava in Inghilterra il suo giudizio come un riconoscimento solenne della superiorità della filosofia inglese; ma quando si è visto che non solo si era imbrogliato nel rendere conto di questa filosofia, ma che si paragonava Descartes a Newton, tutta la Royal Society di Londra si è sollevata. Invece di accettare il giudizio, si è fortemente criticato il discorso. Inoltre, molti (e non si tratta dei più sapienti) si sono sentiti offesi dal confronto, solo perché Descartes era francese.

Bisogna ricordare che questi due grandi uomini sono stati molto diversi l'uno dall'altro nella condotta, nella fortuna e nella loro filosofia.

Descartes era dotato di un'immaginazione brillante e ricca, che fece di lui un uomo eccezionale nella vita privata come nel modo di ragionare. Questa immaginazione si è manifestata anche nelle sue opere filosofiche, dove si trovano sparsi confronti ingegnosi e brillanti. La natura ne aveva quasi fatto un poeta, e in effetti egli compose per la regina di Svezia un *divertissement* in versi che per rispetto della sua memoria non è stata stampata.

Provò per qualche tempo il mestiere delle armi, ma poi, divenuto totalmente filosofo, non ritenne indegno di lui coltivare l'amore. Ebbe dall'amante una figlia di nome Francine, che morì giovane, e di cui pianse molto la perdita. Così egli provò tutto ciò che è proprio della natura umana. Credette a lungo che fosse necessario rifuggire dagli uomini, e soprattutto la sua patria, per filosofare in libertà. Aveva ragione: gli uomini del suo tempo non sapevano abbastanza per illuminarli, e non erano quasi capaci di dargli da vivere.

Lasciò la Francia perché cercava la verità, che vi era perseguitata allora dalla miserabile filosofia della scuola; ma non trovò maggiore comprensione nelle università olandesi, dove cercò rifugio. Poiché al tempo in cui si condannavano in Francia le sole proposizioni della sua filosofia che fossero vere, venne perseguitato anche dai pretesi filosofi olandesi, che non lo capivano meglio [dei francesi] e che, vedendo più da vicino la sua gloria, odiavano ancora di più la persona. Fu costretto ad abbandonare Utrecht: gli fu rivolta l'accusa di ateismo, ultima risorsa dei calunniatori; e su di lui, che aveva impiegato tutta la sagacia del suo spirito nella ricerca di nuove prove dell'esistenza di un Dio, fu rivolto il sospetto di non riconoscerne alcuno.

Tanta persecuzione supporrebbe un grandissimo merito e una grande fama: infatti ebbe l'uno e l'altra. La ragione penetrò un poco nel mondo facendosi strada nelle tenebre della scuola e dei pregiudizi della superstizione popolare. Il suo nome fece al fine tanto rumore che lo si volle ricondurre in Francia mediante delle ricompense.

Gli venne offerta una pensione di mille scudi; si lasciò attrarre da questa speranza, pagò le spese del diploma, che allora si vendeva, non ebbe la pensione e se ne tornò a filosofare in solitudine nell'Olanda del nord, al tempo in cui il grande Galileo, all'età di ottant'anni, languiva nel carcere dell'Inquisizione per aver dimostrato il moto della Terra.

Morì infine a Stoccolma di morte prematura, provocata da un regime malvagio, in mezzo ad alcuni sapienti, suoi nemici e nelle mani di un medico che lo odiava.

La carriera del cavalier Newton è stata del tutto diversa: è vissuto circa ottantacinque anni, sempre tranquillo, felice, e onorato in patria. La sua grande fortuna è stata non solo di essere nato in un paese libero, ma in un tempo in cui le impertinenze degli scolastici erano bandite e la sola ragione coltivata: il mondo poteva essere solo suo scolaro e non suo nemico.

Un contrasto singolare in cui si trova rispetto a Descartes è che, nel corso di una così lunga vita, non ha avuto né passioni né debolezze. Non si è mai avvicinato a una donna: cosa che mi è stata confermata dai medici e dai chirurghi tra le braccia dei quali è morto. Di ciò si può lodare Newton; ma non rimproverare Descartes.

L'opinione pubblica in Inghilterra a proposito di questi due filosofi è che il primo fosse un sognatore, e l'altro un saggio.

Sono poche le persone a Londra che hanno letto Descartes, le opere del quale sono effettivamente diventate inutili; pochissimi anche hanno letto Newton, perché bisogna essere molto colti per comprenderlo. Intanto, tutti parlano di loro; non si concede niente al francese, e si attribuisce tutto all'inglese. Alcuni credono che se non si crede più all'orrore del vuoto, se si sa che l'aria è pesante, se ci si serve di cannocchiali, tutto ciò è dovuto a Newton. Egli è qui l'Ercole della fiaba al quale gli ignoranti attribuivano le imprese compiute da altri eroi.

In una critica che è stata fatta a Londra a proposito del discorso di Fontenelle, si è osato sostenere che Descartes non fosse un grande geometra. Coloro che parlano così si potrebbero rimproverare di picchiare la propria nutrice; Descartes ha compiuto un cammino dal punto in cui ha trovato la geometria fino al punto in cui l'ha portata altrettanto lungo di quello che ha compiuto Newton dopo di lui: è stato il primo che ha insegnato il modo di descrivere le curve con equazioni algebriche. La sua geometria, grazie a lui, diventata oggigiorno comune, era al suo tempo così profonda che nessun professore osava spiegarla, e vi erano solo Schooten in Olanda e Fermat in Francia che la comprendevano.

Portò questo spirito geometrico e creativo nella diottrica che, nelle sue mani, divenne un'arte del tutto nuova; e se fece molti errori, è perché un uomo che scopre nuove terre non può conoscerne tutte le caratteristiche al primo sguardo: coloro che vengono dopo di lui e rendono fertili quelle terre hanno, nei suoi confronti, almeno l'obbligo di riconoscergli la scoperta. D'altra parte, non sarei disposto a giurare che tutte le altre opere di Descartes non siano piene di errori.

La geometria era una guida che lui stesso aveva in qualche modo creato, che l'avrebbe guidato con sicurezza nella sua fisica; anche se alla fine abbandonò questa guida, e si abbandonò allo spirito del sistema. Allora la sua filosofia non fu più che in romanzo ingegnoso, e tutt'al più verosimile per i filosofi ignoranti del suo tempo. Si sbagliò sulla natura dell'anima, sulle leggi del moto, sulla natura della luce. Ammise le idee innate, inventò nuovi elementi, creò un mondo, fece l'uomo a modo suo; e si dice con ragione che l'uomo di Descartes non è in effetti che quello di Descartes, molto lontano dall'uomo vero. Spinse i suoi errori metafisici fino a pretendere che due e due fanno quattro solo perché questo ha voluto Dio; ma non sarebbe sbagliato dire che era degno di stima anche negli errori. So che è sbagliato, ma ciò è avvenuto almeno con metodo e di conseguenza in conseguenza. Se ha inventato nuove chimere in fisica, almeno ne ha distrutto di antiche: ha insegnato agli uomini del suo tempo a ragionare e a servirsi contro di lui delle sue stesse armi.

Non credo che sia un attentato alla verità comparare la sua filosofia a quella di Newton: la prima è un tentativo, la seconda un capolavoro; ma colui che ci ha posto sulla via della verità vale forse quanto colui che è arrivato in fondo alla strada.[2]

---

2. Arouet, François-Marie, Voltaire, *Lettres écrites de Londres sur les Anglois*, Basle 1734.

Hans Christiaan Huygens

Ritratto di Christiaan Huygens di Caspar Netscher (1684-87).

Hans Christiaan Huygens nacque nel 1629 a Le Hague, in Olanda, e studiò legge e matematica prima all'Università di Leyda e poi al College d'Orange a Breda. Si interessò alla meccanica sia teorica che pratica. Fu infatti un abilissimo costruttore di orologi e a questo scopo inventò meccanismi che sono tuttora in uso. È noto anche per aver concepito un modello di luce alternativo a quello di Newton. Il modello *ondulatorio* di Huygens ebbe la prevalenza su quello *corpuscolare* di Newton solo agli inizi del XIX secolo, grazie al lavoro teorico e sperimentale di Augustin Fresnel. La sua abilità nella costruzione di strumenti ottici gli permise di realizzare un telescopio di gran lunga superiore a quelli utilizzati da Galileo, grazie al quale compì due scoperte astronomiche fondamentali: gli anelli di Saturno e il suo primo satellite (Titano). Per i risultati ottenuti fu ammesso a far parte della Royal Society nel 1663 e, qualche anno dopo fu chiamato da Luigi XIV a entrare nella francese Académie des Sciences, fondata da Colbert nel 1666. Ebbe così la possibilità di continuare le sue osservazioni astronomiche presso l'Osservatorio di Parigi, diretto, a partire dal 1671, dall'italiano Giovanni Cassini. In seguito a una grave malattia, Huygens tornò in Olanda nel 1681 dove rimase fino alla morte nel 1695.

Galileo si era interessato a Saturno mezzo secolo prima, ma il suo strumento lo aveva indotto in errore, come testimonia l'anagramma con cui aveva, per così dire, "depositato" la priorità della scoperta. L'anagramma che Galileo inviò a Giuliano de' Medici, ambasciatore di Firenze a Praga, era

SMAISMRMILMEPOETALEUMIBUNENUGTTAURIAS

che sciolse dopo tre mesi nella frase

ALTISSIMUM PLANETAM TERGEMINUM OBSERVAVI

e cioè "Ho osservato che il pianeta più lontano [Saturno] è dotato di tre teste". Tutto questo nell'*annus mirabilis* 1610.

Solo nel 1655 (Galileo era morto da 13 anni), utilizzando uno strumento migliore costruito da lui stesso, Huygens scoprì l'anello che circonda il pianeta. A imitazione di Galileo, si assicurò la priorità della scoperta enunciandola mediante un anagramma che si risolve nella frase ANNULLO CINGITUR, TENUI, PLANO, NUSQUAM COHAERENTE AD ECLIPTICAM INCLINATO e cioè "È circondato da un anello, sottile e piano, con una interruzione, inclinato rispetto all'eclittica".

Titano, il maggiore dei satelliti di Saturno, fu scoperto da Huygens il 25 marzo del 1655, mentre cercava di osservare l'anello che, invece, non era visibile perché il suo piano era nella direzione della Terra. Misurò per il satellite un periodo di 15 giorni, 23 ore e 13 minuti (non lontano dal valore attualmente accettato di 15 giorni, 22 ore e 41 minuti). Anche in questo caso ricorse al metodo già utilizzato da Galileo per assicurarsi la priorità della scoperta: le diede forma di anagramma che inviò a molti scienziati. L'anagramma era:

ADMOVERE OCULIS DISTANTIA SEDERA NOSTRIS, VVVVVVV CCCRRHNBQX

Il collega inglese John Wallis gli rispose, il 21 giugno, con un altro anagramma:

AAAAAAAAABCCCCCDDDDEEEEEEEEEEFHIIIIIIIIIIIILLL
MMMMMMUNNNNNOOOOOOOPPPPPGRRRRRRRRRRRR
SSSSSSSSSSSSSSTTTTTTTTTUUUUUUUUUUUUUUUUUX

Il 6 marzo del 1656 Huygens rese pubblica la sua scoperta pubblicando il trattato *De Saturnis Luna Observatio Nova* e il 13 dello stesso mese scrisse a Wallis per scioglierli l'enigma: SATURNO LUNA SUA CIRCUMDUCIBUR DIEBUS SEXDECIM HORIS QUATUOR che fornisce la durata del periodo.

Nella stessa lettera pregava Wallis di svelargli l'anagramma. La risposta arrivò il 22 marzo: SATURNI COMES QUASI LUNANDO VEHITUR. DIEBUS SEXDECIM CIRCUITU ROTATUR. NOVAS NUPER SATURNI FORMAS TELESCOPO VIDIMUS. PLURA SPERAMUS; che confermava la misura di Huygens e annunciava la scoperta di altri satelliti.

Il 17 aprile Wallis scrisse a Huygens per spiegargli che non era lui l'autore della scoperta, ma Christopher Wren (del collegio di Gresham) e che l'aveva fatta molto prima di Huygens. Solo qualche anno dopo queste scoperte, Huygens si risolse a raccoglierle in un testo che suscitò grande risonanza.[1]

Può sorprendere il fatto che il libro, pubblicato nel 1659, rechi una prefazione del principe Leopoldo di Toscana.

Nonostante la speranza espressa da Wallis che si potessero trovare altri satelliti di Saturno, Huygens abbandonò l'impresa. Nuovi satelliti, in numero di quattro furono scoperti, quando Huygens viveva a Parigi, dal direttore dell'Obervatoire Cassini, lo stesso che scoprì anche l'interruzione tra gli anelli che porta il suo nome.

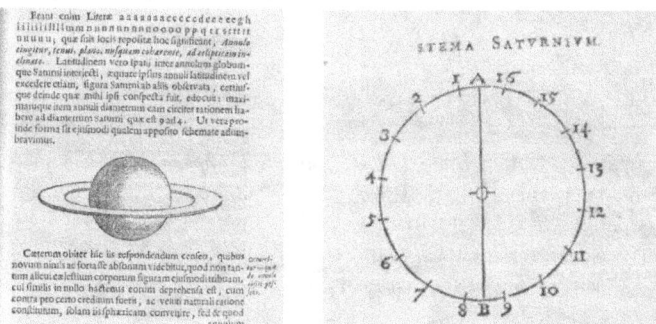

La pagina del «Sistema Saturnium» dedicata all'anello di Saturno (a sinistra).
Figura che illustra la misura del periodo di Titano (a destra).

---

1. Christiani Hugenii, *Systema Saturnium, sive de causis mirando rum Saturni phaenomenon et comite ejus Planeta Novo*, Hagæ. Comitis, 1659.

Fonti essenziali

«Comptes rendus hebdomadaires des Séances de l'Académie des Sciences», t. 65-69, Gautier-Villars, Paris 1867-1869.

Bordier, Henri – Mabille, Émile, *Une fabrique de faux autographes ou Récit de l'affaire Vrain-Lucas*, Techener, Paris 1870.

——, con una prefazione di Claude Seignolle, *Vrain-Lucas: le parfait secrétaire des gens de lettres»*, Éd. Cartouche, Paris 2005.

Charavay, Étienne, *Faux autographes. Affaire Vrain-Lucas, étude critique sur la collection vendue à M. Michel Chasles et observations sur les moyens de reconnaitre les faux autographes*, Paris 1870.

Faugère, Armand-Prosper, *Défense de B. Pascal, et accessoirement de Newton, Galilée, Montesqieu, etc., contre le faux documents présenté par M. Chasles a l'Académie des Sciences, avec plusieurs fac-simile*, Librerie Hachette, Paris 1868.

Daudet, Alphonse, *L'immortel, mœurs parisiennes*, Lemerre, Paris 1888.

Libri di Ledo Stefanini disponibili su Amazon.it

Elogio del Galileo

pagine 152
anno 2014
ISBN 978-1500216740

EBOOK DISPONIBILE
ASIN B00L23JONS

Biografie di Galileo

pagine 176
anno 2014
ISBN 978-1502702852

EBOOK DISPONIBILE
ASIN B00OL5FD7K

Il circolo Pickwick della fisica
Riflessioni in ordine sparso sulla
storia e la didattica della fisica

pagine 628
anno 2015
ISBN 978-1511920988